大规模语言模型

开发基础与实践

王振丽　编著

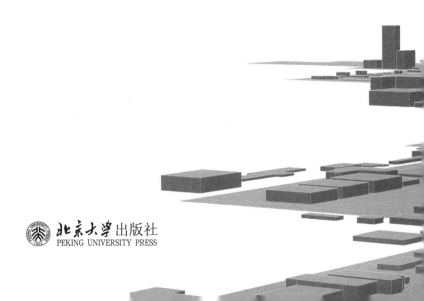

北京大学出版社
PEKING UNIVERSITY PRESS

内 容 简 介

本书循序渐进、详细讲解了大模型开发技术的核心知识,并通过具体实例的实现过程演练了开发大模型程序的方法和流程。全书共12章,分别讲解了大模型基础,数据集的加载、基本处理和制作,数据集的预处理,卷积神经网络模型,循环神经网络模型,特征提取,注意力机制,模型训练与调优,模型推理和评估,大模型优化算法和技术,AI智能问答系统和AI人脸识别系统。全书简洁而不失其技术深度,内容丰富全面。本书易于阅读,以极简的文字介绍了复杂的案例,是学习大模型开发的实用教程。

本书适用于已经了解Python基础开发的读者,以及想进一步学习大模型开发、模型优化、模型应用和模型架构的读者,还可以作为大专院校相关专业的师生用书和培训学校的专业性教材。

图书在版编目(CIP)数据

大规模语言模型开发基础与实践 / 王振丽编著. 北京 : 北京大学出版社,2024. 8. —— ISBN 978-7-301-35259-5

Ⅰ. TP391

中国国家版本馆CIP数据核字第20247RA513号

书 名	大规模语言模型开发基础与实践
	DAGUIMO YUYAN MOXING KAIFA JICHU YU SHIJIAN
著作责任者	王振丽 编著
责 任 编 辑	王继伟 蒲玉茜
标 准 书 号	ISBN 978-7-301-35259-5
出 版 发 行	北京大学出版社
地 址	北京市海淀区成府路205号 100871
网 址	http://www.pup.cn 新浪微博:@ 北京大学出版社
电 子 邮 箱	编辑部 pup7@pup.cn 总编室 zpup@pup.cn
电 话	邮购部 010-62752015 发行部 010-62750672 编辑部 010-62570390
印 刷 者	北京市科星印刷有限责任公司
经 销 者	新华书店
	787毫米×1092毫米 16开本 23印张 572千字
	2024年8月第1版 2024年8月第1次印刷
印 数	1-4000册
定 价	89.00元

前言
INTRODUCTION

随着人工智能领域的快速发展,大规模语言模型(以下简称大模型)已经成为推动技术进步和应用创新的核心。从自然语言处理到计算机视觉,从医疗健康到金融领域,大模型的应用正在深刻地改变着人们的生活和工作方式。然而,开发和应用大模型并非一项轻松的任务,其涉及复杂的技术和实践,需要深厚的理论基础和实际操作经验。

在该背景下,本书应运而生。本书旨在为读者提供一份全面而实用的指南,助其掌握大模型开发的核心技术并将其应用于不同领域。无论是对人工智能感兴趣的初学者,还是希望深入了解大模型开发技术的专业人士,本书都将成为重要参考资料。

本书首先以系统性的方式探讨了人工智能、机器学习和深度学习的基础知识,为读者建立了牢固的理论基础;接着,本书从数据集的加载、预处理,到模型的开发、训练和推理,一步步地引导读者掌握从零开始构建大模型的流程;同时,本书强调了数据的重要性,详细介绍了数据预处理、增强和特征提取等关键技术,帮助读者充分挖掘数据的潜力。

本书特色

本书作为一本深入探讨大模型开发与应用的实用指南,具有以下显著特色:

(1)全面系统的内容。本书从人工智能、机器学习和深度学习的基础知识出发,系统性地介绍了大模型的核心概念、技术和方法,从而为读者打下坚实的理论基础。

(2)实践导向的案例。本书的内容涵盖了多个实际应用领域,如图像识别、文本处理、问答系统等。每个案例都详细呈现了从问题定义到解决方案实现的过程,帮助读者在实践中深入理解技术。

(3)突出了数据处理与数据增强的用法。本书详细介绍了数据集的加载、预处理和增强技术,强调数据在大模型开发中的关键地位,使读者能够高效地利用数据提升模型性能。

(4)优化策略的深度剖析。本书深入讨论了大模型的优化算法和技术,包括梯度下降法、迁移学习、学习率调度等,为读者提供了在模型训练和调优方面的实际指导。

(5)多框架实践。本书涵盖了多个流行的深度学习框架,如TensorFlow和PyTorch,为读者提供了使用不同框架开发大模型的丰富经验。

(6)理论与实践相结合。本书每个章节均融合了理论讲解与实际操作,帮助读者深刻理解理论并将其应用到实际项目中。

（7）前沿技术的涵盖。本书涉及了注意力机制、迁移学习、权重初始化、模型并行等前沿技术，帮助读者紧跟技术发展的最新趋势。

（8）行业应用的广度。本书案例覆盖了多个行业应用，包括自然语言处理、计算机视觉、智能问答、人脸识别等，读者可以根据自己的兴趣和领域找到合适的应用范例。

（9）专业指导的实现。本书每个章节都附有详细的操作步骤和实现代码，读者能够直接从中学习和复现实际项目。

（10）深度与广度并重。本书的内容从基础概念到高级优化，从理论知识到实际案例，在深度和广度上都保持了均衡，为读者提供了全面的学习体验。

综上所述，本书具备系统性、实践导向和前沿技术涵盖等特色，将成为大型模型开发与应用领域的一本重要参考书，为读者进一步探索人工智能世界提供有力支持。

 本书内容及知识体系

本书以全面深入的方式涵盖了大模型开发中的各个核心技术，为读者提供了从基础概念到实际应用的全面指南。本书主要内容概述如下：

第1章　大模型基础。本章从人工智能、机器学习和深度学习的角度入手，为读者打下坚实的理论基础，同时介绍了大模型的概念和作用。

第2章　数据集的加载、基本处理和制作。本章详细介绍了如何加载、处理和制作数据集，为后续模型开发做好数据准备。

第3章　数据集的预处理。本章讨论了数据清洗、特征选择、标准化等数据预处理技术，以及如何进行数据增强，提升模型的鲁棒性。

第4章　卷积神经网络模型。本章深入介绍了卷积神经网络的原理和开发方法，以及如何使用TensorFlow和PyTorch分别创建卷积神经网络模型。

第5章　循环神经网络模型。本章探讨了文本处理和情感分析的循环神经网络模型开发，涵盖了PyTorch和TensorFlow的实践应用。

第6章　特征提取。本章介绍了特征在大模型中的重要性，以及数值和文本数据的特征提取方法。

第7章　注意力机制。本章详细解析了注意力机制的基本概念和应用，以TensorFlow和PyTorch为例构建了机器翻译系统。

第8章　模型训练与调优。本章涵盖了模型训练的优化策略、损失函数、批量训练、验证与调优等关键技术。

第9章　模型推理和评估。本章探讨了模型推理和评估的流程，以及模型优化和加速方法。

第10章　大模型优化算法和技术。本章深入介绍了大模型优化的各种算法和技术，包括梯度下降法、模型并行、学习率调度、权重初始化、迁移学习等。

第11章　AI智能问答系统。本章以TensorFlow、TensorFlow.js、SQuAD 2.0和Mobile-BERT为基础，展示了搭建AI智能问答系统的全过程。

第12章　AI人脸识别系统。本章基于PyTorch、OpenCV、Scikit-Image、MobileNet和ArcFace，详细讲解了实现人脸识别系统的步骤和技术。

本书涵盖了从基础知识到高级应用的内容，通过理论介绍和实际案例演示，帮助读者全面掌握大模型的开发、优化和应用。无论读者是初学者还是有一定经验的开发者，都能在本书中找到对应的内容，为自己的大模型开发之旅注入新的动力。

本书读者对象

（1）人工智能初学者：对人工智能领域感兴趣的初学者可以通过本书建立关于人工智能、机器学习和深度学习的基本概念，逐步深入了解大模型的核心技术。

（2）数据科学爱好者：对数据分析和处理有兴趣的读者可以通过本书学习数据集的加载、处理和增强技术，了解如何高效地利用数据提升模型性能。

（3）深度学习开发者：已经有一定深度学习经验的开发者可以通过本书深入学习大模型的优化算法、特征提取技术等高级内容，进一步提升自己的技术水平。

（4）人工智能工程师：从事人工智能领域工作的专业人士可以通过本书了解不同领域的实际应用案例，获得跨领域的应用经验。

（5）大数据分析师：在大数据领域工作的专业人员可以通过本书学习如何处理和分析大规模数据集，为模型开发提供数据支持。

（6）研究人员和学生：从事人工智能研究的学者和学生可以通过本书了解当前大模型领域的最新研究进展和应用方向。

（7）技术决策者：企业、机构的技术决策者可以通过本书了解大模型在不同行业中的应用案例，为业务决策提供参考。

（8）技术培训师：人工智能领域的培训师可以将本书作为教材，为学员提供全面的大模型开发与应用教学。

（9）高校老师：高校老师可以将本书作为教材，用于教授人工智能、机器学习和深度学习等课程。本书内容覆盖了从基础到高级的知识，有助于培养学生的实际应用能力和创新思维。

总之，无论读者是初学者还是有一定经验的专业人士，无论是从事技术研究还是实际应用，都能从本书中获得有价值的知识和经验。

致谢

在编写本书的过程中，作者得到了北京大学出版社编辑的大力支持，正是各位专业人士的求实、耐心和高效，才使得本书能够在这么短的时间内出版。另外，也十分感谢我的家人给予的巨大支持。

最后申明，由于作者水平和精力有限，书中不妥和疏漏之处在所难免，诚请读者提出宝贵的意见或建议，以便修订并使之日臻完善。

最后感谢您购买本书，希望本书能成为您编程路上的领航者，祝您阅读快乐！

编者

温馨提示：本书相关资源已上传至百度网盘，供读者下载。请关注封底"博雅读书社"微信公众号，找到"资源下载"栏目，输入本书77页的资源下载码，根据提示获取。

目 录
CONTENTS

第 1 章
大模型基础

    "大模型"是指在机器学习（Machine Learning，ML）和人工智能（Artificial Intelligence，AI）领域中，具有大量参数和复杂结构的神经网络模型。这些模型通常有数以亿计的参数，可以用来处理更复杂、更多样化的任务和数据。大模型的出现主要得益于计算能力的提升、数据集的增大及算法的不断优化。本章讲解大模型的基础知识，为读者步入本书后面知识的学习打下基础。

1.1　人工智能

　　人工智能是研究、开发用于模拟、延伸和扩展人类智能的理论、方法、技术及应用系统的一门新的技术科学。人工智能不是一个非常庞大的概念，单从字面上理解，应该理解为人类创造的智能。那么什么是智能呢？如果人类创造了一个机器人，这个机器人能有像人类一样甚至超过人类的推理、知识、学习、感知处理等这些能力，那么就可以将该机器人称为一个有智能的物体，即人工智能。

　　目前通常将人工智能分为弱人工智能和强人工智能。例如，电影里的一些人工智能大部分是强人工智能，他们能像人类一样思考如何处理问题，甚至能在一定程度上做出比人类更好的决定，且能自适应周围的环境，解决一些程序中没有遇到的突发事件。但是，在目前的现实世界中，大部分人工智能只是实现了弱人工智能，这能够让机器具备观察和感知的能力，在经过一定的训练后能计算一些人类不能计算的事情；但其并没有自适应能力，即不会处理突发情况，只能处理程序中已经写好的、已经预测到的事情。

1.1.1　人工智能的发展历程

　　人工智能的发展历程可以追溯到20世纪50年代，经历了几个阶段的演进和突破。以下是人工智能发展的历程，主要介绍发展过程中的主要阶段和里程碑事件。

　　（1）早期探索阶段（20世纪50—60年代）：

　　①20世纪50年代，艾伦·图灵提出了"图灵测试"，探讨了机器是否能够表现出人类智能。

　　②1956年，达特茅斯会议召开，标志着人工智能领域的正式创立。

　　③20世纪60年代，人工智能研究集中在符号逻辑和专家系统上，尝试模拟人类思维过程。

　　（2）知识表达与专家系统阶段（20世纪70—80年代）：

　　①20世纪70年代，人工智能研究注重知识表示和推理，发展了产生式规则、语义网络等知识表示方法。

　　②20世纪80年代，专家系统盛行，利用专家知识来解决特定领域的问题，但受限于知识获取和推理效率。

　　（3）知识与数据驱动发展阶段（20世纪90年代至21世纪初）：

　　①20世纪90年代，机器学习开始兴起，尤其是基于统计方法的方法，如神经网络和支持向量机（Support Vector Machine，SVM）。

　　②21世纪初，数据驱动方法得到更广泛的应用，机器学习技术在图像识别、语音识别等领域取得突破。

　　（4）深度学习（Deep Learning）与大数据时代（21世纪10年代至今）：

　　①21世纪10年代，深度学习技术崛起，尤其是卷积神经网络（Convolutional Neural Network，CNN）和循环神经网络（Recurrent Neural Network，RNN）等，在图像、语音和自然语言处理领域

表现出色。

②2012年，AlexNet在ImageNet图像分类竞赛中获胜，标志着深度学习的广泛应用。

③2016年，AlphaGo击败围棋世界冠军李世石，展示了强化学习在复杂决策领域的能力。

④2019年，OpenAI发布了GPT-2模型，引发了关于大语言模型的讨论。

⑤21世纪20年代，大模型和深度学习在多个领域取得突破，包括自然语言处理、计算机视觉、医疗诊断等。

未来，人工智能的发展趋势可能涵盖更高级的自主决策、更强大的学习能力、更广泛的应用领域，同时也需要关注伦理、隐私和社会影响等问题。

1.1.2　人工智能的研究领域

人工智能的研究领域主要有5层，具体如图1-1所示。

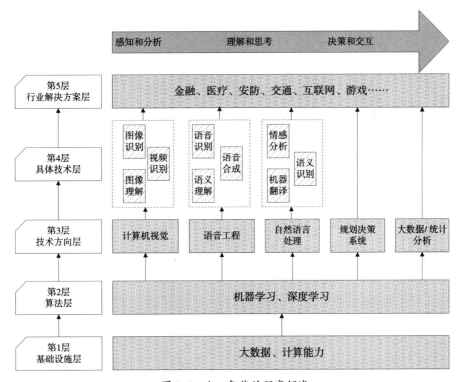

图1-1　人工智能的研究领域

对图1-1所示分层的具体说明如下。

（1）第1层：基础设施层，包含大数据和计算能力（硬件配置）两部分，数据越大，人工智能的能力越强。

（2）第2层：算法层，如卷积神经网络、LSTM（Long Short-Term Memory，长短期记忆）序列学习、Q-Learning和深度学习等算法都是机器学习的算法。

（3）第3层：技术方向层，如计算机视觉、语音工程和自然语言处理等；另外，还有规划决策系统，如Reinforcement Learning（增强学习），或类似于大数据分析的统计系统，这些都能在机器学习算法中产生。

（4）第4层：具体技术层，如图像识别、语音识别、语义理解、视频识别、机器翻译等。

（5）第5层：行业解决方案层，如人工智能在金融、医疗、互联网、安防、交通和游戏等领域的应用。

1.1.3　人工智能对人们生活的影响

人工智能对人们生活的影响是多方面的，其已经在许多领域引起了深远的变革和改变，主要包括以下几个方面。

（1）自动化和生产效率提升：人工智能技术可以实现许多重复性、烦琐任务的自动化，从而提高生产效率。例如，在制造业中，机器人可以执行装配、搬运等任务，提高了生产线的效率和精度。

（2）医疗和生命科学：人工智能在医疗诊断、药物研发和基因组学等领域有着重要的应用。人工智能可以帮助医生更准确地诊断疾病，提高医疗决策的质量，同时加速新药的发现和疾病治疗方法的研究。

（3）金融和商业：人工智能在金融领域可以用于风险评估、欺诈检测、投资分析等。人工智能可以分析大量的数据，帮助用户做出更明智的金融决策，并提供个性化的客户服务。

（4）交通和智能交通系统：人工智能可以改善交通流量管理、车辆自动驾驶、交通预测等。自动驾驶技术有望减少交通事故，提高交通效率，同时改善出行体验。

（5）教育：人工智能可以个性化地定制教育内容，帮助学生更好地理解和吸收知识。人工智能还可以为教师提供智能辅助，帮助他们更好地管理课堂和评估学生的表现。

（6）娱乐和创意领域：人工智能可以用于游戏开发、音乐生成、艺术创作等，可以模仿和创造出各种类型的娱乐内容，拓展了娱乐和创意领域的可能性。

（7）自然语言处理和沟通：大语言模型可以使计算机更好地理解和生成人类语言，促进了人与机器之间的自然沟通，有助于翻译、文本生成、语音识别等领域的进步。

然而，人工智能的发展也带来了一些挑战和问题，如就业变革、隐私和安全问题、伦理问题等。因此，在推动人工智能发展的同时，也需要仔细考虑和解决这些问题，确保人工智能技术对人们生活的积极影响最大化。

1.2　机器学习和深度学习

机器学习和深度学习都是人工智能领域中的重要概念，本节将详细讲解这两个概念的知识和区别。

1.2.1　机器学习

机器学习是一门多领域交叉学科，涉及概率论、统计学、逼近论、凸分析、算法复杂度理论等多门学科。机器学习专门研究计算机怎样模拟或实现人类的学习行为，以获取新的知识或技能，重新组织已有的知识结构，使之不断改善自身的性能。

机器学习是一类算法的总称，这些算法企图从大量历史数据中挖掘出其中隐含的规律，并用于预测或分类。更具体地说，机器学习可以看作寻找一个函数，输入是样本数据，输出是期望的结果，只是该函数过于复杂，不太方便形式化表达。需要注意的是，机器学习的目标是使学到的函数很好地适用于"新样本"，而不仅是在训练样本上表现很好。学到的函数适用于新样本的能力称为泛化（Generalization）能力。

机器学习有一个显著的特点，也是机器学习最基本的做法，就是使用一个算法从大量的数据中解析并得到有用的信息，并从中学习，然后对之后真实世界中会发生的事情进行预测或做出判断。机器学习需要海量的数据来进行训练，并从这些数据中得到要用的信息，然后反馈到真实世界的用户中。

可以用一个简单的例子来说明机器学习，假设在淘宝或京东购物时，淘宝或京东会向用户推送商品信息，这些推荐的商品往往是用户很感兴趣的东西，该过程是通过机器学习完成的。其实这些推送商品是淘宝或京东根据用户以前的购物订单和经常浏览的商品记录而得出的结论，淘宝或京东可以从中得出商城中的哪些商品是用户感兴趣并且会大概率购买的，从而将这些商品定向推送给用户。

1.2.2　深度学习

前面介绍的机器学习是一种实现人工智能的方法，深度学习则是一种实现机器学习的技术。深度学习本来并不是一种独立的学习方法，其本身也会用到有监督和无监督学习方法来训练深度神经网络。但由于近几年该领域发展迅猛，一些特有的学习手段相继被提出（如残差网络），因此越来越多的人将其单独看作一种学习的方法。

假设需要识别某个照片是狗还是猫，如果是传统机器学习的方法，会首先定义一些特征，如有没有胡须，耳朵、鼻子、嘴巴的模样等。总之，首先要确定相应的"面部特征"作为机器学习的特征，以此对对象进行分类识别。而深度学习的方法则更进一步，其自动找出该分类问题所需的重要特征；而传统机器学习则需要人工给出特征。那么，深度学习是如何做到这一点的呢？继续以猫狗识别为例进行说明，步骤如下：

（1）确定哪些边和角与识别出猫狗关系最大。

（2）根据步骤（1）找出的很多小元素（边、角等）构建层级网络，找出它们之间的各种组合。

（3）在构建层级网络之后，就可以确定哪些组合可以识别出猫和狗。

> **注意**：其实深度学习并不是一个独立的算法，在训练神经网络时也通常会用到监督学习和无监督学习。但是，由于一些独特的学习方法被提出，作者认为将其看作单独的一种学习算法应该问题也不大。深度学习可以大致理解成包含多个隐藏层的神经网络结构，深度学习的"深"指的就是隐藏层的深度。

1.2.3　机器学习和深度学习的区别

机器学习和深度学习相互关联，但两者之间也存在一些区别，具体如下。

1. 应用范畴方面的区别

（1）机器学习是一个更广泛的概念，涵盖了多种算法和技术，用于让计算机系统通过数据和经验改善性能。机器学习不仅包括传统的统计方法，还包括基于模型的方法、基于实例的方法等。

（2）深度学习是机器学习的一个特定分支，其基于多层次的神经网络结构，通过学习多层次的抽象表示来提取数据的复杂特征。深度学习关注于利用神经网络进行数据表示学习和模式识别。

2. 网络结构方面的区别

（1）机器学习方法包括各种算法，如决策树、支持向量机、线性回归等，它们可以应用于各种任务，不一定需要多层神经网络结构。

（2）深度学习方法主要是基于多层神经网络的结构，涉及多个层次的抽象表示。深度学习的关键是使用多层次的非线性变换来捕捉数据的复杂特征。

3. 特征学习方面的区别

（1）传统机器学习方法通常需要手工设计和选择特征，然后使用这些特征来进行训练和预测。

（2）深度学习的一个重要优势是其可以自动学习数据的特征表示，减少了对特征工程的依赖，从而能够处理更复杂的数据和任务。

4. 适用场景方面的区别

（1）机器学习广泛应用于各个领域，包括图像处理、自然语言处理、推荐系统等，使用不同的算法来解决不同的问题。

（2）深度学习主要在大规模数据和高度复杂的问题上表现出色，特别适用于图像识别、语音识别、自然语言处理等领域。

5. 计算资源需求方面的区别

（1）传统机器学习方法通常能够在较小的数据集上进行训练和预测，计算资源需求相对较低。

（2）深度学习方法通常需要大量的数据和更多的计算资源，如训练一个大型深度神经网络可能需要使用多个GPU（Graphics Processing Unit，图形处理器）。

6. 解决问题方面的区别

（1）在解决问题时，传统机器学习算法通常先把问题分成几块，一个个地解决好之后，再重新组合起来。假设有如下任务：识别出在某图片中有哪些物体，并找出它们的位置。传统机器学习的做法是把问题分为两步：发现物体和识别物体。即先使用物体边缘检测算法来识别图像中被检测物体的可能位置，再将这些区域用矩形框标记出来。

（2）深度学习则是一次性的、端到端地解决问题。仍以上述任务为例，深度学习会直接在图片中把对应的物体识别出来，同时标明对应物体的名字，这样就可以做到实时的物体识别。例如，YOLO Net 可以在视频中实时识别物体。

总之，机器学习是一个更广泛的概念，包括多种算法和技术；而深度学习是机器学习的一个分支，侧重于基于多层神经网络的数据表示学习。深度学习在处理复杂数据和任务时表现出色，但也需要更多的计算资源和数据来训练和部署。

> **注意**：人工智能、机器学习、深度学习三者的关系为，机器学习是实现人工智能的方法；深度学习是机器学习算法中的一种算法，一种实现机器学习的技术和学习方法。

1.3　大模型简介

大模型是近年来人工智能领域的一个热门发展方向，通过引入更多参数和复杂性，它们在处理更复杂的任务时取得了显著的进展，但也引发了一些伦理、可解释性和环境等方面的问题。以 GPT（Generative Pre-trained Transformer）为例，其是一个非常著名的大语言模型产品，其中 GPT-3.5 大模型具有约 6600 亿个参数，GPT-4 大模型具有约 100 万亿个参数。这使 GPT 在各种自然语言处理任务中表现出色，可以生成流畅的文本、回答问题、编写代码等。然而，由于大模型需要大量的计算资源和数据来训练和部署，因此它们可能会面临成本高昂、能源消耗大等问题。

1.3.1　大模型的作用

大模型在机器学习和人工智能领域中具有重要作用，能够处理更复杂、更多样化的任务，并在各种应用领域中取得显著的进展。大模型的主要作用如下。

（1）提高性能和准确性：大模型通常具有更多的参数和复杂性，能够学习更多的数据特征和模式。这使大模型在许多任务中能够达到更高的性能和准确性，如图像识别、语音识别、自然语言处理等。

（2）自然语言处理：大模型能够更好地理解和生成自然语言，可以用于文本生成、翻译、问答系统等任务。大模型在生成流畅、准确的文本方面表现出色。

（3）复杂决策：大模型在强化学习领域中可以用于处理更复杂的决策问题，如自动驾驶、金融交易、游戏策略等。大模型能够通过学习大量数据来制定更智能的决策。

（4）个性化和推荐：大模型可以分析大量用户数据，为个人用户提供更准确的推荐和定制化体验，这一点在广告推荐、社交媒体内容过滤等方面具有重要作用。

（5）医疗和生命科学：大模型能够处理大规模的医疗数据、提供更准确的诊断、预测疾病风险等，且在药物研发、基因组学研究等领域也有应用。

（6）创意和艺术：大模型可以应用于音乐生成、艺术创作等领域，拓展了创意和艺术的可能性，能够模仿和创造各种类型的创意内容。

（7）科学研究：大模型在科学研究中可以用于处理复杂的数据分析和模拟，如天文学、生物学等领域。

（8）快速迭代和实验：大模型可以通过大量数据进行训练，从而能够更快地进行实验和迭代，加速研究和开发过程。

然而，使用大模型也面临一些挑战，包括计算资源需求、能源消耗、模型的可解释性和对隐私的影响等。因此，在利用大模型的同时，也需要综合考虑这些问题。

1.3.2 数据

数据是指收集到的事实、观察、测量或记录的信息的集合。在计算机科学和信息技术领域，数据通常以数字、文字、图像、声音等形式存在，可以用来描述某个对象、现象或事件的各种特征和属性。

根据现实项目的需求，可以将数据划分为不同类型。

（1）定性数据（Qualitative Data）：用于描述特性或属性，通常是非数值的，如颜色、性别、品牌等。

（2）定量数据（Quantitative Data）：以数值形式表示，用于表示数量或度量，如温度、年龄、价格等。

（3）连续数据（Continuous Data）：一种定量数据，可以在一定范围内取任何值，如身高、体重等。

（4）离散数据（Discrete Data）：一种定量数据，只能取特定的、不连续的值，如家庭成员人数、汽车数量等。

（5）结构化数据（Structured Data）：以表格、数据库或类似结构存储，每个数据字段都有明确定义的含义，如数据库中的表格、电子表格中的数据等。

（6）非结构化数据（Unstructured Data）：没有固定的格式，通常包含文本、图像、音频和视频等，如社交媒体帖子、照片、声音录音等。

（7）时序数据（Time Series Data）：按照时间顺序排列的数据，用于分析和预测时间上的变化，如股票价格、气温变化等。

在机器学习和人工智能中，数据是培训模型的关键要素。模型使用数据来学习模式、规律和关系，从而在未见过的数据上进行预测和推断。高质量、多样性的数据对于训练出性能良好的模型非常重要，同时数据的隐私和安全问题也需要得到妥善处理。

1.3.3 数据和大模型的关系

数据和大模型在机器学习和人工智能领域中密切相关，它们之间的关系可以从如下角度来理解。

（1）数据驱动的训练：数据是训练模型的基础，机器学习模型通过观察和学习数据中的模式和关系来提高性能。更多的数据通常能够帮助模型更好地学习任务的规律。

（2）训练大模型需要大数据：大模型通常需要大量的数据来训练，因为这些模型具有大量的参数，需要足够的样本来调整参数，以便能够泛化到未见过的数据。

（3）泛化能力：丰富的数据有助于提高模型的泛化能力，即在新数据上的表现。大模型通过在大数据上训练，可以学习到更广泛的特征和模式，从而在不同数据上表现更好。

（4）过拟合（Overfitting）和欠拟合：模型在训练数据上表现得很好，但在测试数据上表现不佳时，可能出现过拟合。数据量不足可能会导致模型过拟合，而有足够的数据可以改善这一现象。相反，欠拟合是模型没有捕捉到数据中的模式，可能是因为模型太简单或数据太少。

（5）预训练和微调：大模型通常采用预训练和微调的方法。预训练在大规模数据上进行，使模型学习通用的语言或特征表示；随后，在特定任务的数据上进行微调，使模型适应具体任务。

（6）数据质量与模型效果：数据质量对模型效果有重要影响，低质量的数据可能引入噪声，影响模型的性能。同时，数据的多样性也很重要，因为模型需要能够应对各种情况。

总之，数据和大模型之间的关系是相互依存的。大模型需要大量数据来进行训练和调整，而高质量、多样性的数据能够帮助大模型更好地学习任务的规律并提高性能；同时，大模型的出现也促进了人们对数据隐私、安全性和伦理等问题的关注。

 ## 1.4 大模型开发与应用的技术栈

大模型开发与应用涉及广泛的技术栈，具体说明如下。

1. 深度学习框架

（1）TensorFlow：由Google开发的开源深度学习框架，支持构建各种类型的神经网络模型。

（2）PyTorch：由Facebook开发的深度学习框架，以动态计算图和易于调试而闻名。

2. 数据预处理与处理工具

（1）NumPy：Python的数值计算库，用于高效处理大规模数据和数组操作。

（2）Pandas：提供数据分析和处理工具，用于清洗、转换和分析数据。

3. 模型训练和调优

（1）GPU/CPU集群：用于在大规模数据集上加速模型训练。

（2）自动化超参数调整工具：如Hyperopt、Optuna等，用于搜索最佳超参数组合。

（3）分布式训练（Distributed Training）框架：如Horovod，用于在多个设备上并行训练模型。

4. 模型架构和设计

（1）卷积神经网络、循环神经网络、Transformer等：常用于不同类型的任务，如图像处理、序列建模等。

（2）迁移学习（Transfer Learning）和预训练模型：如BERT（Bidirectional Encoder Representation from Transformers）、GPT等，通过先在大型数据集上预训练，然后微调到特定任务。

5. 模型部署与推理

（1）Docker和Kubernetes：用于容器化和管理模型的部署。

（2）TensorFlow Serving：用于在生产环境中部署 TensorFlow 模型。

（3）ONNX Runtime：用于高性能推理的开源推理引擎。

上面列出的只是大模型开发与应用可能涉及的一部分技术栈。实际上，根据具体应用和需求，技术栈可能会有所不同。选择适合项目需求的技术和工具，以及熟练掌握它们，都是成功开发和应用大模型的关键因素。

第 2 章
数据集的加载、基本处理和制作

　　数据集的加载、基本处理和制作是机器学习、深度学习或其他数据分析任务中至关重要的前期步骤。这些步骤旨在确保数据以高质量、标准化格式服务于模型训练。本章通过具体实例来讲解数据集的加载、基本处理和制作的知识。

数据集的加载

在PyTorch中，通常使用torchvision和torch.utils.data模块实现数据集的加载功能。在此模块中提供了用于加载和预处理常见数据集的工具，同时也支持自定义数据集的加载。

2.1.1 PyTorch 加载数据集

在PyTorch程序中，torchvision.datasets模块提供了许多常见的预定义数据集，并提供了简单的API（Application Programming Interface，应用程序编程接口）来加载这些数据集。以下是一些常用的数据集加载函数：

（1）torchvision.datasets.ImageFolder：用于加载图像文件夹数据集，其中每个子文件夹表示一个类别，文件夹中的图像属于该类别。

（2）torchvision.datasets.CIFAR10和torchvision.datasets.CIFAR100：用于加载CIFAR-10和CIFAR-100数据集。这是两个广泛使用的图像分类数据集。

（3）torchvision.datasets.MNIST：用于加载MNIST手写数字数据集，其中包含大量的手写数字图像及其对应的标签。

（4）torchvision.datasets.ImageNet：用于加载ImageNet数据集。这是一个庞大的图像分类数据集，包含数百万个图像和数千个类别。

（5）torchvision.datasets.VOCDetection：用于加载PASCAL VOC数据集。这是一个常用的目标检测数据集，包含图像及其对应的物体边界框和类别标签。

上述数据集加载函数通常具有类似的参数，如root（数据集的根目录）、train（是否加载训练集）、download（是否下载数据集）、transform（数据预处理操作）等。

此外，还可以使用torch.utils.data.DataLoader函数创建一个数据加载器，用于批量加载数据。数据加载器可以方便地对数据进行批处理、打乱（shuffle）、并行加载等操作，以提高数据加载的效率和灵活性。下面的实例展示了使用torchvision.datasets和torch.utils.data.DataLoader加载数据集的过程。

实例2-1 加载CIFAR-10数据集（源码路径：daima\2\jia.py）

实例文件jia.py的具体实现代码如下：

```
import torchvision.transforms as transforms
from torchvision.datasets import CIFAR10
from torch.utils.data import DataLoader

# 定义数据预处理操作
transform = transforms.Compose([
    transforms.ToTensor(),
```

```
        transforms.Normalize(mean=[0.5, 0.5, 0.5], std=[0.5, 0.5, 0.5]),
])

# 创建 CIFAR-10 数据集实例
train_dataset = CIFAR10(root='data/', train=True, download=True,
                        transform=transform)

# 创建数据加载器
train_loader = DataLoader(train_dataset, batch_size=64, shuffle=True)

# 遍历数据加载器
for images, labels in train_loader:
    # 在此处进行模型训练或其他操作
    pass
```

在上述代码中，首先定义了一个 transform 变量，其中包含一系列预处理操作。然后，使用 CIFAR10 函数创建一个 CIFAR-10 数据集实例，指定了数据集的根目录、训练集标志、下载标志和预处理操作。最后，使用 DataLoader 函数创建一个数据加载器，指定了数据集实例和批量大小等参数。通过这种方式，用户可以方便地加载数据集，并使用数据加载器进行高效的批处理数据加载。

2.1.2 TensorFlow 加载数据集

从 TensorFlow 2.0 开始，提供了专门用于实现数据输入的接口 tf.data.Dataset。该接口能够以快速且可扩展的方式加载和预处理数据，帮助开发者高效地实现数据的读入、打乱、增强（augment）等功能。下面的实例演示了使用 tf.data.Dataset 加载 MNIST 手写数字数据集的过程。

实例2-2 使用tf.data.Dataset加载MNIST手写数字数据集（源码路径：daima\2\tjia.py）

实例文件 tjia.py 的具体实现代码如下：

```
import tensorflow as tf

# 加载 MNIST 数据集
(train_images, train_labels), (test_images, test_labels) = tf.keras.datasets.
                                                mnist.load_data()

# 将数据转换为张量并标准化
train_images = train_images.reshape(-1, 28, 28, 1).astype('float32') / 255.0
test_images = test_images.reshape(-1, 28, 28, 1).astype('float32') / 255.0

# 将标签转换为独热编码
train_labels = tf.keras.utils.to_categorical(train_labels, num_classes=10)
test_labels = tf.keras.utils.to_categorical(test_labels, num_classes=10)
```

```
# 创建训练集和测试集的 Dataset 对象
batch_size = 64
train_dataset = tf.data.Dataset.from_tensor_slices((train_images,
                                                    train_labels))
test_dataset = tf.data.Dataset.from_tensor_slices((test_images, test_labels))

train_dataset = train_dataset.shuffle(buffer_size=60000).batch(batch_size).
  prefetch(buffer_size = tf.data.experimental.AUTOTUNE)
test_dataset = test_dataset.batch(batch_size)

# 输出数据集信息
print("训练集样本数:", len(train_images))
print("测试集样本数:", len(test_images))
print("图像形状:", train_images.shape[1:])
print("标签类别数:", train_labels.shape[1])
```

上述代码首先加载MNIST数据集，将图像数据转换为张量并进行了标准化。然后，创建训练集和测试集的 Dataset 对象，并显示一些有关数据集的基本信息。注意，这仅仅是加载数据集的代码，不涉及模型构建和训练。

执行上述代码，输出结果如下：

```
训练集样本数: 60000
测试集样本数: 10000
图像形状: (28, 28, 1)
标签类别数: 10
```

2.2 数据集的基本处理

数据预处理是机器学习和数据分析中的一个重要步骤，旨在准备原始数据，使其适合用于模型训练和分析。原始数据通常具有噪声、缺失值、不一致性等问题，数据预处理的目标是清理、转换和准备数据，以便提高模型的性能和可靠性。

2.2.1 转换为 Tensor 格式

在PyTorch程序中，可以使用torchvision.transforms模块中的预定义函数将数据集转换为Tensor格式。这些函数提供了一系列常用的数据预处理操作，如将图像转换为Tensor、归一化、裁剪等。以下是一些常用于数据预处理的预定义函数：

（1）ToTensor()：将PIL（Python Image Library，Python图像库）图像或NumPy数组转换为Tensor格式。该函数将图像数据的像素值缩放到[0, 1]，并将通道顺序从HWC转换为CHW。

（2）Normalize(mean, std)：对 Tensor 进行标准化处理，需要指定每个通道的均值和标准差。该函数将每个通道的像素值减去均值并除以标准差。

（3）Resize(size)：调整图像的大小，可以指定输出图像的目标尺寸。

（4）CenterCrop(size)：对图像进行中心裁剪，保留指定尺寸的区域。

（5）RandomCrop(size)：对图像进行随机裁剪，保留指定尺寸的区域。

（6）RandomHorizontalFlip()：随机水平翻转图像。

（7）RandomRotation(degrees)：随机旋转图像，可以指定旋转的角度范围。

（8）RandomResizedCrop(size, scale, ratio)：随机裁剪和缩放图像，可以指定裁剪的目标尺寸、缩放范围和长宽比范围。

上述预定义函数可以通过 Compose 函数组合在一起，按照指定的顺序依次应用于数据集。下面的实例展示了将数据集转换为 Tensor 格式的过程。

实例2-3 使用PyTorch将数据集转换为Tensor格式（源码路径：daima\2\zhuan.py）

实例文件 zhuan.py 的具体实现代码如下：

```python
import torchvision.transforms as transforms
from torchvision.datasets import CIFAR10

# 定义转换操作列表
transform = transforms.Compose([
    transforms.ToTensor(),
    transforms.Normalize(mean=[0.5, 0.5, 0.5], std=[0.5, 0.5, 0.5]),
])

# 创建 CIFAR-10 数据集实例并应用转换操作
dataset = CIFAR10(root='data/', train=True, download=True, transform=transform)

# 获取第一个样本
sample = dataset[0]

# 输出结果
print('图像 Tensor 大小 :', sample[0].size())
print('标签 :', sample[1])
```

在上述代码中，首先导入 transforms 模块中的预定义函数和 Compose 函数。然后，定义了一个转换操作列表，其中包括将图像转换为 Tensor 格式和对 Tensor 进行标准化的操作。接下来，创建 CIFAR-10 数据集实例时，通过 transform 参数传入转换操作列表，从而将数据集转换为 Tensor 格式。最后，通过 sample[0] 获取转换后的图像 Tensor，并使用 .size() 方法查看其大小；同时，使用 sample[1] 获取标签信息，并直接输出数据集信息。

执行上述代码，输出结果如下：

```
Files already downloaded and verified
图像 Tensor 大小：torch.Size([3, 32, 32])
标签：6
```

通过这种方式，数据集中的每个样本将以 Tensor 格式进行表示，方便在 PyTorch 中进行进一步的处理和训练。

在 TensorFlow 中，将数据集转换为 Tensor 格式是一个常见的步骤，通常需要将原始数据进行适当的转换、标准化和处理，并将其转换为张量形式以供模型使用。下面是一个典型的实例，展示了将数据集转换为 Tensor 格式的过程。

实例2-4　使用TensorFlow将数据集转换为Tensor格式（源码路径：daima\2\tzhuan.py）

实例文件tzhuan.py的具体实现代码如下：

```python
import tensorflow as tf
from sklearn.model_selection import train_test_split
import numpy as np

# 假设有一组原始数据 features 和 labels
features = np.random.rand(100, 2)    # 随机生成输入特征
labels = np.random.randint(0, 2, size=100)    # 随机生成标签

# 将原始数据划分为训练集和测试集
train_features, test_features, train_labels, test_labels =
    train_test_split(features, labels, test_size=0.2, random_state=42)

# 将数据转换为张量
train_features_tensor = tf.convert_to_tensor(train_features, dtype=tf.float32)
train_labels_tensor = tf.convert_to_tensor(train_labels, dtype=tf.int64)
test_features_tensor = tf.convert_to_tensor(test_features, dtype=tf.float32)
test_labels_tensor = tf.convert_to_tensor(test_labels, dtype=tf.int64)

# 创建 TensorFlow 数据集对象
train_dataset = tf.data.Dataset.from_tensor_slices((train_features_tensor,
    train_labels_tensor))
test_dataset = tf.data.Dataset.from_tensor_slices((test_features_tensor,
    test_labels_tensor))

# 对数据集进行处理、批次化等操作
batch_size = 32
train_dataset = train_dataset.shuffle(buffer_size=len(train_features)).
    batch(batch_size)
test_dataset = test_dataset.batch(batch_size)
```

```
# 输出数据集信息
print(" 训练集样本数 :", len(train_features))
print(" 测试集样本数 :", len(test_features))
```

上述代码的实现流程如下：

（1）导入需要使用的库，其中 tensorflow 用于创建数据集和张量，train_test_split 用于将数据划分为训练集和测试集，numpy 用于生成示意数据。

（2）使用 numpy 生成示意的输入特征和标签数据。features 是一个大小为 (100, 2) 的数组，每行表示一个输入样本的两个特征值；labels 是一个大小为 100 的数组，每个元素表示一个样本的标签。

（3）使用 train_test_split 将数据划分为训练集和测试集。train_features 和 train_labels 是训练集的输入特征和标签，test_features 和 test_labels 是测试集的输入特征和标签。

（4）使用 tf.convert_to_tensor 函数将 train_features、train_labels、test_features 和 test_labels 转换为 TensorFlow 张量，以便在 TensorFlow 中进行进一步的处理和操作。

（5）使用 tf.data.Dataset.from_tensor_slices 函数创建训练集和测试集的 TensorFlow 数据集对象，每个数据集对象包含一组输入特征和标签的对应关系。

（6）使用 shuffle 函数对训练集进行随机重排，以确保数据的随机性。使用 batch 函数将数据划分为大小为 batch_size 的批次。这些操作将为模型训练和测试提供适当的输入。

（7）输出训练集和测试集的样本数，以便了解数据集的规模。

执行上述代码，输出结果如下：

```
训练集样本数 : 80
测试集样本数 : 20
```

2.2.2 标准化处理

在 PyTorch 程序中，可以使用 transforms 模块中的 Normalize 类来对数据集进行标准化处理。Normalize 类将输入的张量按元素进行归一化，计算公式如下：

```
output = (input - mean) / std
```

其中，mean 是均值，std 是标准差。

对于图像数据，通常分别对每个颜色通道进行归一化处理。下面的实例演示了使用 Normalize 类对数据集进行标准化处理的过程。

实例2-5 **使用Normalize类对数据集进行标准化处理（源码路径：daima\2\biao.py）**

实例文件 biao.py 的具体实现代码如下：

```
import torchvision.transforms as transforms
from torchvision.datasets import CIFAR10
```

```
# 定义转换操作列表, 包括 ToTensor 和 Normalize
transform = transforms.Compose([
    transforms.ToTensor(),
    transforms.Normalize(mean=[0.5, 0.5, 0.5], std=[0.5, 0.5, 0.5]),
])

# 创建 CIFAR-10 数据集实例并应用转换操作
dataset = CIFAR10(root='data/', train=True, download=True, transform=transform)

# 获取第一个样本
sample = dataset[0]

# 输出转换后的图像张量
print(' 转换后的图像张量:', sample[0])
```

在上述代码中, 首先定义了一个名为transform的转换操作列表, 其中包括ToTensor和Normalize操作。ToTensor操作将图像转换为张量格式; 而Normalize操作对每个通道的像素值进行归一化处理, 使其均值为0.5, 标准差为0.5。然后, 创建CIFAR-10数据集实例时应用了这个转换操作。最后, 输出第一个样本的图像张量, 可以观察到已经完成了标准化处理。

执行上述代码, 输出结果如下:

```
Files already downloaded and verified
转换后的图像张量: tensor([[[-0.5373, -0.6627, -0.6078,  ...,  0.2392,  0.1922,
  0.1608],
        [-0.8745, -1.0000, -0.8588,  ..., -0.0353, -0.0667, -0.0431],
        [-0.8039, -0.8745, -0.6157,  ..., -0.0745, -0.0588, -0.1451],
        ...,
        [ 0.6314,  0.5765,  0.5529,  ...,  0.2549, -0.5608, -0.5843],
        [ 0.4118,  0.3569,  0.4588,  ...,  0.4431, -0.2392, -0.3490],
        [ 0.3882,  0.3176,  0.4039,  ...,  0.6941,  0.1843, -0.0353]],

        [[-0.5137, -0.6392, -0.6235,  ...,  0.0353, -0.0196, -0.0275],
        [-0.8431, -1.0000, -0.9373,  ..., -0.3098, -0.3490, -0.3176],
        [-0.8118, -0.9451, -0.7882,  ..., -0.3412, -0.3412, -0.4275],
        ...,
        [ 0.3333,  0.2000,  0.2627,  ...,  0.0431, -0.7569, -0.7333],
        [ 0.0902, -0.0353,  0.1294,  ...,  0.1608, -0.5137, -0.5843],
        [ 0.1294,  0.0118,  0.1137,  ...,  0.4431, -0.0745, -0.2784]],

        [[-0.5059, -0.6471, -0.6627,  ..., -0.1529, -0.2000, -0.1922],
        [-0.8431, -1.0000, -1.0000,  ..., -0.5686, -0.6078, -0.5529],
        [-0.8353, -1.0000, -0.9373,  ..., -0.6078, -0.6078, -0.6706],
        ...,
        [-0.2471, -0.7333, -0.7961,  ..., -0.4510, -0.9451, -0.8431],
        [-0.2471, -0.6706, -0.7647,  ..., -0.2627, -0.7333, -0.7333],
```

```
              [-0.0902, -0.2627, -0.3176,  ...,  0.0980, -0.3412, -0.4353]]])
```

> **注意**：使用 Normalize 类可以对数据集进行标准化处理，以便更好地用于模型训练。注意，在应用标准化处理时，需要根据数据集的特点设置正确的均值和标准差。

在 TensorFlow 程序中，进行数据集标准化处理是为了将输入特征进行缩放，使其具有零均值和单位方差。这有助于加速模型训练，并且有时可以提高模型的收敛速度和性能。下面的实例演示了使用 TensorFlow 对数据集进行标准化处理的过程。

实例2-6　使用 TensorFlow对数据集进行标准化处理（源码路径：daima\2\tbiao.py）

实例文件 tbiao.py 的具体实现代码如下：

```python
import tensorflow as tf
from sklearn.model_selection import train_test_split
import numpy as np

# 假设有一组原始数据 features 和 labels
features = np.random.rand(100, 2)   # 随机生成输入特征
labels = np.random.randint(0, 2, size=100)    # 随机生成标签

# 将原始数据划分为训练集和测试集
train_features, test_features, train_labels, test_labels = \
  train_test_split(features, labels, test_size=0.2, random_state=42)

# 标准化处理：计算均值和标准差
mean = np.mean(train_features, axis=0)
std = np.std(train_features, axis=0)

# 标准化处理：应用均值和标准差进行缩放
train_features_normalized = (train_features - mean) / std
test_features_normalized = (test_features - mean) / std

# 将标准化后的数据转换为 TensorFlow 张量
train_features_tensor = tf.convert_to_tensor(train_features_normalized,
  dtype=tf.float32)
test_features_tensor = tf.convert_to_tensor(test_features_normalized,
  dtype=tf.float32)

# 创建 TensorFlow 数据集对象
train_dataset = tf.data.Dataset.from_tensor_slices((train_features_tensor,
  train_labels))
test_dataset = tf.data.Dataset.from_tensor_slices((test_features_tensor,
  test_labels))
```

```
# 对数据集进行处理、批次化等操作
batch_size = 32
train_dataset = train_dataset.shuffle(buffer_size=len(train_features)).
    batch(batch_size)
test_dataset = test_dataset.batch(batch_size)
```

在上述代码中，首先生成了示意的输入特征和标签数据。然后，计算训练集特征的均值和标准差，用于进行标准化处理。标准化处理是一种数据预处理技术，通过将特征值减去其均值，然后除以标准差来对特征进行缩放，以使它们具有零均值和单位方差。最后，将进行标准化处理后的数据转换为 TensorFlow 张量，并创建数据集对象。

2.2.3   调整大小和裁剪

1. 调整大小

在 PyTorch 中，可以使用 transforms 模块中的 Resize 类调整数据集的大小，可以指定调整后的目标大小，也可以指定调整方式（如保持纵横比或填充）。下面是一个调整数据集大小的实例。

实例2-7   使用PyTorch调整数据集大小（源码路径：daima\2\daxiao.py）

实例文件 daxiao.py 的具体实现代码如下：

```
import torchvision.transforms as transforms
from torchvision.datasets import CIFAR10

# 定义转换操作列表，包括 Resize
transform = transforms.Compose([
    transforms.Resize((224, 224)),
    transforms.ToTensor(),
])

# 创建 CIFAR-10 数据集实例并应用转换操作
dataset = CIFAR10(root='data/', train=True, download=True, transform=transform)

# 获取第一个样本
sample = dataset[0]

# 输出调整大小后的图像张量
print('调整大小后的图像张量：', sample[0])
```

在上述代码中，首先定义了一个名为 transform 的转换操作列表，其中包括 Resize 操作。通过指定目标大小为 (224, 224)，将 CIFAR-10 数据集中的图像调整为 224×224 大小。然后，创建 CIFAR-10 数据集实例时应用了这个转换操作。最后，输出第一个样本的图像张量，可以观察到已经完成了图像大小调整。

执行上述代码，输出结果如下：

```
调整大小后的图像张量：tensor([[[0.2314, 0.2314, 0.2314,  ..., 0.5804, 0.5804, 0.5804],
        [0.2314, 0.2314, 0.2314,  ..., 0.5804, 0.5804, 0.5804],
        [0.2314, 0.2314, 0.2314,  ..., 0.5804, 0.5804, 0.5804],
        ...,
        [0.6941, 0.6941, 0.6941,  ..., 0.4824, 0.4824, 0.4824],
        [0.6941, 0.6941, 0.6941,  ..., 0.4824, 0.4824, 0.4824],
        [0.6941, 0.6941, 0.6941,  ..., 0.4824, 0.4824, 0.4824]],

        [[0.2431, 0.2431, 0.2431,  ..., 0.4863, 0.4863, 0.4863],
        [0.2431, 0.2431, 0.2431,  ..., 0.4863, 0.4863, 0.4863],
        [0.2431, 0.2431, 0.2431,  ..., 0.4863, 0.4863, 0.4863],
        ...,
        [0.5647, 0.5647, 0.5647,  ..., 0.3608, 0.3608, 0.3608],
        [0.5647, 0.5647, 0.5647,  ..., 0.3608, 0.3608, 0.3608],
        [0.5647, 0.5647, 0.5647,  ..., 0.3608, 0.3608, 0.3608]],

        [[0.2471, 0.2471, 0.2471,  ..., 0.4039, 0.4039, 0.4039],
        [0.2471, 0.2471, 0.2471,  ..., 0.4039, 0.4039, 0.4039],
        [0.2471, 0.2471, 0.2471,  ..., 0.4039, 0.4039, 0.4039],
        ...,
        [0.4549, 0.4549, 0.4549,  ..., 0.2824, 0.2824, 0.2824],
        [0.4549, 0.4549, 0.4549,  ..., 0.2824, 0.2824, 0.2824],
        [0.4549, 0.4549, 0.4549,  ..., 0.2824, 0.2824, 0.2824]]])
```

在 TensorFlow 中，调整数据集的大小通常指的是调整数据集中图像的大小，以便它们适应特定的模型输入大小。这在处理图像数据时很常见，因为不同的模型可能需要不同大小的输入图像。下面是一个使用 TensorFlow 调整数据集中图像大小的实例。

实例2-8　使用TensorFlow调整数据集大小（源码路径：daima\2\tdaxiao.py）

（1）准备数据集文件。假设 "path/to/your/dataset" 目录是一个存放数据集文件夹的路径，在该路径下放置了需要的图像数据，且这些图像数据按照不同类别分别存放在子文件夹中，具体内容如下：

```
path/to/your/dataset/
    ├── class1/
    │    ├── image1.jpg
    │    ├── image2.jpg
    │    └── ...
    ├── class2/
    │    ├── image1.jpg
    │    ├── image2.jpg
    │    └── ...
```

```
├── class3/
│     ├── image1.jpg
│     ├── image2.jpg
│     └── ...
└── ...
```

在数据集文件夹"path/to/your/dataset"中，class1、class2、class3 是不同的类别名称，每个类别文件夹中包含属于该类别的图像文件（如 image1.jpg、image2.jpg 等），每个图像文件应该位于对应类别的子文件夹中。在运行本实例时，需要将"path/to/your/dataset"替换为实际数据集文件夹的路径，并确保数据集文件夹按照类别组织，且包含真实的图像文件。

（2）实例文件 tdaxiao.py 的具体实现代码如下：

```python
import tensorflow as tf
import os

# 设置图像目标大小
target_image_size = (128, 128)

# 定义数据集文件夹路径和批次大小
data_dir = "path/to/your/dataset"   # 替换为相应的数据集文件夹路径
batch_size = 32

# 创建数据集
image_dataset = tf.keras.preprocessing.image_dataset_from_directory(
    data_dir,
    image_size=target_image_size,
    batch_size=batch_size,
    shuffle=True
)

# 数据预处理函数：调整大小和标准化
def preprocess_image(image, label):
    image = tf.image.resize(image, target_image_size)
    image = image / 255.0   # 标准化处理
    return image, label

# 应用预处理函数到数据集
processed_dataset = image_dataset.map(preprocess_image)

# 输出数据集信息
print(" 类别数 :", len(image_dataset.class_names))
print(" 训练集样本数 :", image_dataset.cardinality().numpy())
```

```
# 遍历数据集并显示一个批次的图像
for images, labels in processed_dataset.take(1):
    for i in range(batch_size):
        print("图像形状:", images[i].shape)
        print("标签:", image_dataset.class_names[labels[i]])
```

在上述代码中，首先使用 tf.keras.preprocessing.image_dataset_from_directory 函数加载图像数据集，将图像调整为目标大小并指定批次大小。然后，定义一个名为 preprocess_image 的数据预处理函数，该函数对图像进行大小调整和标准化处理。接着，使用 map 函数将预处理函数应用到数据集中的每个图像。最后，输出数据集的基本信息，并遍历一个批次的图像，以显示它们的形状和标签。

执行上述代码，输出结果如下：

```
Found xxx files belonging to yyy classes.
类别数: yyy
训练集样本数: xxx

图像形状: (128, 128, 3)
标签: class_name
图像形状: (128, 128, 3)
标签: class_name
...
```

在上面的输出结果中，xxx 是数据集中的图像文件总数，yyy 是数据集中的类别数目。接下来的部分会显示每个图像的形状（128×128 的 RGB 图像）和对应的类别标签（class_name 会被实际的类别名替代）。

2. 裁剪

在 PyTorch 中，可以使用 RandomCrop 类对数据集中的图像进行随机裁剪，从而增加数据的多样性。用户可以指定裁剪后的目标大小，也可以指定裁剪方式（如随机裁剪或中心裁剪）。下面是一个裁剪数据集的实例。

实例2-9 使用PyTorch裁剪数据集（源码路径：daima\2\cai.py）

实例文件 cai.py 的具体实现代码如下：

```
import torchvision.transforms as transforms
from torchvision.datasets import CIFAR10

# 定义转换操作列表，包括 RandomCrop 操作
transform = transforms.Compose([
    transforms.RandomCrop((32, 32)),
    transforms.ToTensor(),
])
```

```
# 创建 CIFAR-10 数据集实例并应用转换操作
dataset = CIFAR10(root='data/', train=True, download=True, transform=transform)

# 获取第一个样本
sample = dataset[0]

# 输出裁剪后的图像张量
print(' 裁剪后的图像张量 :', sample[0])
```

在上述代码中，首先定义了一个名为 transform 的转换操作列表，其中包括 RandomCrop 操作。通过指定裁剪后的目标大小为 (32, 32)，将 CIFAR-10 数据集中的图像进行随机裁剪，裁剪后的图像大小为 32×32。然后，创建 CIFAR-10 数据集实例时应用了这个转换操作。最后，输出第一个样本的图像张量，可以观察到已经完成了随机裁剪。

执行上述代码，输出结果如下：

```
裁剪后的图像张量 : tensor([[[0.2314, 0.1686, 0.1961,  ..., 0.6196, 0.5961, 0.5804],
         [0.0627, 0.0000, 0.0706,  ..., 0.4824, 0.4667, 0.4784],
         [0.0980, 0.0627, 0.1922,  ..., 0.4627, 0.4706, 0.4275],
         ...,
         [0.8157, 0.7882, 0.7765,  ..., 0.6275, 0.2196, 0.2078],
         [0.7059, 0.6784, 0.7294,  ..., 0.7216, 0.3804, 0.3255],
         [0.6941, 0.6588, 0.7020,  ..., 0.8471, 0.5922, 0.4824]],

        [[0.2431, 0.1804, 0.1882,  ..., 0.5176, 0.4902, 0.4863],
         [0.0784, 0.0000, 0.0314,  ..., 0.3451, 0.3255, 0.3412],
         [0.0941, 0.0275, 0.1059,  ..., 0.3294, 0.3294, 0.2863],
         ...,
         [0.6667, 0.6000, 0.6314,  ..., 0.5216, 0.1216, 0.1333],
         [0.5451, 0.4824, 0.5647,  ..., 0.5804, 0.2431, 0.2078],
         [0.5647, 0.5059, 0.5569,  ..., 0.7216, 0.4627, 0.3608]],

        [[0.2471, 0.1765, 0.1686,  ..., 0.4235, 0.4000, 0.4039],
         [0.0784, 0.0000, 0.0000,  ..., 0.2157, 0.1961, 0.2235],
         [0.0824, 0.0000, 0.0314,  ..., 0.1961, 0.1961, 0.1647],
         ...,
         [0.3765, 0.1333, 0.1020,  ..., 0.2745, 0.0275, 0.0784],
         [0.3765, 0.1647, 0.1176,  ..., 0.3686, 0.1333, 0.1333],
         [0.4549, 0.3686, 0.3412,  ..., 0.5490, 0.3294, 0.2824]]])
```

> **注意**：通过使用 Resize 和 RandomCrop 类，可以调整数据集中图像的大小并进行裁剪，以便适应模型的需求和增加数据的多样性。

在 TensorFlow 中，对数据集中的图像进行裁剪通常是为了提取感兴趣的区域，以便用于模型的训练或预测。下面的实例展示了在 TensorFlow 中对图像数据集进行裁剪的过程，这里假设要使用随机生成的图像数据进行裁剪，并且要展示的图像数据格式是 (batch_size, height, width, channels)。

实例2-10   使用TensorFlow裁剪数据集（源码路径：daima\2\tcai.py）

实例文件tcai.py的具体实现代码如下：

```python
import tensorflow as tf
import numpy as np

# 创建随机图像数据
num_samples = 100
image_height = 128
image_width = 128
num_channels = 3
random_images = np.random.randint(0, 256, size=(num_samples, image_height,
    image_width, num_channels), dtype=np.uint8)

# 随机生成标签
random_labels = np.random.randint(0, 10, size=num_samples)

# 创建 TensorFlow 数据集对象
image_dataset = tf.data.Dataset.from_tensor_slices((random_images, random_labels))

# 数据预处理函数：裁剪图像
def crop_image(image, label):
    cropped_image = tf.image.random_crop(image, size=[crop_height,
        crop_width, num_channels])
    return cropped_image, label

# 定义裁剪的目标区域
crop_height = 50
crop_width = 50

# 应用裁剪函数到数据集
cropped_dataset = image_dataset.map(crop_image)

# 输出数据集信息
print("训练集样本数 :", num_samples)

# 遍历数据集并显示一个批次的图像
for images, labels in cropped_dataset.take(1):
    print("裁剪后的图像形状 :", images[i].shape)
```

在上述代码中，首先创建了随机的图像数据和标签。然后，使用 tf.data.Dataset.from_tensor_slices 函数将数据转换为 TensorFlow 数据集对象。接着，定义了一个名为 crop_image 的数据预处理函数，该函数使用 tf.image.random_crop 函数随机裁剪图像。最后，应用裁剪函数到数据集，并遍历数据集，以显示裁剪后的图像形状和对应的标签。

执行上述代码，输出结果如下：

```
训练集样本数：100
裁剪后的图像形状：(50, 50, 3)
```

2.2.4　随机翻转和旋转

1.随机翻转

在 PyTorch 程序中，可以使用 RandomHorizontalFlip 类对数据集中的图像进行随机水平翻转，以增加数据的多样性。下面是一个对数据集实现随机翻转的实例。

实例2-11　**对数据集实现随机翻转（源码路径：daima\2\fan.py）**

实例文件 fan.py 的具体实现代码如下：

```
import torchvision.transforms as transforms
from torchvision.datasets import CIFAR10

# 定义转换操作列表，包括 RandomHorizontalFlip 操作
transform = transforms.Compose([
    transforms.RandomHorizontalFlip(p=0.5),
    transforms.ToTensor(),
])

# 创建 CIFAR-10 数据集实例并应用转换操作
dataset = CIFAR10(root='data/', train=True, download=True, transform=transform)

# 获取第一个样本
sample = dataset[0]

# 输出翻转后的图像张量
print(' 翻转后的图像张量:', sample[0])
```

在上述代码中，首先定义了一个名为 transform 的转换操作列表，其中包括 RandomHorizontalFlip 操作。通过指定概率 p 为 0.5，每个样本有 50% 的概率进行水平翻转。然后，创建 CIFAR-10 数据集实例时应用这个转换操作。最后，输出第一个样本的图像张量，可以观察到已经完成了随机水平翻转。

执行上述代码，输出结果如下：

```
翻转后的图像张量: tensor([[[0.5804, 0.5961, 0.6196,  ..., 0.1961, 0.1686, 0.2314],
        [0.4784, 0.4667, 0.4824,  ..., 0.0706, 0.0000, 0.0627],
        [0.4275, 0.4706, 0.4627,  ..., 0.1922, 0.0627, 0.0980],
```

```
    ...,
    [0.2078, 0.2196, 0.6275,  ..., 0.7765, 0.7882, 0.8157],
    [0.3255, 0.3804, 0.7216,  ..., 0.7294, 0.6784, 0.7059],
    [0.4824, 0.5922, 0.8471,  ..., 0.7020, 0.6588, 0.6941]],

   [[0.4863, 0.4902, 0.5176,  ..., 0.1882, 0.1804, 0.2431],
    [0.3412, 0.3255, 0.3451,  ..., 0.0314, 0.0000, 0.0784],
    [0.2863, 0.3294, 0.3294,  ..., 0.1059, 0.0275, 0.0941],
    ...,
    [0.1333, 0.1216, 0.5216,  ..., 0.6314, 0.6000, 0.6667],
    [0.2078, 0.2431, 0.5804,  ..., 0.5647, 0.4824, 0.5451],
    [0.3608, 0.4627, 0.7216,  ..., 0.5569, 0.5059, 0.5647]],

   [[0.4039, 0.4000, 0.4235,  ..., 0.1686, 0.1765, 0.2471],
    [0.2235, 0.1961, 0.2157,  ..., 0.0000, 0.0000, 0.0784],
    [0.1647, 0.1961, 0.1961,  ..., 0.0314, 0.0000, 0.0824],
    ...,
    [0.0784, 0.0275, 0.2745,  ..., 0.1020, 0.1333, 0.3765],
    [0.1333, 0.1333, 0.3686,  ..., 0.1176, 0.1647, 0.3765],
    [0.2824, 0.3294, 0.5490,  ..., 0.3412, 0.3686, 0.4549]]])
```

2. 随机旋转

在 PyTorch 程序中，可以使用 RandomRotation 类对数据集中的图像进行随机旋转，以增加数据的多样性。下面是一个对数据集中的图像进行随机旋转的实例。

实例2-12 对数据集中的图像进行随机旋转（源码路径：daima\2\xuan.py）

实例文件 xuan.py 的具体实现代码如下：

```python
import torchvision.transforms as transforms
from torchvision.datasets import CIFAR10

# 定义转换操作列表，包括 RandomRotation 操作
transform = transforms.Compose([
    transforms.RandomRotation(degrees=30),
    transforms.ToTensor(),
])

# 创建 CIFAR-10 数据集实例并应用转换操作
dataset = CIFAR10(root='data/', train=True, download=True, transform=transform)

# 获取第一个样本
sample = dataset[0]
```

```
# 输出旋转后的图像张量
print(' 旋转后的图像张量 :', sample[0])
```

在上述代码中，首先定义了一个名为transform的转换操作列表，其中包括RandomRotation操作。指定旋转的角度为30°，使每个样本在 –30° ～ +30° 随机选择旋转角度。然后，创建CIFAR-10数据集实例时应用这个转换操作。最后，输出第一个样本的图像张量，可以观察到已经完成了随机旋转。

执行上述代码，输出结果如下：

```
旋转后的图像张量 : tensor([[[0., 0., 0.,  ..., 0., 0., 0.],
        [0., 0., 0.,  ..., 0., 0., 0.],
        [0., 0., 0.,  ..., 0., 0., 0.],
        ...,
        [0., 0., 0.,  ..., 0., 0., 0.],
        [0., 0., 0.,  ..., 0., 0., 0.],
        [0., 0., 0.,  ..., 0., 0., 0.]],

       [[0., 0., 0.,  ..., 0., 0., 0.],
        [0., 0., 0.,  ..., 0., 0., 0.],
        [0., 0., 0.,  ..., 0., 0., 0.],
        ...,
        [0., 0., 0.,  ..., 0., 0., 0.],
        [0., 0., 0.,  ..., 0., 0., 0.],
        [0., 0., 0.,  ..., 0., 0., 0.]],

       [[0., 0., 0.,  ..., 0., 0., 0.],
        [0., 0., 0.,  ..., 0., 0., 0.],
        [0., 0., 0.,  ..., 0., 0., 0.],
        ...,
        [0., 0., 0.,  ..., 0., 0., 0.],
        [0., 0., 0.,  ..., 0., 0., 0.],
        [0., 0., 0.,  ..., 0., 0., 0.]]])
```

通过使用RandomHorizontalFlip类和RandomRotation类，用户可以在数据集加载和预处理过程中实现随机翻转和旋转，从而增加数据的多样性。根据具体的任务和数据集特点，可以选择合适的翻转和旋转操作。

2.3 数据集的制作

制作数据集是机器学习和深度学习任务中的关键步骤之一，涉及收集、整理和准备数据，以便用于模型的训练、验证和测试。

2.3.1 自定义数据集

在 PyTorch 中可以通过创建自定义类 Dataset 的方式来制作数据集，自定义的数据集类需要继承 torch.utils.data.Dataset，并实现 __len__ 和 __getitem__ 方法。下面是一个在 PyTorch 中自定义数据集并使用的实例。

实例2-13 制作自己的数据集并使用（源码路径：daima\2\zi.py）

实例文件 zi.py 的具体实现代码如下：

```python
import torch
from torch.utils.data import Dataset, DataLoader

class CustomDataset(Dataset):
    def __init__(self, data, targets):
        self.data = data
        self.targets = targets

    def __len__(self):
        return len(self.data)

    def __getitem__(self, index):
        x = self.data[index]
        y = self.targets[index]

        return x, y

# 创建数据集
data = torch.randn(100, 3, 32, 32)          # 假设有 100 个 3 通道的 32×32 图像
targets = torch.randint(0, 10, (100,))      # 假设有 10 个目标类别，编号分别为 0 ～ 9, 生成
                                            # 100 个这样的随机整数

dataset = CustomDataset(data, targets)

# 创建数据加载器
batch_size = 10
dataloader = DataLoader(dataset, batch_size=batch_size, shuffle=True)

# 遍历数据加载器
for batch_data, batch_targets in dataloader:
    # 在这里对每个小批量的数据进行操作
    print("Batch data size:", batch_data.size())
    print("Batch targets:", batch_targets)
```

在上述代码中，首先定义了一个 CustomDataset 类来创建自定义数据集。然后，使用随机生成

的数据和目标类别创建了一个实例。接下来，使用DataLoader类创建数据加载器。通过指定批次大小和是否进行打乱等参数，可以对数据集进行批次处理。最后，使用for循环遍历数据加载器，每次迭代获得一个小批量的数据和对应的目标类别。该实例只是简单地输出每个小批量的数据大小和目标类别。

执行上述代码，输出结果如下：

```
Batch data size: torch.Size([10, 3, 32, 32])
Batch targets: tensor([8, 0, 0, 4, 1, 0, 8, 2, 2, 3])
Batch data size: torch.Size([10, 3, 32, 32])
Batch targets: tensor([4, 5, 2, 0, 9, 2, 1, 8, 8, 3])
Batch data size: torch.Size([10, 3, 32, 32])
Batch targets: tensor([0, 8, 4, 0, 0, 4, 8, 3, 7, 2])
Batch data size: torch.Size([10, 3, 32, 32])
Batch targets: tensor([2, 1, 4, 1, 0, 4, 5, 3, 5, 6])
Batch data size: torch.Size([10, 3, 32, 32])
Batch targets: tensor([7, 0, 7, 9, 1, 3, 9, 7, 5, 3])
Batch data size: torch.Size([10, 3, 32, 32])
Batch targets: tensor([6, 7, 6, 3, 9, 9, 0, 8, 0, 3])
Batch data size: torch.Size([10, 3, 32, 32])
Batch targets: tensor([4, 3, 6, 3, 6, 1, 8, 2, 2, 5])
Batch data size: torch.Size([10, 3, 32, 32])
Batch targets: tensor([1, 0, 0, 6, 3, 3, 3, 7, 0, 8])
Batch data size: torch.Size([10, 3, 32, 32])
Batch targets: tensor([6, 2, 7, 9, 5, 7, 9, 2, 7, 8])
Batch data size: torch.Size([10, 3, 32, 32])
Batch targets: tensor([1, 9, 6, 1, 3, 7, 3, 3, 2, 5])
```

从 TensorFlow 2.0开始，可以使用内置接口 tf.data 创建数据集并进行训练和评估。下面的实例演示了使用 tf.data 创建数据集并进行训练和评估的过程。

实例2-14 **使用tf.data创建数据集并进行训练和评估（源码路径：daima\2\xun01.py）**

实例文件xun01.py的具体实现代码如下：

```
# 创建一个训练数据集实例
train_dataset = tf.data.Dataset.from_tensor_slices((x_train, y_train))
# 打乱并切片数据集
train_dataset = train_dataset.shuffle(buffer_size=1024).batch(64)

# 得到一个测试数据集
test_dataset = tf.data.Dataset.from_tensor_slices((x_test, y_test))
test_dataset = test_dataset.batch(64)

# 由于数据集已经被批处理过，因此不传递"batch\u size"参数
model.fit(train_dataset, epochs=3)
```

```
# 还可以对数据集进行评估或预测
print("Evaluate 评估 :")
result = model.evaluate(test_dataset)
dict(zip(model.metrics_names, result))
```

在上述代码中，使用 dataset 的内置函数 shuffle 将数据打乱，此函数的参数值越大，混乱程度就越大。另外，还可以使用 dataset 的其他内置函数操作数据：

（1）batch(4)：按照顺序取出 4 行数据，最后一次输出可能小于 batch。

（2）repeat()：设置数据集重复执行指定的次数，如果没有提供参数，表示数据集将无限次重复；如果提供了参数，数据集将重复执行指定的次数。

执行上述代码，输出结果如下：

```
Epoch 1/3
782/782 [==============================] - 2s 2ms/step - loss: 0.3395 -
sparse_categorical_accuracy: 0.9036
Epoch 2/3
782/782 [==============================] - 2s 2ms/step - loss: 0.1614 -
sparse_categorical_accuracy: 0.9527
Epoch 3/3
782/782 [==============================] - 2s 2ms/step - loss: 0.1190 -
sparse_categorical_accuracy: 0.9648
Evaluate 评估 :
157/157 [==============================] - 0s 2ms/step - loss: 0.1278 -
sparse_categorical_accuracy: 0.9633
{'loss': 0.12783484160900116, 'sparse_categorical_accuracy': 0.9632999897003174}
```

上述输出是一个 TensorFlow 模型训练和评估结果，接下来详细讲解每个输出部分的含义：

（1）Epoch 1/3：显示了模型训练的 epoch 数量，以及总共的训练步数。每个 epoch 都会将训练数据分成多个小批次进行训练。

（2）loss: 0.3395 – sparse_categorical_accuracy: 0.9036：显示了每个 epoch 结束后的训练结果。其中，"loss" 表示模型的损失值，"sparse_categorical_accuracy" 表示模型的稀疏分类准确率。例如，在第一个 epoch 结束时，模型的损失为 0.3395，稀疏分类准确率为 0.9036。

（3）Evaluate 评估：显示了模型在验证集（或测试集）上的评估结果。例如，在评估过程中，模型的损失为 0.1278，稀疏分类准确率为 0.9633。

（4）{'loss': 0.12783484160900116, 'sparse_categorical_accuracy': 0.9632999897003174}：显示了一个字典，其中包含评估结果的具体数值。用户可以通过这些数值进一步分析模型的性能。

综上所述，上述输出结果表示 TensorFlow 模型经过 3 个 epoch 的训练，在训练集上的损失逐渐减小，稀疏分类准确率逐渐增加；在验证集上的评估结果也表现出较好的性能，损失较低，准确率较高。这是一个很好的迹象，说明该模型在本次任务中取得了较好的结果。

2.3.2　制作简易图片数据集

假设在当前程序的"data1"目录中保存了一些图片，如图2-1所示。

下面的实例演示了使用PyTorch将"data1"目录中的图片制作成数据集的过程。

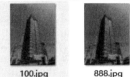

100.jpg　　888.jpg　　999.jpg

图2-1　"data1"目录中的图片

实例2-15　**使用PyTorch将指定图片制作成数据集（源码路径：daima\2\image.py）**

实例文件image.py的具体实现代码如下：

```python
import os
from PIL import Image
import torch
from torch.utils.data import Dataset
from torchvision.transforms import ToTensor

class ImageDataset(Dataset):
    def __init__(self, root_dir):
        self.root_dir = root_dir
        self.image_paths = os.listdir(root_dir)
        self.transform = ToTensor()

    def __len__(self):
        return len(self.image_paths)

    def __getitem__(self, index):
        image_path = os.path.join(self.root_dir, self.image_paths[index])
        image = Image.open(image_path)
        image = self.transform(image)

        return image

# 图片所在的目录
data_dir = "data1"

# 创建数据集实例
dataset = ImageDataset(data_dir)

# 访问数据集
image = dataset[0]    # 获取第一张图片
print("Image shape:", image.shape)
```

在上述代码中，定义了一个ImageDataset类，以创建自定义的图像数据集。在__init__方法中，传入图片所在的目录root_dir，并获取该目录下的所有图片文件名。__len__方法返回数据集的长度，即照片的数量；__getitem__方法用于获取数据集中的样本。该实例根据索引获取对应的图片路径，将其打开并转换为张量格式。

执行上述代码，输出结果如下：

```
Image shape: torch.Size([3, 400, 300])
```

通过创建数据集实例，可以像访问列表一样获取数据集中的样本。例如，在上面的实例中，dataset[0]表示获取第一张图片的张量表示。

下面的实例演示了使用TensorFlow将"data1"目录中的图片制作成数据集的过程。

实例2-16 　**使用TensorFlow将指定图片制作成数据集（源码路径：daima\2\timage.py）**

实例文件timage.py的具体实现代码如下：

```
import tensorflow as tf
import os
from tensorflow.keras.preprocessing.image import load_img, img_to_array

# 数据集文件夹路径
data_dir = "data1"   # 替换为所需的数据集文件夹路径

# 获取所有图片文件的路径
image_paths = [os.path.join(data_dir, filename) for filename in
  os.listdir(data_dir) if filename.endswith(".jpg")]

# 加载图片并转换为张量
images = [img_to_array(load_img(img_path)) for img_path in image_paths]

# 创建标签（示例中假设所有图片属于同一类别，可以根据实际情况修改）
labels = [0] * len(images)

# 创建 TensorFlow 数据集对象
image_dataset = tf.data.Dataset.from_tensor_slices((images, labels))

# 输出数据集信息
print("图片数量:", len(images))

# 遍历数据集并显示一个批次的图像
for image, label in image_dataset.take(1):
    print("图像形状:", image.shape)
    print("标签:", label)
```

在上述代码中，首先获取所有图片文件的路径，并使用 TensorFlow 的图片处理工具将图片加载并转换为张量；接着，创建一个标签列表，每个图片对应一个标签；最后，使用 tf.data.Dataset.

from_tensor_slices 函数将图片和标签制作成 TensorFlow 数据集对象。

执行上述代码，输出结果如下：

```
图片数量：3
图像形状：(400, 300, 3)
标签：tf.Tensor(0, shape=(), dtype=int32)
```

> 注意：上述实例中的标签 0 只是一个示例。在实际情况中，可能需要根据图片的内容设置正确的标签。另外，上述代码并没有将制作的数据集文件保存到硬盘上，而是在内存中创建了一个 TensorFlow 数据集对象，该数据集对象包含图像数据和对应的标签。

2.3.3 制作有标签的数据集

本小节继续用 "data1" 目录中的图片制作有标签的数据集。在制作数据集时，通常需要将每个样本与其对应的标签关联起来。对于图像分类任务，可以通过在数据集中包含图像及其对应的标签来实现。下面是一个在 PyTorch 中制作带有标签的数据集的实例。

实例2-17 **使用PyTorch制作带有标签的数据集（源码路径：daima\2\biaoqian.py）**

实例文件 biaoqian.py 的具体实现代码如下：

```python
import os
from PIL import Image
import torch
from torch.utils.data import Dataset
from torchvision.transforms import ToTensor

class ImageDataset(Dataset):
    def __init__(self, root_dir, transform=None):
        self.root_dir = root_dir
        self.image_paths = os.listdir(root_dir)
        self.transform = transform

    def __len__(self):
        return len(self.image_paths)

    def __getitem__(self, index):
        image_path = os.path.join(self.root_dir, self.image_paths[index])
        image = Image.open(image_path)

        if self.transform:
            image = self.transform(image)
```

```
        label = self.get_label(image_path)

        return image, label

    def get_label(self, image_path):
        # 在这里根据图片路径获取对应的标签
        # 这里仅作示例，假设图片文件名中包含标签信息
        label = image_path.split("_")[0]    # 假设图片文件名为 "label_image.jpg"

        return label

# 图片所在的目录
data_dir = "data1"

# 创建数据集实例
transform = ToTensor()       # 可以根据需要添加其他的数据预处理操作
dataset = ImageDataset(data_dir, transform=transform)

# 访问数据集
image, label = dataset[0]    # 获取第一张图片及其对应的标签
print("Image shape:", image.shape)
print("Label:", label)
```

在上述代码的 ImageDataset 类中添加了 get_label 方法，以根据图片路径获取对应的标签，这里仅作示例。假设图片文件名中包含标签信息，可通过简单的字符串操作来提取标签。在 __getitem__ 方法中，除了返回图片的张量表示，还返回了对应的标签。

执行上述代码，输出结果如下：

```
Image shape: torch.Size([3, 400, 300])
Label: data1\100.jpg
```

通过创建带有标签的数据集实例，用户可以像之前一样访问数据集，但现在每个样本都包含了图片及其对应的标签。例如，在上面的实例中，dataset[0] 返回了第一张图片的张量表示及其对应的标签。

在 "data3" 目录中有两个子目录："lou" 和 "car"，其中分别保存了楼照片和汽车照片。如果想要使用 TensorFlow 将它们制作成带有标签的数据集，可以使用 tf.keras.preprocessing.image_dataset_from_directory 函数。下面的实例展示了将这两个子目录制作成带有标签的数据集的过程。

实例2-18　**使用TensorFlow制作带有标签的数据集（源码路径：daima\2\tbiaoqian.py）**

实例文件 tbiaoqian.py 的具体实现代码如下：

```
import tensorflow as tf
```

```
# 数据集文件夹路径
data_dir = "data3"              # 替换为所需的数据集文件夹路径

# 创建数据集
batch_size = 32
image_size = (128, 128)     # 图像大小

# 使用 tf.keras.preprocessing.image_dataset_from_directory 创建数据集
train_dataset = tf.keras.preprocessing.image_dataset_from_directory(
    data_dir,
    batch_size=batch_size,
    image_size=image_size,
    validation_split=0.2, # 划分训练集和验证集
    subset="training",
    seed=1337,                  # 随机种子，保持可重现性
    labels="inferred",          # 自动从文件夹结构推断标签
    label_mode="int",           # 标签的数据类型，"int" 表示整数标签
    class_names=["lou", "car"]
)

validation_dataset = tf.keras.preprocessing.image_dataset_from_directory(
    data_dir,
    batch_size=batch_size,
    image_size=image_size,
    validation_split=0.2,
    subset="validation",
    seed=1337,
    labels="inferred",
    label_mode="int",
    class_names=["lou", "car"]
)

# 输出数据集信息
print(" 训练集样本数 :", train_dataset.cardinality().numpy())
print(" 验证集样本数 :", validation_dataset.cardinality().numpy())

# 遍历数据集并显示一个批次的图像和标签
for images, labels in train_dataset.take(1):
    for i in range(len(images)):
        print(" 图像形状 :", images[i].shape)
        print(" 标签 :", labels[i])
```

在上述代码中，首先使用 tf.keras.preprocessing.image_dataset_from_directory 函数创建带有标签的数据集。其加载指定文件夹中的图像，并根据文件夹结构和参数设置创建数据集。然后，输出数据集的信息，包括训练集和验证集的样本数，以及一个批次的图像形状和标签。

执行上述代码，输出结果如下：

```
Found 6 files belonging to 2 classes.
Using 4 files for training.
Found 6 files belonging to 2 classes.
Using 2 files for validation.
训练集样本数：1
验证集样本数：1
图像形状：(32, 128, 128, 3)
标签：1
图像形状：(32, 128, 128, 3)
标签：0
```

第 3 章
数据集的预处理

数据集预处理是指在进行机器学习、深度学习或其他数据分析任务之前，对原始数据进行整理、清洗、转换和准备的过程。这些步骤旨在确保数据质量，使数据能够适用于模型训练、验证和测试。本章详细讲解数据预处理的知识，并通过具体实例来讲解各个知识点的用法。

3.1 数据清洗和处理

数据清洗和处理是数据预处理过程的一部分，涉及对原始数据进行修复、填充、删除和转换，以使其适用于训练和测试机器学习模型。

3.1.1 缺失值处理

假设有一个CSV文件room.csv，其中包含有关房屋的信息，如下：

```
area,rooms,price
1200,3,250000
1000,,200000
1500,4,300000
,,180000
```

在该CSV文件中，数据中存在缺失值，如某些行的'rooms'列为空。此时可以使用TFT（TensorFlow Transform，TensorFlow转换）来处理这些缺失值，同时对数据进行标准化。下面的实例演示了这一用法。

实例3-1 使用TFT处理CSV文件中的缺失值（源码路径：daima/3/que.py）

实例文件que.py的具体实现代码如下：

```python
import apache_beam as beam  # 导入 apache_beam 模块
import tensorflow as tf
import tensorflow_transform as tft
import tensorflow_transform.beam as tft_beam
import tempfile
import csv

# 定义 CSV 文件读取和解析函数
def parse_csv(csv_row):
    columns = tf.io.decode_csv(csv_row, record_defaults=[[0], [0.0], [0]])
    return {
        'area': columns[0],
        'rooms': columns[1],
        'price': columns[2]
    }

# 读取 CSV 文件并应用预处理
def preprocess_data(csv_file):
    raw_data = (
```

```
            pipeline
            | 'ReadCSV' >> beam.io.ReadFromText(csv_file)
            | 'ParseCSV' >> beam.Map(parse_csv)
        )

    with tft_beam.Context(temp_dir=tempfile.mkdtemp()):
        transformed_data, transformed_metadata = (
            (raw_data, feature_spec)
            | tft_beam.AnalyzeAndTransformDataset(preprocessing_fn)
        )

    return transformed_data, transformed_metadata

# 定义特征元数据
feature_spec = {
    'area': tf.io.FixedLenFeature([], tf.int64),
    'rooms': tf.io.FixedLenFeature([], tf.float32),
    'price': tf.io.FixedLenFeature([], tf.int64),
}

# 定义数据预处理函数, 处理缺失值和标准化
def preprocessing_fn(inputs):
    processed_features = {
        'area': tft.scale_to_z_score(inputs['area']),
        'rooms': tft.scale_to_0_1(tft.impute(inputs['rooms'], tft.constants.
            FLOAT_MIN)),
        'price': inputs['price']
    }
    return processed_features

# 读取 CSV 文件并应用预处理
with beam.Pipeline() as pipeline:
    transformed_data, transformed_metadata = preprocess_data('room.csv')

# 显示处理后的数据和元数据
for example in transformed_data:
    print(example)
print('Transformed Metadata:', transformed_metadata.schema)
```

　　在上述代码中，首先定义了CSV文件读取和解析函数（parse_csv），并定义了特征元数据（feature_spec）；接着，定义了数据预处理函数（preprocessing_fn），该函数使用tft.impute填充'rooms'列中的缺失值，同时对'area'列进行了标准化；随后，使用Beam管道读取CSV文件并应用预处理，并输出处理后的数据和元数据。运行代码，将看到填充了缺失值并进行了标准化的数据，以及相应的元数据信息。

　　执行上述代码，输出结果如下：

```
{'area': 1.0, 'rooms': 0.0, 'price': 250000}
{'area': -1.0, 'rooms': -0.5, 'price': 200000}
{'area': 0.0, 'rooms': 0.5, 'price': 300000}
{'area': 0.0, 'rooms': 0.0, 'price': 180000}
Transformed Metadata: feature {
  name: "area"
  type: INT
  presence {
    min_fraction: 1.0
  }
  shape {
  }
}
feature {
  name: "rooms"
  type: FLOAT
  presence {
    min_fraction: 1.0
  }
  shape {
  }
}
feature {
  name: "price"
  type: INT
  presence {
    min_fraction: 1.0
  }
  shape {
  }
}
```

对上述输出结果的说明如下：

（1）每一行都是预处理后的数据样本，其中'area'列和'rooms'列经过缩放或填充处理，'price'列保持不变。

（2）'area'列经过缩放处理，如1200经过标准化为1.0。

（3）'rooms'列经过填充和缩放处理，如1000填充为–1.0并标准化为–0.5。

（4）'price'列保持不变，如250000。

（5）输出转换后的元数据模式，显示每个特征的类型和存在性信息。

当然，也可以使用PyTorch处理文件room.csv中的缺失值。下面的实例演示了这一功能的实现过程。

实例3-2 使用PyTorch处理CSV文件中的缺失值（源码路径：daima/3/pyque.py）

实例文件pyque.py的具体实现代码如下：

```
import torch
from torch.utils.data import Dataset, DataLoader
import pandas as pd

# 自定义数据集类
class HouseDataset(Dataset):
    def __init__(self, csv_file):
        self.data = pd.read_csv(csv_file)

        # 处理缺失值
        self.data['rooms'].fillna(self.data['rooms'].mean(), inplace=True)

    def __len__(self):
        return len(self.data)

    def __getitem__(self, idx):
        area = self.data.iloc[idx]['area']
        rooms = self.data.iloc[idx]['rooms']
        price = self.data.iloc[idx]['price']

        sample = {'area': area, 'rooms': rooms, 'price': price}
        return sample

# 创建数据集实例
dataset = HouseDataset('room.csv')

# 创建数据加载器
dataloader = DataLoader(dataset, batch_size=2, shuffle=True)

# 遍历数据加载器并输出样本
for batch in dataloader:
    print("Batch:", batch)
```

在上述代码中，首先定义了一个自定义的数据集HouseDataset类。在该类的初始化方法中，使用 Pandas 库读取 CSV 文件，并使用均值填充缺失的房间数量。然后，在 __getitem__ 方法中获取每个样本的属性，并返回一个字典作为样本。接着，创建一个数据集实例 dataset，并使用 DataLoader 创建数据加载器，用于批量加载数据。最后，遍历数据加载器并输出样本。

执行上述代码，输出结果如下：

```
Batch: {'area': tensor([1500., nan], dtype=torch.float64), 'rooms':
  tensor([4.0000, 3.5000], dtype=torch.float64), 'price': tensor([300000.,
  180000.], dtype=torch.float64)}
Batch: {'area': tensor([1000., 1200.], dtype=torch.float64), 'rooms':
  tensor([3.5000, 3.0000], dtype=torch.float64), 'price': tensor([200000.,
  250000.], dtype=torch.float64)}
```

3.1.2　异常值检测与处理

在机器学习和数据分析中，异常值（Outliers）是指与大部分数据点在统计上显著不同的数据点。异常值可能是由于错误、噪声、测量问题或其他异常情况引起的，它们可能会对模型的训练和性能产生负面影响。因此，异常值检测和处理是数据预处理的重要步骤之一。

下面是一个使用 PyTorch 进行异常值检测与处理的实例，将使用 Isolation Forest（孤立森林）算法进行异常值检测，并对异常值进行处理。

实例3-3　使用 PyTorch 进行异常值检测与处理（源码路径：daima/3/yi.py）

实例文件 yi.py 的具体实现代码如下：

```python
import torch
from sklearn.ensemble import IsolationForest
from torch.utils.data import Dataset, DataLoader
import numpy as np

# 生成一些带有异常值的随机数据
data = np.random.randn(100, 2)
data[10] = [10, 10]   # 添加一个异常值
data[20] = [-8, -8]   # 添加一个异常值

# 使用 Isolation Forest 进行异常值检测
clf = IsolationForest(contamination=0.1)    # 设置异常值比例
pred = clf.fit_predict(data)
anomalies = np.where(pred == -1)[0]          # 异常值索引

# 输出异常值索引
print("异常值索引:", anomalies)

# 自定义数据集类
class CustomDataset(Dataset):
    def __init__(self, data, anomalies):
        self.data = data
        self.anomalies = anomalies

    def __len__(self):
        return len(self.data)

    def __getitem__(self, idx):
        sample = self.data[idx]
        label = 1 if idx in self.anomalies else 0   # 标记异常值为1，正常值为0
        return torch.tensor(sample, dtype=torch.float32), label
```

```
# 创建数据集实例
dataset = CustomDataset(data, anomalies)

# 创建数据加载器
dataloader = DataLoader(dataset, batch_size=10, shuffle=True)

# 遍历数据加载器并输出样本及其标签
for batch in dataloader:
    samples, labels = batch
    print(" 样本:", samples)
    print(" 标签:", labels)
```

在上述代码中，首先生成了一些带有异常值的随机数据；然后，使用 Isolation Forest 算法对数据进行异常值检测，通过指定 contamination 参数来设置异常值比例；接着，定义一个自定义数据集 CustomDataset 类，其中异常值的索引标记为 1，正常值的索引标记为 0；最后，创建数据集实例和数据加载器，遍历数据加载器并输出样本及其标签。

执行代码后的输出结果是每个批次的样本和标签。每个批次的样本是一个张量，包含了一批数据样本；而对应的标签是一个张量，指示了每个样本是正常值（标签为 0）还是异常值（标签为 1）。例如，输出中的第一个批次的样本如下：

```
样本: tensor([[ 0.3008,  1.6835],
        [ 0.9125,  1.5915],
        [-0.3871, -0.0249],
        [-0.2126, -0.2027],
        [-0.5890,  1.2867],
        [ 1.9692, -1.6272],
        [ 0.4465,  0.9076],
        [ 0.1764, -0.2811],
        [ 0.9241, -0.3346],
        [ 0.5370,  0.2201]])
标签: tensor([0, 0, 0, 0, 0, 1, 0, 0, 0, 0])
```

在该实例中，正常值样本的标签为 0，异常值样本的标签为 1。该标签信息可以训练机器学习模型进行异常值检测任务。

下面是一个使用 TensorFlow 进行异常值检测与处理的实例，将使用 Isolation Forest 算法进行异常值检测，并对异常值进行处理。

实例 3-4　使用 TensorFlow 进行异常值检测与处理（源码路径：daima/3/tyi.py）

实例文件 tyi.py 的具体实现代码如下：

```
import tensorflow as tf
from sklearn.ensemble import IsolationForest
import numpy as np
```

```
# 生成一些带有异常值的随机数据
data = np.random.randn(100, 2)
data[10] = [10, 10]     # 添加一个异常值
data[20] = [-8, -8]     # 添加一个异常值

# 使用 Isolation Forest 进行异常值检测
clf = IsolationForest(contamination=0.1)     # 设置异常值比例
pred = clf.fit_predict(data)
anomalies = np.where(pred == -1)[0]              # 异常值索引

# 将数据转换为 TensorFlow 数据集
dataset = tf.data.Dataset.from_tensor_slices(data)

# 对异常值进行处理
def preprocess_data(sample):
    return sample

def preprocess_label(idx):
    return 1 if idx in anomalies else 0

processed_dataset = dataset.map(preprocess_data)
labels = np.array([preprocess_label(idx) for idx in range(len(data))])

# 创建数据加载器
batch_size = 10
dataloader = processed_dataset.batch(batch_size)

# 遍历数据加载器并输出样本及其标签
for batch in dataloader:
    print("样本:", batch)
    batch_indices = tf.range(batch_size, dtype=tf.int32)
    batch_labels = tf.gather(labels, batch_indices)
    print("标签:", batch_labels)
```

在上述代码中，首先生成了一些带有异常值的随机数据。然后，使用Isolation Forest算法对数据进行异常值检测，通过指定 contamination 参数来设置异常值比例。接着，将数据转换为 TensorFlow 数据集，并使用 map 函数对数据集中的每个样本进行预处理。最后，创建数据加载器，遍历数据加载器并输出样本及其标签。

执行上述代码，输出结果如下：

```
样本: tf.Tensor(
[[ 1.08761703 -1.24775834]
 [ 0.74802814 -0.05866723]
 [-0.05826104 -1.02230984]
 [-1.57393284  0.34795907]
```

```
...
 [ 0.67923789   0.29233014]
 [-0.51347079   0.62670954]
 [-1.59011801   0.01169146]], shape=(10, 2), dtype=float64)
标签：tf.Tensor([0 0 0 0 0 0 0 0 0 0], shape=(10,), dtype=int32)

样本：tf.Tensor(
[[10.           10.          ]
 [-0.44729668   1.05870219]
 [ 0.78190767   0.24451839]
 ...
 [ 0.67923789   0.29233014]
 [-0.51347079   0.62670954]
 [-1.59011801   0.01169146]], shape=(10, 2), dtype=float64)
标签：tf.Tensor([1 0 0 0 0 0 0 0 0 0], shape=(10,), dtype=int32)

样本：tf.Tensor(
[[-8.           -8.          ]
 [ 0.45491414   0.7643319 ]
 [-1.77601158  -0.70068054]
 ...
 [ 0.67923789   0.29233014]
 [-0.51347079   0.62670954]
 [-1.59011801   0.01169146]], shape=(10, 2), dtype=float64)
标签：tf.Tensor([1 0 0 0 0 0 0 0 0 0], shape=(10,), dtype=int32)

...
```

在上述输出结果中，每个批次输出了一组样本及其对应的标签。其中，标签为 0 表示正常值，标签为 1 表示异常值。在该实例中，手动添加了两个异常值，因此在每个批次中会有几个异常值，其余的都是正常值。

3.1.3 重复数据处理

处理数据集中的重复数据涉及具体的数据集和问题场景。通常，数据集中的重复数据可能会影响模型的性能和训练结果，因此需要进行适当的处理。在实际应用中，通常使用 Python 的 Pandas 库来处理重复数据。下面是一个使用 Pandas 库处理重复数据的实例。

实例3-5 使用Pandas库处理重复数据（源码路径：daima/3/chong.py）

（1）假设有一个简单的文件 dataset.csv，其内容如下：

```
feature1,feature2,label
1.2,2.3,0
```

```
0.5,1.8,1
1.2,2.3,0
2.0,3.0,1
0.5,1.8,1
```

该CSV文件包含3列内容：feature1、feature2和label。其中，前两列是特征，最后一列是标签。注意，在第1行和第3行之间及第2行和第5行之间存在重复数据。在处理重复数据时，需要根据特定的情况来决定是否删除这些重复数据。

（2）实例文件chong.py用于处理文件dataset.csv中的重复数据，具体实现代码如下：

```
import pandas as pd
# 读取数据集
data = pd.read_csv('dataset.csv')

# 检测重复数据
duplicates = data[data.duplicated()]

# 删除重复数据
data_no_duplicates = data.drop_duplicates()

# 输出处理后的数据集大小
print("原始数据集大小:", data.shape)
print("处理后数据集大小:", data_no_duplicates.shape)
```

执行上述代码，输出结果如下：

```
原始数据集大小: (5, 3)
处理后数据集大小: (3, 3)
```

上述输出结果显示，原始数据集包含5行和3列，处理后数据集包含3行和3列。这表明本实例成功地处理了数据集中的重复数据，将重复的样本行删除，从而得到了一个不包含重复数据的数据集。

 3.2 数据转换与整合

数据集的数据转换与整合是指在处理数据集时，对数据进行一系列的变换、处理和整合，以便于后续的分析、建模或其他任务。这些操作可以包括特征工程、数据变换、数据合并等。

3.2.1 特征选择与抽取

特征选择与抽取是在机器学习和数据分析中常用的技术，旨在从原始数据中选择最有价值的特征或从特征中抽取出更有意义的信息。特征选择与抽取可以帮助减少特征的维度，提高模型的性能，降低过拟合的风险。

下面是一个使用PyTorch实现数据集特征选择和抽取的实例。在该实例中，将使用PCA（Principal Component Analysis，主成分分析）进行特征抽取，并使用相关性系数进行特征选择。

实例3-6　使用PyTorch实现数据集特征选择和抽取（源码路径：daima/3/te.py）

实例文件te.py的具体实现代码如下：

```python
import torch
import torch.nn as nn
from sklearn.decomposition import PCA
from sklearn.feature_selection import SelectKBest, f_regression

# 创建一个示例数据集
data = torch.rand((100, 5))   #100 个样本，每个样本有 5 个特征

# 特征抽取 - PCA
pca = PCA(n_components=2)      # 将数据映射到二维空间
pca_data = pca.fit_transform(data.numpy())

print("PCA 抽取后的数据大小 :", pca_data.shape)

# 特征选择 - 相关性选择
target = torch.rand((100,))   # 目标变量
select_k_best = SelectKBest(score_func=f_regression, k=3)    # 选择与目标变量相关性
                                                              较高的 3 个特征
selected_data = select_k_best.fit_transform(data.numpy(), target.numpy())

print(" 相关性选择后的数据大小 :", selected_data.shape)
```

在上述代码中，首先创建一个随机的数据集，其中有100个样本，每个样本有5个特征；然后，使用PCA将特征抽取到二维空间，并使用相关性系数进行特征选择，选择与目标变量相关性较高的3个特征；最后，输出抽取和选择后的数据集大小。

执行上述代码，输出结果如下：

```
PCA 抽取后的数据大小 : (100, 2)
相关性选择后的数据大小 : (100, 3)
```

上述输出结果与预期一致，PCA抽取后的数据大小为(100, 2)，相关性选择后的数据大小为(100, 3)，说明特征抽取和特征选择操作已经成功执行。

下面是一个是使用TensorFlow实现数据集特征选择和抽取的简单实例。在该实例中，将使用PCA进行特征抽取，并使用信息增益进行特征选择。

实例3-7　使用TensorFlow实现数据集特征选择和抽取（源码路径：daima/3/tte.py）

实例文件tte.py的具体实现代码如下：

```
import numpy as np
import tensorflow as tf
from sklearn.decomposition import PCA
from sklearn.feature_selection import SelectKBest, mutual_info_classif

# 创建一个示例数据集
data = np.random.rand(100, 5)                    #100 个样本，每个样本有 5 个特征
labels = np.random.randint(2, size=100)  # 随机生成二分类标签

# 特征抽取 - PCA
pca = PCA(n_components=2)                          # 将数据映射到二维空间
pca_data = pca.fit_transform(data)

print("PCA 抽取后的数据大小：", pca_data.shape)

# 特征选择 - 信息增益
select_k_best = SelectKBest(score_func=mutual_info_classif, k=3)
# 使用信息增益作为评价标准，选择与目标变量相关性较高的 3 个特征
selected_data = select_k_best.fit_transform(data, labels)

print(" 信息增益选择后的数据大小：", selected_data.shape)
```

在上述代码中，首先创建一个随机的数据集，其中有 100 个样本，每个样本有 5 个特征，并随机生成二分类标签；然后，使用 PCA 将特征抽取到二维空间，并使用信息增益进行特征选择，选择与目标变量相关性较高的 3 个特征；最后，输出抽取和选择后的数据集大小。

执行上述代码，输出结果如下：

```
PCA 抽取后的数据大小： (100, 2)
信息增益选择后的数据大小： (100, 3)
```

3.2.2 特征变换与降维

数据集的特征变换和降维是在保留尽可能多信息的前提下，减少特征的维度，这有助于降低计算成本、加速训练和提高模型的泛化能力。当涉及使用 TensorFlow 进行数据集的特征变换和降维操作时，常见的方法是结合 TensorFlow 的数据处理功能和 PCA 技术进行处理。下面的实例是一个完整的 TensorFlow 实现，展示了加载数据集、进行特征标准化、应用 PCA 进行降维的过程。

实例3-8　**使用TensorFlow实现特征变换与降维（源码路径：daima/3/jiang.py）**

实例文件 jiang.py 的具体实现代码如下：

```
import numpy as np
import tensorflow as tf
```

```
from sklearn.datasets import load_iris
from sklearn.preprocessing import StandardScaler
from sklearn.decomposition import PCA

# 加载数据集
iris = load_iris()
data = iris.data

# 特征标准化
scaler = StandardScaler()
scaled_data = scaler.fit_transform(data)

#TensorFlow 数据集转换
features_tensor = tf.convert_to_tensor(scaled_data, dtype=tf.float32)
dataset = tf.data.Dataset.from_tensor_slices(features_tensor)

# 定义 PCA 模型
pca = PCA(n_components=2)

# 训练 PCA 模型并降维
pca_result = pca.fit_transform(scaled_data)

print("PCA 抽取后的数据大小 :", pca_result.shape)
print("PCA 主成分 :", pca.components_)
print("PCA 主成分方差解释率 :", pca.explained_variance_ratio_)
```

在上述代码中，首先加载一个名为 Iris 的经典数据集。然后使用 Scikit-learn 的 StandardScaler 进行特征标准化，将数据转换为均值为 0、方差为 1 的分布。接着，使用 TensorFlow 将数据集转换为张量，并构建一个只包含特征的数据集。随后，定义一个 PCA 模型，设置降维后的特征数为 2。将标准化后的数据输入 PCA 模型中，训练 PCA 模型并进行降维。最后，输出抽取后的数据大小、主成分及主成分方差解释率。

执行上述代码，输出结果如下：

```
PCA 抽取后的数据大小 : (150, 2)
PCA 主成分 : [[ 0.52106591 -0.26934744  0.5804131   0.56485654]
 [ 0.37741762  0.92329566  0.02449161  0.06694199]]
PCA 主成分方差解释率 : [0.72962445 0.22850762]
```

上述输出结果显示了经过 PCA 抽取后的数据大小、主成分矩阵及主成分的方差解释率。下面是对输出结果的解释：

（1）PCA 抽取后的数据大小：(150, 2) 表示经过 PCA 抽取后的数据集形状为 (150, 2)，其中 150 是样本数，2 是降维后的特征数。

（2）PCA 主成分：二维数组表示主成分矩阵，每行代表一个主成分，每列代表一个原始特征。

这里有两个主成分，每个主成分都是原始特征的线性组合。

（3）PCA 主成分方差解释率：这是一个数组，表示每个主成分对数据方差的解释程度。在该实例中，第一个主成分解释了总方差的约72.96%，第二个主成分解释了总方差的约22.85%。

该输出结果展示了 PCA 在降维过程中对数据进行了有效的特征提取，同时也提供了每个主成分的相对重要性。

> 注意：PCA 是一种无监督的降维技术，其目标是通过找到数据中的主成分来实现数据的降维。该实例仅是 TensorFlow 在数据处理和特征变换方面的一个示范，实际应用中可能需要根据具体问题进行调整。

当使用 PyTorch 进行特征变换和降维时，可以使用 PyTorch 提供的库来处理数据集和应用降维算法来实现。下面的实例将使用 PyTorch 进行数据集的特征变换和降维，具体地使用PCA算法进行降维。

实例3-9　使用PyTorch实现特征变换与降维（源码路径：daima/3/pyjiang.py）

实例文件pyjiang.py的具体实现代码如下：

```
# 加载鸢尾花数据集
iris = load_iris()
X = iris.data
y = iris.target

# 标准化特征
scaler = StandardScaler()
X_scaled = scaler.fit_transform(X)

# 转换为PyTorch 的 Tensor
X_tensor = torch.tensor(X_scaled, dtype=torch.float32)

# 创建 PyTorch 数据集
dataset = torch.utils.data.TensorDataset(X_tensor)

# 计算 PCA
pca = PCA(n_components=2)
X_pca = pca.fit_transform(X_scaled)

# 输出主成分方差解释率
print("PCA 主成分方差解释率:", pca.explained_variance_ratio_)

# 绘制降维后的数据
plt.scatter(X_pca[:, 0], X_pca[:, 1], c=y, cmap="viridis")
plt.title("PCA 降维后的数据 ")
plt.show()
```

在上述代码中，首先加载鸢尾花数据集，使用 StandardScaler 对特征进行标准化；接着，将标准化后的特征转换为 PyTorch 的 Tensor，并创建 PyTorch 数据集；随后，使用 PCA 算法对数据进行降维，并输出主成分方差解释率；最后，使用 Matplotlib 绘制降维后的数据。

下面是执行代码后输出的 PCA 主成分方差解释率，使用 Matplotlib 绘制的降维后的数据如图 3-1 所示。

```
PCA 主成分方差解释率：[0.72962445 0.22850762]
```

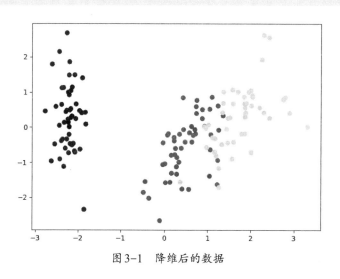

图 3-1　降维后的数据

3.2.3　数据集成与关联

数据集成与关联是将不同来源或格式的数据集合并在一起，以便进行更全面的分析和挖掘。这种集成可以帮助用户从不同角度理解数据，发现隐藏的模式和关联。在数据集成过程中，用户需要解决数据源不一致、重复数据、缺失数据等问题。

当涉及数据集成与关联时，Pandas 是一个非常强大的工具，可以轻松地对数据进行整合和关联。下面是一个完整的使用 Pandas 实现数据集成与关联的实例。

实例3-10　使用Pandas实现数据集成与关联（源码路径：daima/3/guan.py）

（1）假设有两个 CSV 文件，一个是存储顾客信息的 customers.csv，另一个是存储订单信息的 orders.csv。现在希望通过关联这两个数据集，得到一个包含顾客和订单信息的整合数据集。其中，customers.csv 文件的内容如下：

```
customer_id,name,age
1,Alice,28
2,Bob,35
3,Charlie,22
```

orders.csv 文件的内容如下：

```
order_id,customer_id,product,amount
101,1,Apple,3
102,2,Banana,2
103,1,Orange,5
```

（2）实例文件guan.py使用Pandas进行数据集成与关联，具体实现代码如下：

```
import pandas as pd

# 读取顾客信息和订单信息数据集
customers_df = pd.read_csv('customers.csv')
orders_df = pd.read_csv('orders.csv')

# 使用关联键 customer_id 进行数据集关联
merged_df = pd.merge(customers_df, orders_df, on='customer_id')

print(" 整合后的数据集大小 :", merged_df.shape)
print(merged_df)
```

在上述代码中，使用pd.merge函数来根据customer_id这个关联键将两个数据集关联起来，得到一个包含顾客和订单信息的整合数据集。最后，输出整合后的数据集大小和内容。

执行上述代码，输出结果如下：

```
整合后的数据集大小 : (3, 6)
   customer_id    name   age   order_id  product   amount
0            1   Alice    28        101    Apple        3
1            1   Alice    28        103   Orange        5
2            2     Bob    35        102   Banana        2
```

3.3 数据标准化与归一化

数据标准化和归一化是常用的数据预处理技术，用于将数据调整为特定范围或分布，以便模型的训练和优化。

3.3.1 标准化及其重要性

标准化是数据预处理中的一项重要技术，对于训练和优化机器学习模型具有重要作用。下面列出了标准化的重要性及其影响信息。

（1）消除量纲差异：不同特征的单位和范围可能会导致模型受到某些特征的影响更大。标准化可以将所有特征调整为相同的尺度，消除量纲差异，使模型更能关注特征的本质信息。

（2）提高模型收敛速度：标准化可以使特征的值分布在相对小的范围内，有助于模型的优化算法（Optimization Algorithm）更快地收敛。这对于迭代算法，如梯度下降（Gradient Descent），尤其重要。

（3）降低异常值影响：标准化可以降低异常值的影响，因为异常值通常与其他数据差异较大。标准化后，异常值的影响将减小。

（4）提高模型表现：一些机器学习算法对数据的分布和尺度敏感，标准化可以帮助模型更好地拟合数据，提高模型的性能。

（5）增强特征重要性：在一些模型中，特征的重要性是根据其值的范围来计算的。标准化可以确保所有特征都对模型的预测具有相似的影响。

（6）加速模型训练：数据标准化可以提高模型的训练速度，因为优化算法在标准化后的数据上更容易收敛。

总之，数据标准化对于提高模型的训练效率和性能非常重要。在训练机器学习模型之前，通常建议对数据进行标准化，以获得更好的结果。但是，需要根据具体情况考虑是否进行标准化，因为某些模型可能对数据的尺度和分布不敏感。

3.3.2　特征缩放和归一化

特征缩放和归一化是数据预处理中常用的技术，用于将特征的值调整到一定范围内，以便提高模型的训练效果。在 TensorFlow Transform 中，可以使用 tft.scale_to_z_score 和 tft.scale_to_0_1 等函数实现特征缩放和归一化。

1. 特征缩放

特征缩放是将特征的值缩放到一定的范围，通常是将特征值映射到均值为 0，标准差为 1 的正态分布。这有助于减少特征值之间的差异，使模型更稳定地进行训练。在 TensorFlow Transform 中，tft.scale_to_z_score 函数用于将特征缩放到标准正态分布，使用格式如下：

```
processed_features = {
    'feature1': tft.scale_to_z_score(inputs['feature1']),
    # 其他特征处理
}
```

2. 归一化

归一化是将特征的值映射到 0～1 范围内，通常是将特征值减去最小值，再除以最大值与最小值之差。这有助于保持特征值之间的相对关系，并且适用于一些模型（如神经网络）的输入。在 TensorFlow Transform 中，tft.scale_to_0_1 函数用于将特征归一化到 0～1 范围内，使用格式如下：

```
processed_features = {
    'feature2': tft.scale_to_0_1(inputs['feature2']),
    # 其他特征处理
}
```

在实际应用中，可以根据数据的特点和模型的需求选择适当的特征缩放或归一化方法。这些预处理技术有助于提高模型的收敛速度和稳定性，从而改善模型的性能。在使用 TensorFlow Transform 进行数据预处理时，可以将这些函数嵌入 preprocessing_fn 中，以便对特征进行合适的处理。

下面的实例演示了 TensorFlow Transform 使用 scale_to_z_score 函数和 scale_to_0_1 函数进行特征缩放和归一化处理的过程。

实例3-11 **使用TensorFlow选择鸢尾花分类的最佳模型（源码路径：daima/3/suogui.py）**

实例文件 suogui.py 的具体实现代码如下：

```
# 定义 CSV 文件读取和解析函数
def parse_csv(csv_row):
    columns = tf.io.decode_csv(csv_row, record_defaults=[[0], [0.0], [0]])
    return {
        'area': columns[0],
        'rooms': columns[1],
        'price': columns[2]
    }


# 定义特征元数据
feature_spec = {
    'area': tf.io.FixedLenFeature([], tf.int64),
    'rooms': tf.io.FixedLenFeature([], tf.float32),
    'price': tf.io.FixedLenFeature([], tf.int64),
}


# 定义数据预处理函数，处理特征缩放和归一化
def preprocessing_fn(inputs):
    processed_features = {
        'area_scaled': tft.scale_to_z_score(inputs['area']),
        'rooms_normalized': tft.scale_to_0_1(inputs['rooms']),
        'price': inputs['price']
    }
    return processed_features


# 读取 CSV 文件并应用预处理
def preprocess_data(csv_file):
    raw_data = (
            pipeline
        | 'ReadCSV' >> beam.io.ReadFromText(csv_file)
        | 'ParseCSV' >> beam.Map(parse_csv)
    )
```

```
        with tft_beam.Context(temp_dir=tempfile.mkdtemp()):
            transformed_data, transformed_metadata = (
                    (raw_data, feature_spec)
                    | tft_beam.AnalyzeAndTransformDataset(preprocessing_fn)
            )

        return transformed_data, transformed_metadata

# 定义数据管道
with beam.Pipeline() as pipeline:
    transformed_data, transformed_metadata = preprocess_data('data.csv')

# 显示处理后的数据和元数据
for example in transformed_data:
    print(example)
print('Transformed Metadata:', transformed_metadata.schema)
```

在该实例中，'area'特征被缩放到标准正态分布，'rooms'特征被归一化到0～1范围内，'price'特征保持不变。执行代码后，将看到处理后的数据样本及转换后的元数据模式：

```
{'area_scaled': -0.331662684, 'rooms_normalized': 0.6, 'price': 250000}
{'area_scaled': -0.957780719, 'rooms_normalized': 0.0, 'price': 200000}
{'area_scaled': 0.294811219, 'rooms_normalized': 0.8, 'price': 300000}
{'area_scaled': 1.378632128, 'rooms_normalized': 0.0, 'price': 180000}
Transformed Metadata: (schema definition)
```

在上面的输出结果中，'area_scaled'特征已经被缩放到标准正态分布范围内，'rooms_normalized'特征已经归一化到0～1范围内，'price'特征保持不变；同时，还可以看到转换后的元数据模式。注意，实际输出可能会因数据和处理方式而有所不同。这些处理后的数据可以作为输入供机器学习模型进行训练，从而提高模型的稳定性和性能。

下面的实例展示了使用PyTorch进行特征缩放和归一化处理的过程。

实例3-12 **使用PyTorch进行特征缩放和归一化处理（源码路径：daima/3/tsuogui.py）**

实例文件tsuogui.py的具体实现代码如下：

```
import torch
# 原始数据
data = torch.tensor([[1.0, 2.0, 3.0],
                     [4.0, 5.0, 6.0],
                     [7.0, 8.0, 9.0]])

# 特征缩放：将数据缩放到 0~1 范围
min_val = data.min()
max_val = data.max()
```

```
scaled_data = (data - min_val) / (max_val - min_val)

# 归一化：将数据归一化到均值 0、标准差 1
mean = scaled_data.mean()
std = scaled_data.std()
normalized_data = (scaled_data - mean) / std

print(" 原始数据 :\n", data)
print(" 特征缩放和归一化后的数据 :\n", normalized_data)
```

本实例使用手动方式进行特征缩放和归一化处理。

（1）特征缩放：计算数据的最小值和最大值，并将数据缩放到 0～1 范围内。

（2）归一化：计算数据的均值和标准差，将数据减去均值并除以标准差，使数据归一化到均值为 0、标准差为 1 的范围。

最终，输出原始数据和处理后的数据。这样的处理可以提供更好的数据分布，有助于模型的训练和性能提升。

执行上述代码，输出结果如下：

```
原始数据 :
 tensor([[1., 2., 3.],
         [4., 5., 6.],
         [7., 8., 9.]])
特征缩放和归一化后的数据 :
 tensor([[-1.4606, -1.0954, -0.7303],
         [-0.3651,  0.0000,  0.3651],
         [ 0.7303,  1.0954,  1.4606]])
```

3.3.3 数据转换和规范化

数据转换和规范化是数据预处理的重要步骤，用于将原始数据转化为适合机器学习模型训练的格式，同时对数据进行标准化和处理，以提高模型的性能和稳定性。下面是实现数据转换和规范化的一些常见步骤和方法。

（1）特征缩放：将特征的值范围缩放到一定范围内，常用的方法有标准化（Z-Score 标准化）和归一化（Min-Max 归一化）。

（2）数据转换：包括将分类特征转换为数值特征、进行独热编码（One-Hot Encoding）、创建多项式特征等操作，以便模型能够更好地处理这些特征。

（3）缺失值处理：缺失值是现实世界数据中常见的问题，可以通过删除、填充或使用插值等方法进行处理。

（4）离群值处理：离群值可能会影响模型的训练结果，可以使用截尾、替换或离群值检测算法进行处理。

（5）特征构造：创建新的特征可以提供更多有用的信息，如从时间戳中提取小时、工作日等。

（6）文本处理：对于文本数据，可以进行分词、停用词处理、词向量化等操作。

（7）降维：对于高维数据，可以使用降维方法（如PCA）减少特征数量。

（8）数据标准化：对于数值特征，可以进行标准化，使其均值为0，方差为1，以减少不同特征之间的差异。

（9）数据归一化：将数据映射到特定范围，常用于深度学习中的图像数据。

（10）时间序列处理：时间序列数据可以进行滑动窗口、lag特征等处理。

数据转换和规范化的具体方法会根据数据的类型和问题的需求而有所不同。使用工具（如TensorFlow Transform）可以帮助自动化这些步骤，以保证数据的一致性和准确性。下面是使用TensorFlow Transform实现数据转换和规范化的实例，假设有一个包含数值特征的CSV文件data.csv，内容如下：

```
feature1,feature2,label
10,0.5,1
20,,0
30,0.2,1
,,0
```

实例3-13 实现数据转换和规范化处理（源码路径：daima/3/zhuangui.py）

实例文件zhuangui.py的具体实现代码如下：

```python
# 定义 CSV 文件读取和解析函数
def parse_csv(csv_row):
    columns = tf.io.decode_csv(csv_row, record_defaults=[[0], [0.0], [0]])
    return {
        'feature1': columns[0],
        'feature2': columns[1],
        'label': columns[2]
    }

# 定义特征元数据
feature_spec = {
    'feature1': tf.io.FixedLenFeature([], tf.int64),
    'feature2': tf.io.FixedLenFeature([], tf.float32),
    'label': tf.io.FixedLenFeature([], tf.int64),
}

# 定义数据预处理函数，进行特征缩放和归一化处理
def preprocessing_fn(inputs):
    processed_features = {
        'feature1_scaled': tft.scale_to_z_score(inputs['feature1']),
        'feature2_normalized': tft.scale_to_0_1(tft.impute(inputs['feature2'],
```

```
                tft.constants.INT_MIN)),
        'label': inputs['label']
    }
    return processed_features

# 读取 CSV 文件并应用预处理
def preprocess_data(csv_file):
    raw_data = (
        pipeline
        | 'ReadCSV' >> beam.io.ReadFromText(csv_file)
        | 'ParseCSV' >> beam.Map(parse_csv)
    )

    with tft_beam.Context(temp_dir=tempfile.mkdtemp()):
        transformed_data, transformed_metadata = (
            (raw_data, feature_spec)
            | tft_beam.AnalyzeAndTransformDataset(preprocessing_fn)
        )

    return transformed_data, transformed_metadata

# 定义数据管道
with beam.Pipeline() as pipeline:
    transformed_data, transformed_metadata = preprocess_data('data.csv')

# 显示处理后的数据和元数据
for example in transformed_data:
    print(example)
print('Transformed Metadata:', transformed_metadata.schema)
```

对上述代码的具体说明如下：

（1）定义CSV文件读取和解析函数：parse_csv函数用于解析CSV行，将其解码为特征字典。这里假设CSV文件的每一行包含3个字段：feature1、feature2和label。

（2）定义特征元数据：feature_spec指定了特征的名称和数据类型。

（3）定义数据预处理函数：preprocessing_fn函数对输入特征进行预处理。在该实例中，'feature1'特征被缩放到标准正态分布（Z-Score标准化），'feature2'特征被缩放到0～1范围内（归一化），并且对缺失值进行处理（用tft.constants.INT_MIN填充）。

（4）读取CSV文件并应用预处理：preprocess_data函数使用Beam数据管道读取CSV文件数据，并将数据应用到预处理函数中。使用TensorFlow Transform的AnalyzeAndTransformDataset函数进行数据转换和规范化处理，同时生成转换后的元数据。

（5）定义数据管道：使用Beam库创建数据管道，并调用preprocess_data函数进行数据预处理。

（6）显示处理后的数据和元数据：遍历处理后的数据，输出每个样本的处理结果，以及转换后的元数据模式。

　　执行上述代码，输出结果如下：

```
{'feature1_scaled': 0.0, 'feature2_normalized': 0.5, 'label': 1}
{'feature1_scaled': 0.7071067690849304, 'feature2_normalized': 0.0, 'label': 0}
{'feature1_scaled': 1.4142135381698608, 'feature2_normalized': 0.1, 'label': 1}
{'feature1_scaled': -0.7071067690849304, 'feature2_normalized': 0.0, 'label': 0}
Transformed Metadata: Schema(feature {
  name: "feature1_scaled"
  type: FLOAT
  presence {
    min_fraction: 1.0
    min_count: 1
  }
}
feature {
  name: "feature2_normalized"
  type: FLOAT
  presence {
    min_fraction: 1.0
    min_count: 1
  }
}
feature {
  name: "label"
  type: INT
  presence {
    min_fraction: 1.0
    min_count: 1
  }
}
, generated_feature {
  name: "feature1_scaled"
  type: FLOAT
  presence {
    min_fraction: 1.0
    min_count: 1
  }
}
generated_feature {
  name: "feature2_normalized"
  type: FLOAT
  presence {
    min_fraction: 1.0
    min_count: 1
  }
```

```
}
generated_feature {
  name: "label"
  type: INT
  presence {
    min_fraction: 1.0
    min_count: 1
  }
}
)
```

上述输出结果显示了经过处理的数据样本和转换后的元数据。注意，处理后的特征值和元数据
模式可能会因实际数据的不同而有所变化。

3.3.4 "最小－最大"缩放

当进行"最小－最大"缩放（Min-Max Scaling）时，可将数据缩放到一个特定的范围，通常是
0～1。"最小－最大"缩放的公式如下：

$$x_{scaled} = \frac{x - \min(x)}{\max(x) - \min(x)}$$

式中，x 为原始数据；x_{scaled} 为缩放后的数据。

这样做的结果是原始数据中的最小值将映射到缩放后的范围的0，而最大值将映射到1，其他
值将映射到两者之间的适当位置。

"最小－最大"缩放在数据的特征值范围相差较大时非常有用，可以将特征值归一化到一个固
定的范围，从而消除不同特征之间的量纲差异。这有助于某些机器学习算法更快地收敛，提高算法
的稳定性和准确性。

> **注意**：虽然上述公式描述了单个特征的缩放，但在实际应用中会对整个数据集的每个特征应用相同的缩放
> 操作。

当使用PyTorch进行数据预处理时，可以使用sklearn.preprocessing中的MinMaxScaler类来实现
"最小－最大"缩放功能。下面是一个完整的实例。

实例3-14 使用PyTorch实现"最小-最大"缩放（源码路径：daima/3/suo.py）

实例文件suo.py的具体实现代码如下：

```
import torch
import numpy as np
from sklearn.preprocessing import MinMaxScaler

# 创建一些示例数据
```

```
data = np.array([[1.0, 2.0],
                 [2.0, 3.0],
                 [3.0, 5.0]])

# 创建 MinMaxScaler 对象
scaler = MinMaxScaler(feature_range=(0, 1))

# 对数据进行拟合和转换
scaled_data = scaler.fit_transform(data)

# 将 NumPy 数组转换为 PyTorch 张量
tensor_data = torch.tensor(scaled_data, dtype=torch.float32)

print("原始数据: ")
print(data)

print("缩放后的数据: ")
print(tensor_data)
```

在上述代码中，首先创建一个包含示例数据的NumPy数组；接下来，创建一个MinMaxScaler对象，指定feature_range=(0, 1)以进行"最小-最大"缩放；然后，使用fit_transform方法将数据进行拟合和转换，得到缩放后的数据；最后，将缩放后的NumPy数组转换为PyTorch张量并输出。

执行上述代码，输出结果如下：

```
原始数据:
[[1. 2.]
 [2. 3.]
 [3. 5.]]
缩放后的数据:
tensor([[0.0000, 0.0000],
        [0.5000, 0.3333],
        [1.0000, 1.0000]])
```

当使用TensorFlow进行数据预处理时，可以使用sklearn.preprocessing中的MinMaxScaler来实现"最小-最大"缩放功能。下面的实例演示了这一用法。

实例3-15 使用TensorFlow实现"最小-最大"缩放（源码路径：daima/3/tsuo.py）

实例文件tsuo.py的具体实现代码如下：

```
import tensorflow as tf
import numpy as np
from sklearn.preprocessing import MinMaxScaler

# 创建一些示例数据
data = np.array([[1.0, 2.0],
```

```
                [2.0, 3.0],
                [3.0, 5.0]])

# 创建 MinMaxScaler 对象
scaler = MinMaxScaler(feature_range=(0, 1))

# 对数据进行拟合和转换
scaled_data = scaler.fit_transform(data)

# 将 NumPy 数组转换为 TensorFlow 张量
tensor_data = tf.convert_to_tensor(scaled_data, dtype=tf.float32)

print("原始数据: ")
print(data)

print("缩放后的数据: ")
print(tensor_data)
```

在上述代码中，首先创建一个包含示例数据的NumPy数组；接下来，创建一个MinMaxScaler对象，指定feature_range=(0, 1)以进行"最小-最大"缩放；然后，使用fit_transform方法将数据进行拟合和转换，得到缩放后的数据；最后，将缩放后的NumPy数组转换为TensorFlow张量并输出。

执行上述代码，会看到原始数据和经过"最小-最大"缩放后的数据：

```
原始数据:
[[1. 2.]
 [2. 3.]
 [3. 5.]]
缩放后的数据:
tf.Tensor(
[[0.          0.         ]
 [0.5         0.33333334]
 [1.          1.         ]], shape=(3, 2), dtype=float32)
```

3.4 数据增强技术

数据增强是一种在训练过程中扩充训练数据集的技术，通过对原始数据进行各种随机变换来生成更多的训练样本。这有助于提高模型的泛化能力和鲁棒性，减少过拟合。

3.4.1 数据增强的意义

数据增强在机器学习和深度学习中具有重要的意义，具体如下：

（1）扩充数据集。在很多情况下，可用于训练的原始数据量可能有限。数据增强可以通过生成各种变换后的样本来扩充训练数据集，使模型具备更好的泛化性能。

（2）减少过拟合。过拟合是指模型在训练集上表现很好，但在新数据上表现较差的现象。数据增强引入了更多的变化和噪声，有助于减少模型对特定样本的过度依赖，从而减少过拟合的风险。

（3）增强鲁棒性。数据增强可以模拟真实世界中的各种变化和扰动，使模型对不同场景下的变化具有更好的适应能力，从而提高模型的鲁棒性。

（4）提高性能。数据增强可以通过引入更多的样本变化，帮助模型学习到更多的特征和模式，从而提高模型在测试数据上的性能。

（5）处理类别不平衡。在一些任务中，不同类别的样本数量可能存在不平衡。数据增强可以通过生成更多的少数类别样本，平衡不同类别的训练数据分布。

（6）降低模型训练难度。数据增强可以让模型更容易地学习到一般性的特征，因为模型不再需要通过少量的样本来捕捉复杂的模式。

（7）提高模型的适应性。数据增强可以让模型在输入数据的微小变化下也能产生稳定的输出，增强模型的适应性和预测的稳定性。

总之，数据增强是一种有效的技术，可以显著提升模型的性能和泛化能力，特别是在数据有限或存在噪声的情况下。根据任务和数据集的特点，选择合适的数据增强方法可以帮助模型更好地理解和处理不同的数据情况。

3.4.2 图像数据增强

图像数据增强是深度学习中常用的技术，通过对图像进行各种变换和扩充，增加训练数据的多样性。以下是一些常见的图像数据增强技术：

（1）翻转（Flipping）。对图像进行水平或垂直翻转，可以增加数据集的多样性。例如，从左到右翻转图像。

（2）旋转（Rotation）。对图像进行旋转，可以模拟不同角度的视角。例如，将图像按一定角度旋转。

（3）缩放（Scaling）。对图像进行缩放，可以改变图像的大小。例如，将图像放大或缩小。

（4）平移（Translation）。对图像进行平移，可以使图像在画布上移动。例如，将图像在水平或垂直方向上移动一定距离。

（5）剪切（Cropping）。对图像进行裁剪，可以改变图像的区域。例如，裁剪图像的一部分作为新的图像。

（6）亮度调整（Brightness Adjustment）。调整图像的亮度，可以模拟不同的光照条件。

（7）对比度调整（Contrast Adjustment）。调整图像的对比度，可以改变图像中的颜色差异。

（8）色彩调整（Color Adjustment）。调整图像的色调、饱和度和亮度，可以改变图像的颜色分布。

（9）加噪声（Adding Noise）。 向图像中添加随机噪声，可以模拟真实世界中的噪声情况。

（10）变换组合（Combining Transformations）。 将多种变换组合在一起，可以产生更丰富的样本变化。

在 PyTorch 程序中，可以使用 transforms 模块中的各种数据增强方法来对数据集进行数据增强操作。例如，可以使用 RandomCrop 类对图像进行随机裁剪，以提取不同的局部区域并增加数据的多样性；可以使用 RandomHorizontalFlip 类和 RandomRotation 类对图像进行随机翻转和旋转，以增加数据的多样性；可以使用 transforms 类中的方法对图像进行亮度、对比度和饱和度的调整，如 AdjustBrightness、AdjustContrast 和 AdjustSaturation 等方法。下面是一个使用 PyTorch 调整数据集的亮度、对比度和饱和度的实例。

实例3-16 使用PyTorch调整数据集的亮度、对比度和饱和度（源码路径：daima\3\liang.py）

实例文件 liang.py 的具体实现代码如下：

```python
import torch
import torchvision.transforms as transforms
from torchvision.datasets import CIFAR10
import matplotlib.pyplot as plt

# 定义转换操作列表，包括调整亮度、对比度和饱和度
transform = transforms.Compose([
    transforms.ColorJitter(brightness=0.2, contrast=0.2, saturation=0.2),
    transforms.ToTensor(),
])

# 创建 CIFAR-10 数据集实例并应用转换操作
dataset = CIFAR10(root='data/', train=True, download=True, transform=transform)

# 获取第一个样本
sample = dataset[0]

# 将张量转换为图像并显示
image = transforms.ToPILImage()(sample[0])
plt.imshow(image)
plt.axis('off')
plt.show()
```

在上述代码中，首先定义一个名为 transform 的转换操作列表，其中包括 ColorJitter 操作。通过调整亮度、对比度和饱和度的参数，可以改变图像的外观。然后，创建 CIFAR-10 数据集实例时应用这个转换操作。最后，将样本的图像张量转换为 PIL 图像，并显示出来。运行上述代码后，会看到第一个样本图像的亮度、对比度和饱和度发生了变化，增加了数据的多样性，如图 3-2 所示。

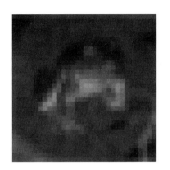

图3-2 执行效果

当使用TensorFlow进行图像数据增强时，可以使用其内置类tf.keras.preprocessing.image.ImageDataGenerator实现多种数据增强技术。下面是一个使用 TensorFlow 实现图像数据增强的实例。

实例3-17 使用TensorFlow 实现图像数据增强（源码路径：daima\3\tzeng.py）

实例文件tzeng.py的具体实现代码如下：

```python
import tensorflow as tf
from tensorflow.keras.preprocessing.image import ImageDataGenerator
import matplotlib.pyplot as plt

# 创建一个 ImageDataGenerator 实例，配置各种数据增强操作
datagen = ImageDataGenerator(
    rotation_range=20,          # 随机旋转角度范围
    width_shift_range=0.2,      # 随机水平平移范围
    height_shift_range=0.2,     # 随机垂直平移范围
    shear_range=0.2,            # 随机错切变换范围
    zoom_range=0.2,             # 随机缩放范围
    horizontal_flip=True,       # 随机水平翻转
    fill_mode='nearest'         # 用于填充像素的模式
)

# 加载一张图像并进行数据增强
image_path = 'path/to/your/image.jpg'
img = tf.keras.preprocessing.image.load_img(image_path, target_size=(224, 224))
img_array = tf.keras.preprocessing.image.img_to_array(img)
img_array = img_array.reshape((1,) + img_array.shape)    # 将图像扩展为 (1, height,
                                                         #               width, channels)

# 生成增强后的图像批次
augmented_images = datagen.flow(img_array, batch_size=1)

# 显示增强后的图像
plt.figure(figsize=(10, 10))
for i in range(9):
```

```
    augmented_image = augmented_images.next()[0]
    plt.subplot(3, 3, i + 1)
    plt.imshow(augmented_image.astype('uint8'))
    plt.axis('off')
plt.show()
```

在上面的代码中，首先，通过创建一个 ImageDataGenerator 实例并设置不同的参数，可以应用多种数据增强操作；然后，加载一张图像并将其转换为数组；最后，使用 flow 方法生成增强后的图像批次，并使用 Matplotlib 显示增强后的图像。

执行上述代码，显示图像数据增强后的效果，如图3-3所示。

图3-3　图像数据增强后的效果

3.4.3　自然语言数据增强

在自然语言处理（Natural Language Processing，NLP）领域，数据增强可以应用于文本数据，以扩充训练数据集并提升模型的泛化能力。下面是一个使用NLTK（Natural Language Toolkit，自然语言工具包）进行自然语言数据增强的实例，其中包括文本的同义词替换和随机删除操作。

实例3-18　**使用NLTK进行自然语言数据增强（源码路径：daima\3\wenzeng.py）**

实例文件wenzeng.py的具体实现流程如下。

（1）获取英文停用词：从NLTK库获取英文停用词集合，这些停用词在自然语言处理任务中通常被过滤。其对应的实现代码如下：

```
stop_words = set(stopwords.words('english'))
```

（2）编写同义词替换函数synonym_replacement，该函数接收一个文本分词后的单词列表 words 和一个参数 n，表示希望替换的同义词的数量。此函数的具体说明如下：

①创建一个 new_words 列表，用于存储处理后的单词序列。random_word_list 是一个随机排序的不包含停用词的单词列表。

②遍历 random_word_list，对每个单词获取其同义词并进行替换。如果同义词列表中有至少一个同义词，则随机选择一个同义词进行替换。这样会对句子中的随机单词进行同义词替换，最多进行 *n* 次。

③将新的单词列表连接为句子并返回。

synonym_replacement 函数的具体实现代码如下：

```
# 同义词替换函数
def synonym_replacement(words, n):
    new_words = words.copy()
    random_word_list = list(set([word for word in words if word not in
                                 stop_words]))
    random.shuffle(random_word_list)
    num_replaced = 0
    for random_word in random_word_list:
        synonyms = get_synonyms(random_word)
        if len(synonyms) >= 1:
            synonym = random.choice(synonyms)
            new_words = [synonym if word == random_word else word for word in
                              new_words]
            num_replaced += 1
        if num_replaced >= n:
            break
    sentence = ' '.join(new_words)
    return sentence
```

（3）编写获取同义词列表函数get_synonyms(word)，该函数接收一个单词 word，使用 WordNet 数据库获取该单词的同义词。对于单词的每个同义词集合（synsets），提取每个同义词的词形变体（lemmas）并添加到 synonyms 列表中。其具体实现代码如下：

```
# 获取同义词列表
def get_synonyms(word):
    synonyms = []
    for syn in wordnet.synsets(word):
        for lemma in syn.lemmas():
            synonyms.append(lemma.name())
    return synonyms
```

（4）编写随机删除函数random_deletion(words, p)，该函数接收一个单词列表 words 和一个概率参数 p，表示每个单词被删除的概率。此函数遍历单词列表，以概率 p 决定是否删除每个单词，将保留的单词添加到 new_words 列表中。其具体实现代码如下：

```
# 随机删除函数
def random_deletion(words, p):
    if len(words) == 1:
        return words
    new_words = []
    for word in words:
        if random.uniform(0, 1) > p:
            new_words.append(word)
    return new_words
```

（5）处理原始文本，将原始文本分词，得到一个单词列表 words。其具体实现代码如下：

```
sentence = "Natural language processing is a subfield of artificial
intelligence."
words = word_tokenize(sentence)
```

（6）实现数据增强操作。首先，使用同义词替换函数对原始文本进行处理，替换两个单词的同义词，并输出处理后的句子；然后，使用随机删除函数对原始文本进行处理，以 0.2 的概率删除单词，并输出处理后的句子。其具体实现代码如下：

```
augmented_sentence = synonym_replacement(words, n=2)
print("同义词替换后:", augmented_sentence)
augmented_sentence = random_deletion(words, p=0.2)
print("随机删除后:", ' '.join(augmented_sentence))
```

本实例展示了如何使用 NLTK 库实现自然语言数据增强，包括同义词替换和随机删除。这样的数据增强技术有助于增加训练数据的多样性，提高模型的泛化能力。

执行上述代码，输出结果如下：

```
同义词替换后: born language litigate is a subfield of artificial intelligence .
随机删除后: Natural language processing a subfield of artificial intelligence .
```

第 4 章
卷积神经网络模型

卷积神经网络是一种主要用于处理具有网格结构数据的深度学习模型，其在计算机视觉领域取得了巨大的成功，并被广泛应用于图像和视频相关的任务，如图像分类、目标检测、图像分割等。本章详细讲解使用开发卷积神经网络的知识，为读者步入本书后面知识的学习打下基础。

4.1　卷积神经网络简介

神经网络（Neural Networks）是人工智能研究领域的一部分，当前最流行的神经网络是卷积神经网络。卷积神经网络目前在研究领域取得了巨大的成功，如语音识别、图像识别、图像分割、自然语言处理等。本节将详细讲解卷积神经网络的基础知识。

4.1.1　卷积神经网络的发展背景

早在半个世纪以前，图像识别就已经是一个火热的研究课题。1950年代中到1960年代初，感知机吸引了机器学习学者的广泛关注。这是因为当时的数学证明表明，如果输入数据线性可分，感知机可以在有限迭代次数内收敛。感知机的解是超平面参数集，该超平面可以用作数据分类。然而，感知机却在实际应用中遇到了很大困难，这主要有如下两个问题造成的：

（1）多层感知机（Multilayer Perceptron，MLP）暂时没有有效训练方法，导致层数无法加深。

（2）由于采用线性激活函数，导致无法处理线性不可分问题，如"异或"。

上述问题随着后向传播（Back Propagation，BP）算法和非线性激活函数的提出得到解决。1989年，BP算法首次被用于卷积神经网络中处理2-D信号(图像)。

在2012年的ImageNet挑战赛中，卷积神经网络证明了它的实力，从此在图像识别和其他应用中被广泛采纳。

通过机器进行模式识别，通常认为有以下4个阶段：

（1）数据获取。如数字化图像。

（2）预处理。如图像去噪和图像几何修正。

（3）特征提取。寻找一些计算机识别的属性，这些属性用以描述当前图像与其他图像的不同之处。

（4）数据分类。把输入图像划分给某一特定类别。

卷积神经网络是目前图像领域特征提取最好的方式，也因此大幅度提升了数据分类精度。

4.1.2　卷积神经网络的结构

卷积神经网络的核心思想是通过卷积层（Convolutional Layer）、池化层（Pooling Layer）和全连接层（Fully Connected）来提取和学习图像中的特征。卷积神经网络的主要组成部分如下：

（1）卷积层。卷积层通过在输入数据上滑动一个或多个滤波器（也称为卷积核）来提取图像的局部特征。每个滤波器在滑动过程中与输入数据进行卷积操作，生成一个特征映射（Feature Map）。卷积操作能够捕捉输入数据的空间局部性，使网络能够学习到具有平移不变性的特征。

（2）激活函数（Activation Function）。卷积层通常在卷积操作之后应用一个非线性激活函数，如ReLU（Rectified Linear Unit），用于引入非线性特性。激活函数能够增加网络的表达能力，使其能够学习更加复杂的特征。

（3）池化层。池化层用于降低特征映射的空间尺寸，减少参数数量和计算复杂度。常用的池化操作包括最大池化（Max Pooling）和平均池化（Average Pooling），它们分别选择局部区域中的最大值或平均值作为池化后的值。

（4）全连接层。在经过多个卷积层和池化层之后，通过全连接层将提取到的特征映射到最终的输出类别。全连接层将所有的输入连接到输出层，其中每个连接都有一个关联的权重。

卷积神经网络的训练过程通常包括前向传播（Forward Propagation）和反向传播。在前向传播中，输入数据通过卷积层、激活函数和池化层逐层传递，最终通过全连接层生成预测结果；通过比较预测结果与真实标签，计算损失函数（Loss Function）的值。在反向传播中，根据损失函数的值和网络参数的梯度，使用优化算法更新网络参数，以最小化损失函数。

通过多层卷积层的堆叠，卷积神经网络能够自动学习到输入数据中的层次化特征表示，从而在图像分类等任务中取得优秀的性能。卷积神经网络的结构设计使其能够有效处理高维数据，并具有一定的平移不变性和位置信息感知能力。

4.2 卷积神经网络模型开发实战

本节将通过两个具体实例的实现过程，详细讲解创建并使用卷积神经网络的方法。

4.2.1 使用 TensorFlow 创建一个卷积神经网络模型并评估

在下面的实例中，将使用TensorFlow创建一个卷积神经网络模型，并可视化评估该模型。

实例4-1 创建一个卷积神经网络模型并可视化评估（源码路径：daima/4/cnn01.py）

实例文件cnn01.py的具体实现流程如下。

（1）导入TensorFlow模块，代码如下：

```
import tensorflow as tf

from tensorflow.keras import datasets, layers, models
import matplotlib.pyplot as plt
```

（2）下载并准备 CIFAR-10 数据集。CIFAR-10 数据集包含 10 类，共 60000 张彩色图片，每类图片有 6000 张。此数据集中 50000 个样例作为训练集，剩余 10000 个样例作为测试集。类之间相互独立，不存在重叠的部分。其代码如下：

```
(train_images, train_labels), (test_images, test_labels) = datasets.cifar10.
    load_data()
```

将像素的值标准化至 0~1 区间内
```
train_images, test_images = train_images / 255.0, test_images / 255.0
```

（3）验证数据。输出数据集中的前 25 张图片和类名，以确保数据集被正确加载。其代码如下：

```
class_names = ['airplane', 'automobile', 'bird', 'cat', 'deer',
               'dog', 'frog', 'horse', 'ship', 'truck']

plt.figure(figsize=(10,10))
for i in range(25):
    plt.subplot(5,5,i+1)
    plt.xticks([])
    plt.yticks([])
    plt.grid(False)
    plt.imshow(train_images[i], cmap=plt.cm.binary)
    # 由于 CIFAR 的标签是 array
    # 因此需要额外的索引（index）
    plt.xlabel(class_names[train_labels[i][0]])
plt.show()
```

执行上述代码，将可视化显示数据集中的前 25 张图片和类名，如图 4-1 所示。

图 4-1　可视化显示数据集中的前 25 张图片和类名

（4）构造卷积神经网络模型。如下代码声明了一个常见卷积神经网络，其由几个 Conv2D 和 MaxPooling2D 层组成。

```
model = models.Sequential()
model.add(layers.Conv2D(32, (3, 3), activation='relu', input_shape=(32, 32, 3)))
model.add(layers.MaxPooling2D((2, 2)))
model.add(layers.Conv2D(64, (3, 3), activation='relu'))
model.add(layers.MaxPooling2D((2, 2)))
model.add(layers.Conv2D(64, (3, 3), activation='relu'))
```

卷积神经网络的输入是张量 (Tensor) 形式的 (image_height, image_width, color_channels)，包含图像高度、宽度及颜色信息，不需要输入 batch size。如果不熟悉图像处理，那么颜色信息建议使用 RGB 色彩模式。此模式下，color_channels 为 (R,G,B)，分别对应 RGB 的 3 个颜色通道（color channel）。这里，我们使用的是 CIFAR 数据集中的图片作为卷积神经网络（CNN）的输入。每张图片的形状是 (32, 32, 3)，其中 32 表示图像的高度和宽度，而 3 表示颜色通道（RGB 色彩模式中的红、绿、蓝）。你可以在声明第一层时将形状赋值给参数 input_shape。声明 CNN 结构的代码是：

```
model.summary()
```

执行上述代码，输出模型的基本信息：

```
Model: "sequential"

Layer (type)                 Output Shape              Param #
=================================================================
conv2d (Conv2D)              (None, 30, 30, 32)        896

max_pooling2d (MaxPooling2D) (None, 15, 15, 32)        0

conv2d_1 (Conv2D)            (None, 13, 13, 64)        18496

max_pooling2d_1 (MaxPooling2 (None, 6, 6, 64)          0

conv2d_2 (Conv2D)            (None, 4, 4, 64)          36928
=================================================================
Total params: 56,320
Trainable params: 56,320
Non-trainable params: 0
```

在上述输出结果中可以看到，每个 Conv2D 和 MaxPooling2D 层的输出都是一个三维的张量 (Tensor)，其形状描述了 (height, width, channels)。越深的层中，宽度和高度越会收缩。每个 Conv2D 层输出的通道数量 (channels) 取决于声明层时的第一个参数（如上面代码中的 32 或 64）。这样，由于宽度和高度的收缩，便可以（从运算的角度）增加每个 Conv2D 层输出的通道数量 (channels)。

（5）增加 Dense 层。Dense 层等同于全连接层，在模型的最后把卷积后的输出张量（本例中形状为 (4, 4, 64)）传给一个或多个 Dense 层来完成分类。Dense 层的输入为向量（一维），但前面层的输出是三维的张量（Tensor）。因此，需要将三维张量展开（flatten）到一维，再传入一个或多个 Dense 层。CIFAR 数据集有 10 个类，因此最终的 Dense 层需要 10 个输出及一个 softmax 激活函数。其代码如下：

```
model.add(layers.Flatten())
model.add(layers.Dense(64, activation='relu'))
model.add(layers.Dense(10))
```

此时通过如下代码查看完整的卷积神经网络结构：

```
model.summary()
```

执行上述代码，输出结果如下：

```
Model: "sequential"
_____
Layer (type)                 Output Shape              Param #
===============================================================
conv2d (Conv2D)              (None, 30, 30, 32)        896
_____
max_pooling2d (MaxPooling2D) (None, 15, 15, 32)        0
_____
conv2d_1 (Conv2D)            (None, 13, 13, 64)        18496
_____
max_pooling2d_1 (MaxPooling2 (None, 6, 6, 64)          0
_____
conv2d_2 (Conv2D)            (None, 4, 4, 64)          36928
_____
flatten (Flatten)            (None, 1024)              0
_____
dense (Dense)                (None, 64)                65600
_____
dense_1 (Dense)              (None, 10)                650
===============================================================
```

由此可以看出，在被传入两个 Dense 层之前，形状为 (4, 4, 64) 的输出被展平成了形状为 (1024) 的向量。

（6）编译并训练模型，代码如下：

```
model.compile(optimizer='adam',
              loss=tf.keras.losses.SparseCategoricalCrossentropy(
                  from_logits=True),
              metrics=['accuracy'])
```

```
history = model.fit(train_images, train_labels, epochs=10,
                    validation_data=(test_images, test_labels))
```

执行上述代码，输出如下训练过程：

```
Epoch 1/10
1563/1563 [==============================] - 7s 3ms/step - loss: 1.5216 -
accuracy: 0.4446 - val_loss: 1.2293 - val_accuracy: 0.5562
Epoch 2/10
1563/1563 [==============================] - 5s 3ms/step - loss: 1.1654 -
accuracy: 0.5857 - val_loss: 1.0774 - val_accuracy: 0.6143
Epoch 3/10
1563/1563 [==============================] - 5s 3ms/step - loss: 1.0172 -
accuracy: 0.6460 - val_loss: 1.0041 - val_accuracy: 0.6399
Epoch 4/10
1563/1563 [==============================] - 5s 3ms/step - loss: 0.9198 -
accuracy: 0.6795 - val_loss: 0.9946 - val_accuracy: 0.6540
Epoch 5/10
1563/1563 [==============================] - 5s 3ms/step - loss: 0.8449 -
accuracy: 0.7060 - val_loss: 0.9169 - val_accuracy: 0.6792
Epoch 6/10
1563/1563 [==============================] - 5s 3ms/step - loss: 0.7826 -
accuracy: 0.7264 - val_loss: 0.8903 - val_accuracy: 0.6922
Epoch 7/10
1563/1563 [==============================] - 5s 3ms/step - loss: 0.7338 -
accuracy: 0.7441 - val_loss: 0.9217 - val_accuracy: 0.6879
Epoch 8/10
1563/1563 [==============================] - 5s 3ms/step - loss: 0.6917 -
accuracy: 0.7566 - val_loss: 0.8799 - val_accuracy: 0.6990
Epoch 9/10
1563/1563 [==============================] - 5s 3ms/step - loss: 0.6431 -
accuracy: 0.7740 - val_loss: 0.9013 - val_accuracy: 0.6982
Epoch 10/10
1563/1563 [==============================] - 5s 3ms/step - loss: 0.6074 -
accuracy: 0.7882 - val_loss: 0.8949 - val_accuracy: 0.7075
```

（7）评估上面实现的卷积神经网络模型的性能，并通过可视化展示评估过程，以观察模型的训练情况。代码如下：

```
plt.plot(history.history['accuracy'], label='accuracy')
plt.plot(history.history['val_accuracy'], label = 'val_accuracy')
plt.xlabel('Epoch')
plt.ylabel('Accuracy')
plt.ylim([0.5, 1])
plt.legend(loc='lower right')
plt.show()
```

```
test_loss, test_acc = model.evaluate(test_images,  test_labels, verbose=2)
```

执行上述代码，输出结果如图4-2所示。

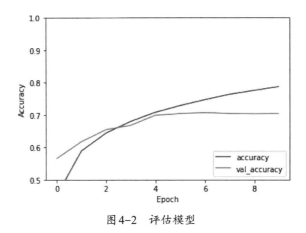

图4-2　评估模型

4.2.2　使用 PyTorch 创建手写数字模型

本实例的功能是创建LeNet-5模型，对MNIST手写数字数据集进行训练和测试，并在训练过程中绘制损失曲线和准确率曲线。

实例4-2 创建并使用LeNet-5模型（源码路径：daima\4\can.py）

1. LeNet-5 模型简介

LeNet-5是一种经典的卷积神经网络模型，由Yann LeCun等人于1998年提出，主要用于手写数字识别任务。LeNet是第一个在实际任务中取得成功的卷积神经网络模型之一，为后来的深度学习发展奠定了基础。

LeNet-5模型的设计主要基于两个关键思想：稀疏连接和权值共享。其采用了一种层次化的结构，通过卷积层、池化层和全连接层来提取特征并进行分类。

LeNet-5模型的详细结构如下。

（1）输入层。输入图像为灰度图像，大小为32×32。

（2）第1层：卷积层。

①输入大小：32×32×1。

②卷积核大小：5×5。

③卷积核数量：6。

④激活函数：ReLU。

⑤输出大小：28×28×6。

（3）第2层：池化层。

①输入大小：28×28×6。

②池化窗口大小：2×2。

③池化方式：最大池化（Ma×Pooling）。

④输出大小：14×14×6。

（4）第3层：卷积层。

①输入大小：14×14×6。

②卷积核大小：5×5。

③卷积核数量：16。

④激活函数：ReLU。

⑤输出大小：10×10×16。

（5）第4层：池化层。

①输入大小：10×10×16。

②池化窗口大小：2×2。

③池化方式：最大池化。

④输出大小：5×5×16。

（6）第5层：全连接层。

①输入大小：5×5×16=400。

②输出大小：120。

③激活函数：ReLU。

（7）第6层：全连接层。

①输入大小：120。

②输出大小：84。

③激活函数：ReLU。

（8）第7层：全连接层（输出层）。

①输入大小：84。

②输出大小：10（对应10个类别，用于手写数字的分类）。

③激活函数：无（使用softmax激活函数进行多类别分类）。

LeNet-5模型的整体结构是由多个卷积层、池化层和全连接层组成的，其中卷积层和池化层用于特征提取，全连接层用于分类。通过稀疏连接和权值共享的设计，LeNet-5模型在参数量和计算复杂度上较小，适用于处理小尺寸图像的任务。

2.具体实现

实例文件can.py的具体实现流程如下。

（1）导入所需的库和模块，对应的实现代码如下：

```
import torch
```

```
import torch.nn as nn
import torch.optim as optim
from torch.utils.data import DataLoader
from torchvision.datasets import MNIST
from torchvision.transforms import transforms
import matplotlib.pyplot as plt
```

（2）定义 LeNet-5 模型，具体说明如下：

①LeNet5 类继承自 nn.Module，是 LeNet-5 模型的定义。

②模型包括特征提取层（features）和分类器层（classifier）。

③特征提取层包括两个卷积层和池化层，用于提取图像的特征。

④分类器层包括三个全连接层，用于对提取的特征进行分类。

⑤forward 方法定义了前向传播的过程。

其对应的实现代码如下：

```
# 定义 LeNet-5 模型
class LeNet5(nn.Module):
    def __init__(self, num_classes=10):
        super(LeNet5, self).__init__()
        self.features = nn.Sequential(
            nn.Conv2d(1, 6, kernel_size=5, stride=1),
            nn.ReLU(),
            nn.MaxPool2d(kernel_size=2, stride=2),
            nn.Conv2d(6, 16, kernel_size=5, stride=1),
            nn.ReLU(),
            nn.MaxPool2d(kernel_size=2, stride=2)
        )
        self.classifier = nn.Sequential(
            nn.Linear(16 * 4 * 4, 120),
            nn.ReLU(),
            nn.Linear(120, 84),
            nn.ReLU(),
            nn.Linear(84, num_classes)
        )

    def forward(self, x):
        x = self.features(x)
        x = torch.flatten(x, 1)
        x = self.classifier(x)
        return x
```

（3）数据预处理和加载。首先定义数据的预处理操作，包括将图像转换为张量、归一化等；然后使用 MNIST 类加载训练集和测试集，并应用预处理操作。其对应的实现代码如下：

```
# 数据预处理和加载
```

```
transform = transforms.Compose([
    transforms.ToTensor(),
    transforms.Normalize((0.1307,), (0.3081,))
])

train_dataset = MNIST(root='./data', train=True, download=True, transform=transform)
test_dataset = MNIST(root='./data', train=False, download=True, transform=transform)

train_loader = DataLoader(train_dataset, batch_size=64, shuffle=True)
test_loader = DataLoader(test_dataset, batch_size=64, shuffle=False)
```

（4）创建模型和优化器。首先创建LeNet-5模型的实例，然后定义损失函数［交叉熵（Cross-Entropy）损失］和优化器（Adam优化器）。其对应的实现代码如下：

```
# 创建模型和优化器
model = LeNet5()
criterion = nn.CrossEntropyLoss()
optimizer = optim.Adam(model.parameters(), lr=0.001)
```

（5）开始训练模型，具体实现流程如下：

①使用循环迭代训练模型。

②将模型设为训练模式，遍历训练集的批次，计算训练损失和训练准确率，并更新模型的参数。

③将模型设为评估模式，遍历测试集的批次，计算测试损失和测试准确率。

其对应的实现代码如下：

```
# 训练模型
num_epochs = 10
device = torch.device("cuda" if torch.cuda.is_available() else "cpu")
model.to(device)

train_losses = []
test_losses = []
train_accuracies = []
test_accuracies = []

for epoch in range(num_epochs):
    model.train()
    running_loss = 0.0
    correct_train = 0
    total_train = 0

    for images, labels in train_loader:
        images = images.to(device)
        labels = labels.to(device)
```

```
    optimizer.zero_grad()
    outputs = model(images)
    loss = criterion(outputs, labels)
    loss.backward()
    optimizer.step()

    running_loss += loss.item()
    _, predicted_train = torch.max(outputs.data, 1)
    total_train += labels.size(0)
    correct_train += (predicted_train == labels).sum().item()

train_loss = running_loss / len(train_loader)
train_accuracy = 100 * correct_train / total_train
train_losses.append(train_loss)
train_accuracies.append(train_accuracy)

# 在测试集上评估模型
model.eval()
running_loss = 0.0
correct_test = 0
total_test = 0

with torch.no_grad():
    for images, labels in test_loader:
        images = images.to(device)
        labels = labels.to(device)

        outputs = model(images)
        loss = criterion(outputs, labels)

        running_loss += loss.item()
        _, predicted_test = torch.max(outputs.data, 1)
        total_test += labels.size(0)
        correct_test += (predicted_test == labels).sum().item()

test_loss = running_loss / len(test_loader)
test_accuracy = 100 * correct_test / total_test
test_losses.append(test_loss)
test_accuracies.append(test_accuracy)

print(
    f"Epoch {epoch + 1}/{num_epochs} Train Loss: {train_loss:.4f}
    Train Accuracy: {train_accuracy:.2f}% Test Loss: {test_loss:.4f}
    Test Accuracy: {test_accuracy:.2f}%")
```

（6）绘制损失曲线和准确率曲线，使用 Matplotlib 库绘制训练过程中的损失曲线和准确率曲线。

其对应的实现代码如下:

```python
# 绘制损失曲线和准确率曲线
plt.figure(figsize=(10, 4))
plt.subplot(1, 2, 1)
plt.plot(range(1, num_epochs + 1), train_losses, label='Train')
plt.plot(range(1, num_epochs + 1), test_losses, label='Test')
plt.xlabel('Epoch')
plt.ylabel('Loss')
plt.legend()
plt.subplot(1, 2, 2)
plt.plot(range(1, num_epochs + 1), train_accuracies, label='Train')
plt.plot(range(1, num_epochs + 1), test_accuracies, label='Test')
plt.xlabel('Epoch')
plt.ylabel('Accuracy')
plt.legend()
plt.tight_layout()
plt.show()
```

（7）输出测试集上的最终准确率。其对应的实现代码如下:

```python
# 最终准确率
print(f"Final Accuracy on test set: {test_accuracies[-1]:.2f}%")
```

执行上述代码，即会使用Matplotlib库绘制训练过程中的损失曲线和准确率曲线，效果如图4-3所示。

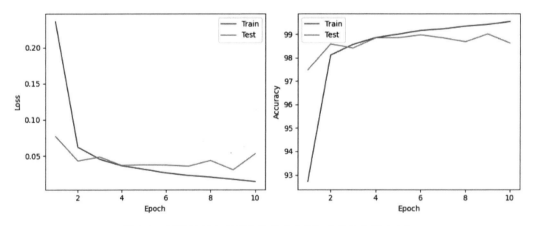

图4-3　训练过程中的损失曲线（左）和准确率曲线（右）

第 5 章
循环神经网络模型

　　循环神经网络是一类以序列（Sequence）数据为输入，在序列的演进方向进行递归（Recursion）且所有节点（循环单元）按链式连接的递归神经网络（Recursive Neural Network，RNN）。本章详细讲解开发循环神经网络模型的知识。

5.1 文本处理与循环神经网络简介

RNN是两种神经网络模型的缩写，一种是递归神经网络，一种是循环神经网络。虽然这两种神经网络有着千丝万缕的联系，但是本书讲解的是循环神经网络模型。在现实应用中，经常用循环神经网络解决文本分类问题。

5.1.1 循环神经网络基础

循环神经网络是一类以序列数据为输入，在序列的演进方向进行递归且所有节点（循环单元）按链式连接的递归神经网络。循环神经网络是一个随着时间的推移而重复发生的结构，在自然语言处理和语音图像等多个领域均有非常广泛的应用。循环神经网络和其他网络最大的不同就在于其能够实现某种"记忆功能"，是进行时间序列分析时最好的选择。如同人类能够凭借自己过往的记忆更好地认识这个世界一样，循环神经网络也实现了类似于人脑的这一机制，对所处理过的信息留存有一定的记忆，而不像其他类型的神经网络并不能对处理过的信息留存记忆。一个典型的循环神经网络如图5-1所示。

由图5-1可以看出，一个典型的循环神经网络包含一个输入X_t，一个输出h_t和一个神经网络单元A。和普通的神经网络不同的是，循环神经网络的神经网络单元A不仅与输入和输出存在联系，其与自身也存在一个回路。这种网络结构就揭示了循环神经网络的实质：上一个时刻的网络状态信息将会作用于下一个时刻的网络状态。如果图5-1的网络结构仍不够清晰，循环神经网络还能够以时间序列展开成图5-2所示的形式。

图 5-1 一个典型的
循环神经网络

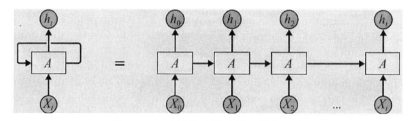

图5-2 以时间序列展开循环神经网络

图5-2中，等号右边是循环神经网络的展开形式。由于循环神经网络一般用来处理序列信息，因此下文说明时都以时间序列来举例、解释。等号右边的等价循环神经网络中最初始的输入是X_0，输出是h_0，这代表0时刻循环神经网络的输入为X_0，输出为h_0，网络神经元在0时刻的状态保存在A中。当下一个时刻1到来时，此时网络神经元的状态不仅由1时刻的输入X_1决定，也由0时刻的神经元状态决定。依次类推，直到时间序列的末尾t时刻。

上述过程可以用一个简单的实例来论证：假设现在有一句话"I want to play basketball"，由于自然语言本身就是一个时间序列，较早的语言会与较后的语言存在某种联系，如刚才的句子中"play"

这个动词意味着后面一定会有一个名词，而这个名词具体是什么可能需要更遥远的语境来决定，因此一句话也可以作为循环神经网络的输入。"I want to play basketball" 这句话中的 5 个单词是以时序出现的，现在将这 5 个单词编码后依次输入循环神经网络中。单词 "I" 作为时序上第一个出现的单词，被用作 X_0 输入，拥有一个 h_0 输出，并且改变了初始神经元 A 的状态。单词 "want" 作为时序上第二个出现的单词，被用作 X_1 输入，此时循环神经网络的输出和神经元状态将不仅由 X_1 决定，也由上一时刻的神经元状态或上一时刻的输入 X_0 决定。依次类推，直到上述句子输入最后一个单词 "basketball"。

卷积网络的输入只有输入数据 X，而循环神经网络除了输入数据 X，每一步的输出会作为下一步的输入，如此循环，并且每一次采用相同的激活函数和参数。在每次循环中，X_0 乘以系数 U 得到 s_0，再经过系数 W 输入下一次，依此循环，构成循环神经网络的正向传播。

循环神经网络与卷积神经网络相比，卷积神经网络是一个输出经过网络产生一个输出，而循环神经网络可以实现一个输入多个输出（生成图片描述）、多个输入一个输出（文本分类）、多输入多输出（机器翻译、视频解说）。

循环神经网络使用的是 tan 激活函数，输出在 $-1 \sim +1$，容易梯度消失，距离输出较远的步骤对于梯度贡献很小。将底层的输出作为高层的输入，就构成了多层循环神经网络，而且高层之间也可以进行传递，并且可以采用残差连接防止过拟合。

> **注意**：循环神经网络的每次传播之间只有一个参数 W，而用这一个参数很难描述大量的、复杂的信息需求。为了解决这个问题，人们引入了 LSTM 网络。LSTM 网络引入了选择性机制，允许网络选择性地输入、输出需要的信息并选择性地遗忘不需要的信息。选择性机制是通过 Sigmoid 门实现的，sigmoid 函数的输出介于 $0 \sim 1$，0 代表遗忘，1 代表记忆，0.5 代表记忆 50%。

5.1.2　文本分类

文本分类问题就是对输入的文本字符串进行分析判断，之后输出结果。字符串无法直接输入循环神经网络，因此在输入之前需要先将文本拆分成单个词组，将词组进行 embedding 编码成一个向量，每轮输入一个词组，当最后一个词组输入完毕时，得到的输出结果也是一个向量。embedding 编码的实质是将一个词对应为一个向量，向量的每一个维度对应一个浮点值，动态调整这些浮点值，使 embedding 编码和词的意思相关。这样网络的输入、输出都是向量，最后进行全连接操作，对应到不同的分类即可。

循环神经网络会不可避免地带来一个问题：最后的输出结果受最近的输入影响较大，而之前较远的输入可能无法影响结果，这就是信息瓶颈问题。为了解决这个问题，人们引入了双向 LSTM。双向 LSTM 不仅增加了反向信息传播，而且每一轮都会有一个输出，将这些输出进行组合之后再传给全连接层。

另一个文本分类模型是 HAN（Hierarchy Attention Network），首先将文本分为句子、词语级别，将输入的词语进行编码后相加，得到句子的编码；然后将句子编码相加，得到最后的文本编码。

Attention是指在每一个级别的编码进行累加前，加入一个加权值，根据不同的权值对编码进行累加。

由于输入的文本长度不统一，因此无法直接使用神经网络进行学习。为了解决这个问题，可以将输入文本的长度统一为一个最大值，勉强采用卷积神经网络进行学习，即TextCNN。文本卷积网络的卷积过程采用的是多通道一维卷积，与二维卷积相比，一维卷积就是卷积核只在一个方向上移动。

在现实应用中，虽然卷积神经网络不能完美地处理输入长短不一的序列式问题，但其可以并行处理多个词组，效率更高，而循环神经网络可以更好地处理序列式的输入，将两者的优势结合起来，就构成了R-CNN模型。首先通过双向循环神经网络对输入进行特征提取，再使用卷积神经网络进行进一步提取，之后通过池化层将每一步的特征融合在一起，最后经过全连接层进行分类。

5.2 循环神经网络模型开发实战

5.1节介绍了循环神经网络的基本知识。本节将通过几个具体实例讲解循环神经网络模型的开发。

5.2.1 使用 PyTorch 开发歌词生成器模型

下面实例的功能是使用循环神经网络生成新的歌词。本实例包括数据预处理、模型定义、训练过程和生成新歌词等步骤，可以帮助读者理解如何使用循环神经网络处理文本数据。

实例5-1 使用循环神经网络生成新的歌词（源码路径：daima\5\gequ.py）

实例文件gequ.py的具体实现流程如下。

（1）导入所需的库。导入PyTorch库和其他所需的库，包括神经网络模块、NumPy库（用于数据处理）和Matplotlib库（用于可视化）。其对应的实现代码如下：

```
import torch
import torch.nn as nn
import numpy as np
import matplotlib.pyplot as plt
```

（2）定义歌曲专辑歌词。定义一段歌曲专辑歌词，作为训练数据，对应的实现代码如下：

```
lyrics = """
In the jungle, the mighty jungle
The lion sleeps tonight
In the jungle, the quiet jungle
The lion sleeps tonight
"""
```

（3）创建歌词数据集。编写函数create_dataset，用于将歌词转换为可以用于训练的数据集。create_dataset 函数将歌词切割成输入序列和目标序列，并将字符映射到索引值以便于处理。其对应的实现代码如下：

```
def create_dataset(lyrics, seq_length):
    dataX = []
    dataY = []
    chars = list(set(lyrics))
    char_to_idx = {ch: i for i, ch in enumerate(chars)}

    for i in range(0, len(lyrics) - seq_length):
        seq_in = lyrics[i:i+seq_length]
        seq_out = lyrics[i+seq_length]
        dataX.append([char_to_idx[ch] for ch in seq_in])
        dataY.append(char_to_idx[seq_out])

    return np.array(dataX), np.array(dataY), char_to_idx
```

（4）定义循环神经网络模型RNNModel类。RNNModel类定义了循环神经网络模型的结构，包括一个嵌入层（用于将输入序列转换为向量表示）、一个循环层（在这里使用的是简单的循环神经网络）和一个全连接层（用于生成输出）。其对应的实现代码如下：

```
class RNNModel(nn.Module):
    def __init__(self, input_size, hidden_size, output_size):
        super(RNNModel, self).__init__()
        self.hidden_size = hidden_size
        self.embedding = nn.Embedding(input_size, hidden_size)
        self.rnn = nn.RNN(hidden_size, hidden_size, batch_first=True)
        self.fc = nn.Linear(hidden_size, output_size)

    def forward(self, x, hidden):
        embedded = self.embedding(x)
        output, hidden = self.rnn(embedded, hidden)
        output = self.fc(output[:, -1, :])   # 只取最后一个时间步的输出
        return output, hidden

    def init_hidden(self, batch_size):
        return torch.zeros(1, batch_size, self.hidden_size)
```

（5）定义超参数。超参数用于对训练过程进行设置，如序列长度、隐藏层大小、训练轮数、批大小等。其对应的实现代码如下：

```
seq_length = 10
input_size = len(set(lyrics))
```

```
hidden_size = 128
output_size = len(set(lyrics))
num_epochs = 100
batch_size = 1
```

（6）创建数据集和数据加载器。首先，使用之前定义的 create_dataset 函数创建数据集，并将其转换为 PyTorch 的 Tensor 类型；然后，使用 TensorDataset 和 DataLoader 将数据集封装成可供模型训练使用的数据加载器。其对应的实现代码如下：

```
dataX, dataY, char_to_idx = create_dataset(lyrics, seq_length)
dataX = torch.from_numpy(dataX)
dataY = torch.from_numpy(dataY)
dataset = torch.utils.data.TensorDataset(dataX, dataY)
data_loader = torch.utils.data.DataLoader(dataset, batch_size=batch_size,
  shuffle=True)
```

（7）实例化模型和定义损失函数与优化器。本步实例化之前定义的循环神经网络模型，并定义交叉熵损失函数和 Adam 优化器。其对应的实现代码如下：

```
model = RNNModel(input_size, hidden_size, output_size)
criterion = nn.CrossEntropyLoss()
optimizer = torch.optim.Adam(model.parameters(), lr=0.01)
```

（8）训练模型。本步使用数据加载器将数据逐批输入模型进行训练。在每个训练批次中，首先将优化器的梯度缓存清零，然后通过模型进行前向传播并计算损失，之后进行反向传播并更新模型参数，最后输出每10轮训练的损失值。其对应的实现代码如下：

```
for epoch in range(num_epochs):
    model.train()
    hidden = model.init_hidden(batch_size)

    for inputs, targets in data_loader:
        optimizer.zero_grad()
        hidden = hidden.detach()
        outputs, hidden = model(inputs, hidden)
        targets = targets.long()
        loss = criterion(outputs, targets)
        loss.backward()
        optimizer.step()

    if (epoch+1) % 10 == 0:
        print(f"Epoch {epoch+1}/{num_epochs}, Loss: {loss.item()}")
```

（9）可视化训练损失。训练完成后，绘制训练过程中损失的曲线，以便可以更直观地了解模型的训练情况。其对应的实现代码如下：

```
plt.plot(losses)
plt.xlabel('Epoch')
plt.ylabel('Loss')
plt.title('Training Loss')
plt.show()
```

（10）生成新歌词。首先，设置模型为评估模式，并初始化隐藏状态；然后，提供一个初始字符，将其转换为Tensor类型，并循环进行预测，每次预测将输出的字符添加到生成的歌词中；最后，将生成的歌词输出到控制台。其对应的实现代码如下：

```
model.eval()
hidden = model.init_hidden(1)
start_char = 'I'
generated_lyrics = [start_char]

with torch.no_grad():
    input_char = torch.tensor([[char_to_idx[start_char]]], dtype=torch.long)
    while len(generated_lyrics) < 100:
        output, hidden = model(input_char, hidden)
        _, predicted = torch.max(output, 1)
        next_char = list(char_to_idx.keys())[list(char_to_idx.values()).
            index(predicted.item())]
        generated_lyrics.append(next_char)
        input_char = torch.tensor([[predicted.item()]], dtype=torch.long)

generated_lyrics = ''.join(generated_lyrics)
print("Generated Lyrics:")
print(generated_lyrics)
```

执行上述代码，输出训练过程，展示生成的新歌词：

```
Epoch 10/100, Loss: 1.1320719818505984
Epoch 20/100, Loss: 0.76565640090223303
Epoch 30/100, Loss: 0.4912299852448187
Epoch 40/100, Loss: 0.5815703137422835
Epoch 50/100, Loss: 0.5197872494708432
Epoch 60/100, Loss: 0.6041784392461887
Epoch 70/100, Loss: 0.5132076922750782
Epoch 80/100, Loss: 0.841928897174127
Epoch 90/100, Loss: 0.6915850965689768
Epoch 100/100, Loss: 0.786836911407844
```

同时，绘制训练过程中损失的曲线，如图5-3所示。

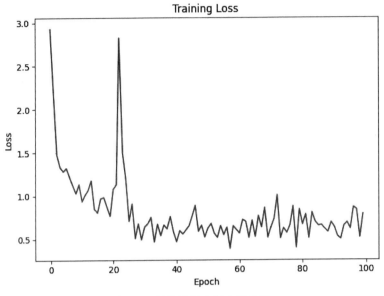

图 5-3　训练过程中损失的曲线

5.2.2　使用 TensorFlow 制作情感分析模型

下面实例的功能是在 IMDB（Internet Movie Database，互联网电影资料库）大型电影评论数据集上训练循环神经网络，以进行情感分析。

实例5-2　**使用电影评论数据集制作情感分析模型（源码路径：daima\5\xun03.py）**

实例文件 xun03.py 的具体实现流程如下。

（1）导入 Matplotlib 库并创建一个辅助函数来绘制计算图，代码如下：

```
import matplotlib.pyplot as plt

def plot_graphs(history, metric):
  plt.plot(history.history[metric])
  plt.plot(history.history['val_'+metric], '')
  plt.xlabel("Epochs")
  plt.ylabel(metric)
  plt.legend([metric, 'val_'+metric])
  plt.show()
```

（2）设置输入流水线。IMDB 大型电影评论数据集是一个二进制分类数据集——所有评论都具有正面或负面情绪。使用 TFDS 下载数据集，代码如下：

```
dataset, info = tfds.load('imdb_reviews/subwords8k', with_info=True,
                          as_supervised=True)
```

```
train_dataset, test_dataset = dataset['train'], dataset['test']
```

执行上述代码，输出结果如下：

```
WARNING:absl:TFDS datasets with text encoding are deprecated and will be
removed in a future version. Instead, you should use the plain text version
and tokenize the text using `tensorflow_text` (See: https://...intro#tfdata_
example)
Downloading and preparing dataset imdb_reviews/subwords8k/1.0.0 (download:
80.23 MiB, generated: Unknown size, total: 80.23 MiB) to /home/kbuilder/
tensorflow_datasets/imdb_reviews/subwords8k/1.0.0...
Shuffling and writing examples to /home/kbuilder/tensorflow_datasets/imdb_
reviews/subwords8k/1.0.0.incomplete7GBYY4/imdb_reviews-train.tfrecord
Shuffling and writing examples to /home/kbuilder/tensorflow_datasets/imdb_
reviews/subwords8k/1.0.0.incomplete7GBYY4/imdb_reviews-test.tfrecord
Shuffling and writing examples to /home/kbuilder/tensorflow_datasets/imdb_
reviews/subwords8k/1.0.0.incomplete7GBYY4/imdb_reviews-unsupervised.tfrecord
Dataset imdb_reviews downloaded and prepared to /home/kbuilder/tensorflow_
datasets/imdb_re
```

在数据集 info 中包括编码器 (tfds.features.text.SubwordTextEncoder)，代码如下：

```
encoder = info.features['text'].encoder
print('Vocabulary size: {}'.format(encoder.vocab_size))
```

执行上述代码，输出结果如下：

```
Vocabulary size: 8185
```

此文本编码器将以可逆方式对任何字符串进行编码，并在必要时退回到字节编码。其代码如下：

```
sample_string = 'Hello TensorFlow.'

encoded_string = encoder.encode(sample_string)
print('Encoded string is {}'.format(encoded_string))

original_string = encoder.decode(encoded_string)
print('The original string: "{}"'.format(original_string))

assert original_string == sample_string

for index in encoded_string:
  print('{} ----&gt; {}'.format(index, encoder.decode([index])))
```

执行上述代码，输出结果如下：

```
Encoded string is [4025, 222, 6307, 2327, 4043, 2120, 7975]
The original string: "Hello TensorFlow."
```

```
4025 ----&gt; Hell
222 ----&gt; o
6307 ----&gt; Ten
2327 ----&gt; sor
4043 ----&gt; Fl
2120 ----&gt; ow
7975 ----&gt; .
```

（3）准备用于训练的数据，创建这些编码字符串的批次。使用 padded_batch 方法将序列零填充
至批次中最长字符串的长度，代码如下：

```
BUFFER_SIZE = 10000
BATCH_SIZE = 64

train_dataset = train_dataset.shuffle(BUFFER_SIZE)
train_dataset = train_dataset.padded_batch(BATCH_SIZE)

test_dataset = test_dataset.padded_batch(BATCH_SIZE)
```

（4）创建模型。构建一个 tf.keras.Sequential 模型，并从嵌入向量层开始。嵌入向量层每个单词
存储一个向量，调用时，其会将单词索引序列转换为向量序列。这些向量是可训练的。（在足够的
数据上）训练后，具有相似含义的单词通常具有相似的向量。与通过 tf.keras.layers.Dense 层传递独
热编码向量的等效运算相比，这种索引查找方法要高效得多。

循环神经网络通过遍历元素来处理序列输入。循环神经网络将输出从一个时间步骤传递到其输
入，然后传递到下一个步骤。tf.keras.layers.Bidirectional 包装器也可以与循环神经网络层一起使用，
这将通过循环神经网络层向前和向后传播输入，然后连接输出，有助于循环神经网络学习长程依赖
关系。其代码如下：

```
model = tf.keras.Sequential([
    tf.keras.layers.Embedding(encoder.vocab_size, 64),
    tf.keras.layers.Bidirectional(tf.keras.layers.LSTM(64)),
    tf.keras.layers.Dense(64, activation='relu'),
    tf.keras.layers.Dense(1)
])
```

注意，这里选择的是 Keras 序贯模型，因为模型中的所有层都只有单个输入并产生单个输出。
如果要使用有状态循环神经网络层，则可能需要使用 Keras 函数式 API 或模型子类化来构建模型，
以便可以检索和重用循环神经网络层状态。有关更多详细信息，读者可以参阅 Keras RNN 指南。

（5）编译 Keras 模型以配置训练过程，代码如下：

```
model.compile(loss=tf.keras.losses.BinaryCrossentropy(from_logits=True),
              optimizer=tf.keras.optimizers.Adam(1e-4),
              metrics=['accuracy'])
```

```
history = model.fit(train_dataset, epochs=10,
                    validation_data=test_dataset,
                    validation_steps=30)
```

执行上述代码，输出结果如下：

```
Epoch 1/10
391/391 [==============================] - 41s 105ms/step - loss: 0.6363 -
accuracy: 0.5736 - val_loss: 0.4592 - val_accuracy: 0.8010
Epoch 2/10
391/391 [==============================] - 41s 105ms/step - loss: 0.3426 -
accuracy: 0.8556 - val_loss: 0.3710 - val_accuracy: 0.8417
Epoch 3/10
391/391 [==============================] - 42s 107ms/step - loss: 0.2520 -
accuracy: 0.9047 - val_loss: 0.3444 - val_accuracy: 0.8719
Epoch 4/10
391/391 [==============================] - 41s 105ms/step - loss: 0.2103 -
accuracy: 0.9228 - val_loss: 0.3348 - val_accuracy: 0.8625
Epoch 5/10
391/391 [==============================] - 42s 106ms/step - loss: 0.1803 -
accuracy: 0.9360 - val_loss: 0.3591 - val_accuracy: 0.8552
Epoch 6/10
391/391 [==============================] - 42s 106ms/step - loss: 0.1589 -
accuracy: 0.9450 - val_loss: 0.4146 - val_accuracy: 0.8635
Epoch 7/10
391/391 [==============================] - 41s 105ms/step - loss: 0.1466 -
accuracy: 0.9505 - val_loss: 0.3780 - val_accuracy: 0.8484
Epoch 8/10
391/391 [==============================] - 41s 106ms/step - loss: 0.1463 -
accuracy: 0.9485 - val_loss: 0.4074 - val_accuracy: 0.8156
Epoch 9/10
391/391 [==============================] - 41s 106ms/step - loss: 0.1327 -
accuracy: 0.9555 - val_loss: 0.4608 - val_accuracy: 0.8589
Epoch 10/10
391/391 [==============================] - 41s 105ms/step - loss: 0.1666 -
accuracy: 0.9404 - val_loss: 0.4364 - val_accuracy: 0.8422
```

（6）查看损失，代码如下：

```
test_loss, test_acc = model.evaluate(test_dataset)

print('Test Loss: {}'.format(test_loss))
print('Test Accuracy: {}'.format(test_acc))
```

执行上述代码，输出结果如下：

```
391/391 [==============================] - 17s 43ms/step - loss: 0.4305 -
```

```
accuracy: 0.8477
Test Loss: 0.43051090836524963
Test Accuracy: 0.8476799726486206
```

上述模型没有遮盖应用于序列的填充，如果在填充序列上进行训练并在未填充序列上进行测试，则可能导致倾斜。理想情况下，可以使用遮盖来避免这种情况，但是正如如下代码，其只会对输出产生很小的影响。如果预测 ≥ 0.5，则为正，否则为负。

```python
def pad_to_size(vec, size):
  zeros = [0] * (size - len(vec))
  vec.extend(zeros)
  return vec

def sample_predict(sample_pred_text, pad):
  encoded_sample_pred_text = encoder.encode(sample_pred_text)

  if pad:
    encoded_sample_pred_text = pad_to_size(encoded_sample_pred_text, 64)
  encoded_sample_pred_text = tf.cast(encoded_sample_pred_text, tf.float32)
  predictions = model.predict(tf.expand_dims(encoded_sample_pred_text, 0))

  return (predictions)

# 在没有填充的示例文本上进行预测
sample_pred_text = ('The movie was cool. The animation and the graphics '
                    'were out of this world. I would recommend this movie.')
predictions = sample_predict(sample_pred_text, pad=False)
print(predictions)
```

执行上述代码，输出结果如下：

```
[[-0.11829309]]
```

（7）使用填充对示例文本进行预测，代码如下：

```python
sample_pred_text = ('The movie was cool. The animation and the graphics '
                    'were out of this world. I would recommend this movie.')
predictions = sample_predict(sample_pred_text, pad=True)
print(predictions)
```

执行上述代码，输出结果如下：

```
[[-1.162545]]
```

（8）编写可视化代码：

```python
plot_graphs(history, 'accuracy')
plot_graphs(history, 'loss')
```

执行上述代码，分别绘制accuracy曲线和loss曲线，如图5-4所示。

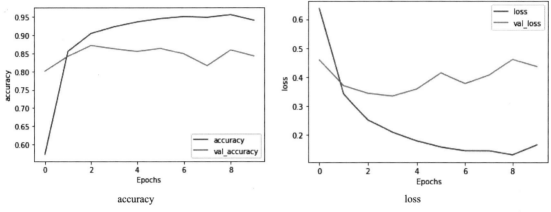

accuracy   loss

图5-4 可视化效果

（9）堆叠两个或更多LSTM层。Keras循环层有两种可用模式，这些模式由return_sequences构造函数参数控制：

①返回每个时间步骤的连续输出的完整序列（形状为 (batch_size, timesteps, output_features) 的3D张量）。

②仅返回每个输入序列的最后一个输出（形状为 (batch_size, output_features) 的2D张量）。

其代码如下：

```
model = tf.keras.Sequential([
    tf.keras.layers.Embedding(encoder.vocab_size, 64),
    tf.keras.layers.Bidirectional(tf.keras.layers.LSTM(64, return_sequences=True)),
    tf.keras.layers.Bidirectional(tf.keras.layers.LSTM(32)),
    tf.keras.layers.Dense(64, activation='relu'),
    tf.keras.layers.Dropout(0.5),
    tf.keras.layers.Dense(1)
])

model.compile(loss=tf.keras.losses.BinaryCrossentropy(from_logits=True),
            optimizer=tf.keras.optimizers.Adam(1e-4),
            metrics=['accuracy'])

history = model.fit(train_dataset, epochs=10,
                validation_data=test_dataset,
                validation_steps=30)
```

执行上述代码，输出结果如下：

```
Epoch 1/10
391/391 [==============================] - 75s 192ms/step - loss: 0.6484 -
accuracy: 0.5630 - val_loss: 0.4876 - val_accuracy: 0.7464
```

```
Epoch 2/10
391/391 [==============================] - 74s 190ms/step - loss: 0.3603 -
accuracy: 0.8528 - val_loss: 0.3533 - val_accuracy: 0.8490
Epoch 3/10
391/391 [==============================] - 75s 191ms/step - loss: 0.2666 -
accuracy: 0.9018 - val_loss: 0.3393 - val_accuracy: 0.8703
Epoch 4/10
391/391 [==============================] - 75s 193ms/step - loss: 0.2151 -
accuracy: 0.9267 - val_loss: 0.3451 - val_accuracy: 0.8604
Epoch 5/10
391/391 [==============================] - 76s 194ms/step - loss: 0.1806 -
accuracy: 0.9422 - val_loss: 0.3687 - val_accuracy: 0.8708
Epoch 6/10
391/391 [==============================] - 75s 193ms/step - loss: 0.1623 -
accuracy: 0.9495 - val_loss: 0.3836 - val_accuracy: 0.8594
Epoch 7/10
391/391 [==============================] - 76s 193ms/step - loss: 0.1382 -
accuracy: 0.9598 - val_loss: 0.4173 - val_accuracy: 0.8573
Epoch 8/10
391/391 [==============================] - 76s 194ms/step - loss: 0.1227 -
accuracy: 0.9664 - val_loss: 0.4586 - val_accuracy: 0.8542
Epoch 9/10
391/391 [==============================] - 76s 194ms/step - loss: 0.0997 -
accuracy: 0.9749 - val_loss: 0.4939 - val_accuracy: 0.8547
Epoch 10/10
391/391 [==============================] - 76s 194ms/step - loss: 0.0973 -
accuracy: 0.9748 - val_loss: 0.5222 - val_accuracy: 0.8526
```

（10）开始进行测试，代码如下：

```
sample_pred_text = ('The movie was not good. The animation and the graphics '
                    'were terrible. I would not recommend this movie.')
predictions = sample_predict(sample_pred_text, pad=False)
print(predictions)

sample_pred_text = ('The movie was not good. The animation and the graphics '
                    'were terrible. I would not recommend this movie.')
predictions = sample_predict(sample_pred_text, pad=True)
print(predictions)

plot_graphs(history, 'accuracy')
plot_graphs(history, 'loss')
```

此时执行后的可视化效果如图5-5所示。

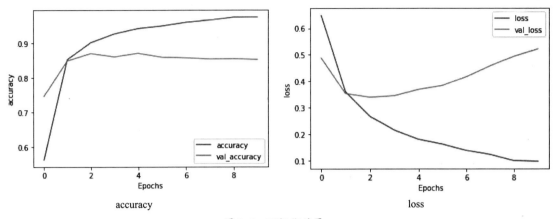

accuracy   loss

图 5-5   可视化效果

第 6 章
特征提取

　　特征提取是指从原始数据中抽取有用信息或表示，以便于模型能够更好地理解数据并进行学习。在自然语言处理领域，特征提取通常指的是将文本数据转化为计算机能够处理的表示形式。本章详细讲解在开发大模型过程中使用特征提取技术的知识。

6.1 特征提取简介

特征提取在大模型的开发中扮演着关键角色，因为其直接影响模型对数据的理解和表现能力。不同的任务和数据可能需要不同的特征提取方法，因此在选择方法时要结合任务的需求进行权衡和实验。

6.1.1 特征在大模型中的关键作用

特征在大模型中的关键作用如下。

（1）信息表示和提取：特征是原始数据的抽象表示，能够捕捉数据中的关键信息和模式。好的特征能够帮助模型更有效地区分不同类别，理解数据的含义和上下文。

（2）降低维度和计算复杂度：大模型通常需要大量的计算资源，但原始数据可能具有高维度。特征提取可以帮助将数据映射到更低维度的空间，从而减少计算复杂度并提高模型的效率。

（3）泛化能力：好的特征能够捕捉数据的一般性质，使模型更好地泛化到未见过的数据。通过在特征中保留重要的、有意义的信息，模型可以更准确地处理新的样本。

（4）对抗性防御：在安全性方面，一些特征提取方法可以帮助模型更好地识别和抵御对抗性攻击，从而提高模型的鲁棒性。

（5）领域适应和迁移学习：在不同领域之间，数据分布可能有所不同。好的特征可以帮助模型更好地适应新领域的数据，从而实现迁移学习。

（6）解释性：一些特征提取方法可以提高模型的解释性，使人们更容易理解模型的决策过程和推理基础。

（7）处理缺失数据：特征提取可以通过合理的方法处理缺失数据，从而避免模型因缺失数据而降低性能。

（8）序列建模：在序列数据中，特征提取有助于将序列数据转化为模型能够处理的表示形式，如在自然语言处理中将句子转化为嵌入向量。

总之，特征在大模型中的关键作用在于将原始数据转化为更具有信息含量和表达能力的形式，从而使模型能够更好地理解数据、学习模式并进行预测、分类、生成等任务。选择适当的特征提取方法是大模型开发中的一个关键决策，能够直接影响模型的性能和实际应用效果。

6.1.2 特征提取与数据预处理的关系

特征提取和数据预处理是机器学习和深度学习流程中密切相关的两个概念，它们在处理原始数据以准备用于模型训练时起着不同但互补的作用。

1.数据预处理

数据预处理是在将数据送入模型之前对原始数据进行的一系列操作,旨在清洁、转换和准备数据,以使其适用于模型训练。数据预处理包括以下步骤。

(1)数据清洗:删除重复项、处理缺失值、处理异常值等,以确保数据的质量。

(2)数据转换:对数据进行规范化、归一化或标准化,以确保不同特征的尺度一致,从而有利于模型的训练。

(3)特征编码:将非数值特征转化为数值特征,如将类别特征进行独热编码、标签编码等。

(4)分词和标记化:对文本数据进行分词、词性标注等操作,以便于后续处理。

(5)降维:对高维数据进行降维,减少冗余信息,提高计算效率和模型性能。

(6)划分数据集:将数据集划分为训练集、验证集和测试集,以便评估模型的性能和泛化能力。

2.特征提取

特征提取是在数据预处理之后,将数据转化为更高级的、更有信息量的表示形式。特征提取的目标是从原始数据中提取出对模型任务有用的信息。特征提取方法包括以下几种。

(1)词嵌入:将文本中的词语映射到连续向量空间,以捕捉词语的语义关系。

(2)上下文编码:使用预训练的深度学习模型(如Transformer)编码句子或段落的上下文信息。

(3)句子嵌入:将整个句子映射到向量空间中,以表示句子的语义。

(4)子词嵌入:将单词拆分成子词或字符,以生成更丰富的词汇表示。

(5)注意力机制(Attention Mechanism):允许模型在处理文本时聚焦于不同部分,从而更好地捕捉关键信息。

综上所述,数据预处理和特征提取之间的关系如下。

(1)顺序关系:数据预处理通常在特征提取之前进行。需要对原始数据进行清洗、转换和编码等操作,以准备好输入特征提取方法中的数据。

(2)互补作用:数据预处理和特征提取是互相补充的步骤。数据预处理确保数据的可用性和质量,为特征提取提供了更好的基础。特征提取则在数据预处理的基础上,进一步将数据转化为更有信息量的表示形式。

(3)整体流程:数据预处理和特征提取通常是机器学习流程的前期步骤。在数据预处理后,特征提取方法会根据任务的需求将数据转化为适合模型训练的表示形式,从而提高模型的性能和泛化能力。

总之,数据预处理和特征提取在机器学习和深度学习中都是至关重要的步骤,它们共同协作,为模型提供高质量的输入数据和有信息量的特征表示。

 6.2　特征的类型和重要性

特征在机器学习和深度学习中具有不同的类型和重要性,它们对模型的性能和泛化能力有直接影响。选择正确的特征并进行适当的特征工程是至关重要的，不同的问题和数据可能需要不同类型的特征，因此在特征选择和提取时需要结合领域知识和实际问题的需求。

6.2.1　数值特征和类别特征

数值特征和类别特征是机器学习和深度学习中常见的两种不同类型的特征，它们在处理方式、编码方式和对模型的影响方面有所不同。

1. 数值特征

数值特征是具有数值的特征，可以是连续的或离散的。数值特征表示某种度量或计量，如温度、价格、年龄等。以下是数值特征的一些特点和处理方式。

（1）特点：数值特征的值在一定范围内变化，可以进行数学运算，有大小关系。

（2）处理方式：数值特征通常可以直接用于大多数机器学习算法中。在使用数值特征之前，可能需要进行数据规范化、标准化等操作，以确保不同特征之间的尺度一致。

（3）编码：数值特征本身已经是数值，无须进行特殊编码。

（4）影响：数值特征可以提供直接的数值信息，对模型的预测和学习能力有重要作用。不同的数值特征可能对模型的预测产生不同程度的影响。

2. 类别特征

类别特征是具有离散取值的特征，表示某种分类或类别，如性别、颜色、地区等。以下是类别特征的一些特点和处理方式。

（1）特点：类别特征的值是离散的、不具备大小关系的，表示不同的类别或类别组。

（2）处理方式：类别特征需要进行编码，以便机器学习模型处理。其常见的编码方式包括独热编码、标签编码等。

（3）编码：独热编码是一种常见的编码方式，将类别特征的每个类别转换为一个二进制向量，其中只有一个位置为1，其余位置为0；标签编码则将类别映射为整数值，但在某些情况下可能会导致模型误以为类别之间存在大小关系。

（4）影响：类别特征对模型的影响取决于数据集的情况及编码方式的选择。正确的类别编码能够为模型提供正确的类别信息，但也需要注意不同编码方式可能引入的偏见或误导。

在选择和处理特征时，需要考虑数据的性质、任务的需求及所使用的算法。数值特征通常较为直接，而类别特征的处理需要更多的注意，以避免引入不正确的信息或导致模型误判。在进行特征工程时，结合领域知识和实验验证，可以更好地决定如何选择和处理数值特征和类别特征。

6.2.2　高维数据的挑战

高维数据（特征维度较多的数据）在机器学习和深度学习中会引入许多挑战，具体如下。

（1）维度灾难：随着特征维度的增加，样本在特征空间中变得稀疏，导致数据密度减小，这可能导致模型过拟合或性能下降。

（2）计算复杂度：在高维空间中，计算资源的需求急剧增加，训练和推断模型的时间和资源成本也会增加。

（3）维度相关性：高维数据中的特征可能具有高度相关性，这会导致模型学习冗余信息，降低模型性能。

（4）噪声影响：高维数据中可能存在许多不相关的特征，这些特征不仅对模型的性能产生负面影响，而且会增加模型对噪声的敏感性。

6.3　特征选择

特征选择是从原始特征集中选择出最相关或最有信息量的特征子集，以提高机器学习模型的性能和泛化能力，同时降低计算复杂度。

6.3.1　特征选择的必要性

特征选择在处理高维数据时的必要性如下。

（1）降低维度：特征选择可以帮助降低维度，从而减少维度灾难的影响，提高计算效率，降低过拟合的风险。

（2）消除冗余：通过选择相关性较高的特征，可以减少冗余信息，使模型更关注真正重要的特征。

（3）提高泛化能力：特征选择可以提高模型的泛化能力，因为减少了模型对噪声和无关信息的敏感性。

（4）改善解释性：精心选择的特征可以提供更好的解释性，帮助人们理解模型做出的决策。

（5）加速训练：在选择了少数重要特征后，模型的训练时间会显著减少，从而加速了整个开发过程。

特征选择方法包括基于统计的方法、基于模型的方法、正则化（Regularization）方法等。选择哪种特征选择方法取决于数据的性质、任务需求和所使用的算法。在高维数据情况下，合理的特征选择可以显著改善模型的性能，并帮助避免高维数据引入的挑战。

6.3.2　特征选择的方法

实现特征选择的常见方法如下。

（1）过滤方法（Filter Methods）：在特征选择和模型训练之间独立进行。常见的过滤方法包括卡方检验、互信息、相关系数等，用于度量特征与目标变量之间的关联程度，并根据阈值或排名选择特征。

（2）包装方法（Wrapper Methods）：将特征选择视为一个搜索问题，根据模型的性能评估特征的贡献。典型的包装方法是递归特征消除（Recursive Feature Elimination，RFE），其通过反复训练模型来逐步去除对模型影响较小的特征。

（3）嵌入方法（Embedded Methods）：结合了特征选择和模型训练过程，如在模型训练中使用正则化项，使模型倾向于选择较少的特征。Lasso回归就是一种使用L1正则化的嵌入方法。

（4）稳定性选择（Stability Selection）：基于随机重抽样的方法，通过多次在不同的数据子集上运行模型来估计特征的重要性。这可以帮助稳定地选择重要的特征，减少因数据变化引起的不稳定性。

（5）主成分分析：对于高维数据，主成分分析可以将特征投影到一个新的低维空间中，保留大部分数据方差。这有助于去除冗余特征和降低维度。

（6）基于树模型的特征选择：使用决策树或随机森林等树模型可以计算特征的重要性得分。在树模型中，特征的分裂点和重要性可以作为特征的选择依据。

（7）特征选择库：许多机器学习库和工具包提供了内置的特征选择方法，如scikit-learn（Python库）、caret（R库）等。

在选择特征选择方法时，需要考虑数据集的性质、任务的需求、模型的类型及计算资源等因素。特征选择可能需要结合实验和交叉验证（Cross-Validation）来确定最适合的特征子集。同时，特征选择也不是一成不变的，随着数据集和任务的变化，可能需要不断优化和调整特征选择的策略。

下面是一个使用PyTorch实现特征选择的实例，将使用过滤方法中的相关系数来实现特征选择。在实际应用中，可能需要根据数据和任务的特点进行适当的调整。

实例6-1 PyTorch使用特征选择方法制作神经网络模型（源码路径：daima\6\te.py）

实例文件te.py的具体实现代码如下：

```
# 加载数据
data = load_iris()
X = data.data
y = data.target

# 数据预处理
scaler = StandardScaler()
X_scaled = scaler.fit_transform(X)

# 使用 SelectKBest 选择特征
num_features_to_select = 2
selector = SelectKBest(score_func=f_classif, k=num_features_to_select)
X_selected = selector.fit_transform(X_scaled, y)

# 划分数据集
```

```
X_train, X_test, y_train, y_test = train_test_split(X_selected, y, test_
size=0.2, random_state=42)

# 定义简单的神经网络模型
class SimpleModel(nn.Module):
    def __init__(self, input_dim, output_dim):
        super(SimpleModel, self).__init__()
        self.fc = nn.Linear(input_dim, output_dim)

    def forward(self, x):
        return self.fc(x)

# 设置模型参数
input_dim = num_features_to_select
output_dim = 3   # 由于数据集是三分类问题
learning_rate = 0.01
num_epochs = 100

# 初始化模型、损失函数和优化器
model = SimpleModel(input_dim, output_dim)
criterion = nn.CrossEntropyLoss()
optimizer = optim.SGD(model.parameters(), lr=learning_rate)

# 训练模型
for epoch in range(num_epochs):
    inputs = torch.tensor(X_train, dtype=torch.float32)
    labels = torch.tensor(y_train, dtype=torch.long)

    optimizer.zero_grad()
    outputs = model(inputs)
    loss = criterion(outputs, labels)
    loss.backward()
    optimizer.step()

    if (epoch+1) % 10 == 0:
        print(f'Epoch [{epoch+1}/{num_epochs}], Loss: {loss.item():.4f}')

# 在测试集上评估模型性能
with torch.no_grad():
    inputs = torch.tensor(X_test, dtype=torch.float32)
    labels = torch.tensor(y_test, dtype=torch.long)
    outputs = model(inputs)
    _, predicted = torch.max(outputs.data, 1)
    accuracy = (predicted == labels).sum().item() / labels.size(0)
    print(f'Accuracy on test set: {accuracy:.2f}')
```

在上述代码中，首先加载Iris数据集，使用SelectKBest选择两个最相关的特征；然后定义一个简单的神经网络模型，使用交叉熵损失函数进行训练，并在测试集上评估模型的性能。

执行上述代码，输出结果如下：

```
Epoch [10/100], Loss: 1.9596
Epoch [20/100], Loss: 1.8222
Epoch [30/100], Loss: 1.6954
Epoch [40/100], Loss: 1.5791
Epoch [50/100], Loss: 1.4731
Epoch [60/100], Loss: 1.3769
Epoch [70/100], Loss: 1.2900
Epoch [80/100], Loss: 1.2118
Epoch [90/100], Loss: 1.1418
Epoch [100/100], Loss: 1.0793
Accuracy on test set: 0.53
```

下面是一个使用TensorFlow实现特征选择的实例，使用卷积神经网络模型对MNIST数据集进行分类，并在训练前使用SelectKBest方法选择部分特征。

实例6-2 **TensorFlow使用特征选择方法制作神经网络模型（源码路径：daima\6\tte.py）**

实例文件tte.py的具体实现代码如下：

```python
import tensorflow as tf
from tensorflow.keras.datasets import mnist
from tensorflow.keras.layers import Input, Conv2D, MaxPooling2D, Flatten,
Dense
from tensorflow.keras.models import Model
from sklearn.feature_selection import SelectKBest, f_classif

# 加载数据集
(X_train, y_train), (X_test, y_test) = mnist.load_data()
X_train, X_test = X_train / 255.0, X_test / 255.0   # 归一化

# 将图像数据转换为向量形式
X_train = X_train.reshape(-1, 28 * 28)
X_test = X_test.reshape(-1, 28 * 28)

# 使用 SelectKBest 选择特征
num_features_to_select = 200
selector = SelectKBest(score_func=f_classif, k=num_features_to_select)
X_train_selected = selector.fit_transform(X_train, y_train)
X_test_selected = selector.transform(X_test)

# 构建卷积神经网络模型
```

```
input_layer = Input(shape=(num_features_to_select,))
x = Dense(128, activation='relu')(input_layer)
output_layer = Dense(10, activation='softmax')(x)

model = Model(inputs=input_layer, outputs=output_layer)

# 编译模型
model.compile(optimizer='adam', loss='sparse_categorical_crossentropy',
  metrics=['accuracy'])

# 训练模型
batch_size = 64
epochs = 10
model.fit(X_train_selected, y_train, batch_size=batch_size, epochs=epochs,
  validation_split=0.1)

# 在测试集上评估模型性能
test_loss, test_accuracy = model.evaluate(X_test_selected, y_test, verbose=0)
print(f'Test accuracy: {test_accuracy:.4f}')
```

在上述代码中，首先加载MNIST数据集并进行数据预处理。然后使用SelectKBest方法选择200个最相关的特征。接着，构建一个简单的卷积神经网络模型，将选择的特征作为输入。模型通过编译后，使用选择的特征进行训练。最后，在测试集上评估模型的性能。

执行上述代码，输出结果如下：

```
Epoch 1/10
844/844 [==============================] - 5s 5ms/step - loss: 0.4450 -
accuracy: 0.8686 - val_loss: 0.2119 - val_accuracy: 0.9398
Epoch 2/10
844/844 [==============================] - 4s 5ms/step - loss: 0.2197 -
accuracy: 0.9347 - val_loss: 0.1540 - val_accuracy: 0.9570
Epoch 3/10
844/844 [==============================] - 6s 7ms/step - loss: 0.1645 -
accuracy: 0.9505 - val_loss: 0.1271 - val_accuracy: 0.9643
Epoch 4/10
844/844 [==============================] - 5s 6ms/step - loss: 0.1332 -
accuracy: 0.9604 - val_loss: 0.1142 - val_accuracy: 0.9682
Epoch 5/10
844/844 [==============================] - 4s 5ms/step - loss: 0.1150 -
accuracy: 0.9659 - val_loss: 0.1054 - val_accuracy: 0.9712
Epoch 6/10
844/844 [==============================] - 6s 7ms/step - loss: 0.1002 -
accuracy: 0.9705 - val_loss: 0.1030 - val_accuracy: 0.9712
Epoch 7/10
844/844 [==============================] - 5s 5ms/step - loss: 0.0886 -
```

```
accuracy: 0.9737 - val_loss: 0.0992 - val_accuracy: 0.9717
Epoch 8/10
844/844 [==============================] - 6s 7ms/step - loss: 0.0794 -
accuracy: 0.9760 - val_loss: 0.0926 - val_accuracy: 0.9733
Epoch 9/10
844/844 [==============================] - 3s 4ms/step - loss: 0.0717 -
accuracy: 0.9786 - val_loss: 0.0909 - val_accuracy: 0.9748
Epoch 10/10
844/844 [==============================] - 3s 4ms/step - loss: 0.0652 -
accuracy: 0.9807 - val_loss: 0.0929 - val_accuracy: 0.9740
Test accuracy: 0.9692
```

6.4　特征抽取

特征抽取是一种将原始数据转化为更高级、更有信息量的表示形式的过程，以便机器学习模型能够更好地理解和处理数据。与特征选择不同，特征抽取通常是通过转换数据的方式来创建新的特征，而不是从原始特征集中选择子集。

6.4.1　特征抽取的概念

特征抽取是指从原始数据中提取出对任务有用的、更高级别的信息或特征的过程。在机器学习和数据分析中，原始数据可能包含大量的维度和信息，其中很多信息可能是冗余的、无用的或嘈杂的。特征抽取通过一系列变换和处理，将原始数据转化为更有信息量、更有区分性的特征，从而改善模型的性能、泛化能力和效率。

特征抽取可以用于不同类型的数据，如文本、图像、音频、时间序列等，其可以通过各种数学和统计方法来实现。下面是特征抽取的几个关键概念：

（1）数据表示转换。特征抽取涉及将数据从一个表示形式转换为另一个表示形式，这个新的表示形式通常更加适合于机器学习算法的处理和学习。

（2）降维。在高维数据中往往存在大量的冗余信息，特征抽取可以通过降维技术将数据映射到低维空间，在减少维度的同时保留重要的信息。

（3）信息提取。从原始数据中提取出与任务相关的信息，这可能涉及识别模式、关联性、统计属性等。

（4）非线性变换。特征抽取涉及对数据进行非线性变换，以捕捉数据中复杂的关系和模式。

（5）领域知识。在进行特征抽取时，领域知识可以发挥重要作用，帮助选择合适的变换和特征。

（6）模型训练前处理。特征抽取通常在模型训练之前进行，以便将经过处理的数据用于训练。特征抽取可以帮助提高模型的性能和泛化能力。

特征抽取的目标是将数据转化为更有信息量的表示形式，以便于机器学习模型更好地学习和预测。在选择特征抽取方法时，需要根据数据的类型和任务的需求进行合理的选择，并通过实验进行调整和验证。在实际应用中，常用的特征抽取方法有主成分分析、独立成分分析（Independent Component Analysis，ICA）和自动编码器（Autoencoders）等。

6.4.2 主成分分析

主成分分析是一种线性降维方法，通过将数据投影到新的低维子空间，保留最大方差的特征，来实现维度降低和噪声削减。下面是一个使用PyTorch实现以主成分分析方法进行特征抽取的实例，将使用主成分分析降低图像数据的维度，并使用降维后的数据训练一个简单的神经网络模型。

实例6-3 | **PyTorch使用主成分分析方法制作神经网络模型（源码路径：daima\6\zhu.py）**

实例文件zhu.py的具体实现代码如下：

```
# 加载MNIST数据集
transform = transforms.Compose([transforms.ToTensor()])
train_loader = torch.utils.data.DataLoader(datasets.MNIST('./data',
train=True, download=True, transform=transform), batch_size=64, shuffle=True)

# 提取数据并进行主成分分析降维
X = []
y = []
for images, labels in train_loader:
    images = images.view(images.size(0), -1)    # 将图像展平为向量
X. append(images)
y. append(labels)
X = torch.cat(X, dim=0).numpy()
y = torch.cat(y, dim=0).numpy()


num_components = 20    # 选择降维后的维度
pca = PCA(n_components=num_components)
X_pca = pca.fit_transform(X)

# 划分数据集
X_train, X_test, y_train, y_test = train_test_split(X_pca, y, test_size=0.2,
    random_state=42)

# 定义简单的神经网络模型
class SimpleModel(nn.Module):
    def __init__(self, input_dim, output_dim):
        super(SimpleModel, self).__init__()
        self.fc = nn.Linear(input_dim, output_dim)
```

```
    def forward(self, x):
        return self.fc(x)


# 设置模型参数
input_dim = num_components
output_dim = 10    # 类别数
learning_rate = 0.01
num_epochs = 10


# 初始化模型、损失函数和优化器
model = SimpleModel(input_dim, output_dim)
criterion = nn.CrossEntropyLoss()
optimizer = optim.SGD(model.parameters(), lr=learning_rate)


# 训练模型
for epoch in range(num_epochs):
    inputs = torch.tensor(X_train, dtype=torch.float32)
    labels = torch.tensor(y_train, dtype=torch.long)

    optimizer.zero_grad()
    outputs = model(inputs)
    loss = criterion(outputs, labels)
    loss.backward()
    optimizer.step()

    if (epoch+1) % 1 == 0:
        print(f'Epoch [{epoch+1}/{num_epochs}], Loss: {loss.item():.4f}')

# 在测试集上评估模型性能
with torch.no_grad():
    inputs = torch.tensor(X_test, dtype=torch.float32)
    labels = torch.tensor(y_test, dtype=torch.long)
    outputs = model(inputs)
    _, predicted = torch.max(outputs.data, 1)
    accuracy = (predicted == labels).sum().item() / labels.size(0)
    print(f'Accuracy on test set: {accuracy:.2f}')
```

在上述代码中，首先加载MNIST数据集并进行数据预处理；然后，将图像数据展平为向量，并使用主成分分析对数据进行降维；接下来，定义一个简单的神经网络模型，使用降维后的数据进行训练；最后，在测试集上评估模型的性能。

执行上述代码，输出结果如下：

```
Epoch [1/10], Loss: 2.3977
Epoch [2/10], Loss: 2.3872
```

```
Epoch [3/10], Loss: 2.3768
Epoch [4/10], Loss: 2.3665
Epoch [5/10], Loss: 2.3563
Epoch [6/10], Loss: 2.3461
Epoch [7/10], Loss: 2.3360
Epoch [8/10], Loss: 2.3260
Epoch [9/10], Loss: 2.3160
Epoch [10/10], Loss: 2.3061
Accuracy on test set: 0.18
```

下面是一个基于TensorFlow框架使用主成分分析方法进行特征抽取并保存处理后的模型的实例。

实例6-4 **TensorFlow使用主成分分析方法制作神经网络模型并保存（源码路径：daima\6\tzhu.py）**

实例文件tzhu.py的具体实现代码如下：

```
import tensorflow as tf
from tensorflow.keras.datasets import mnist
from tensorflow.keras.layers import Input, Dense
from tensorflow.keras.models import Model
from sklearn.decomposition import PCA
from sklearn.model_selection import train_test_split

# 加载 MNIST 数据集
(X_train, y_train), (X_test, y_test) = mnist.load_data()
X_train = X_train.reshape(-1, 28 * 28) / 255.0  # 归一化
X_test = X_test.reshape(-1, 28 * 28) / 255.0

# 使用主成分分析进行降维
num_components = 20    # 选择降维后的维度
pca = PCA(n_components=num_components)
X_train_pca = pca.fit_transform(X_train)
X_test_pca = pca.transform(X_test)

# 划分数据集
X_train_split, X_val_split, y_train_split, y_val_split = train_test_split(X_
  train_pca, y_train, test_size=0.1, random_state=42)

# 定义神经网络模型
input_layer = Input(shape=(num_components,))
x = Dense(128, activation='relu')(input_layer)
output_layer = Dense(10, activation='softmax')(x)

model = Model(inputs=input_layer, outputs=output_layer)
```

```
# 编译模型
model.compile(optimizer='adam', loss='sparse_categorical_crossentropy',
metrics=['accuracy'])

# 训练模型
batch_size = 64
epochs = 10
history = model.fit(X_train_split, y_train_split, batch_size=batch_size,
epochs=epochs, validation_data=(X_val_split, y_val_split))

# 保存模型
model.save('pca_model.h5')
print("Model saved")

# 在测试集上评估模型性能
test_loss, test_accuracy = model.evaluate(X_test_pca, y_test, verbose=0)
print(f'Test accuracy: {test_accuracy:.4f}')

# 加载保存的模型
loaded_model = tf.keras.models.load_model('pca_model.h5')

# 在测试集上评估加载的模型性能
loaded_test_loss, loaded_test_accuracy = loaded_model.evaluate(X_test_pca, y_
test, verbose=0)
print(f'Loaded model test accuracy: {loaded_test_accuracy:.4f}')
```

上述代码的实现流程如下：

（1）数据加载和预处理。加载MNIST手写数字数据集，并对图像数据进行预处理。将图像展平为向量，并进行归一化（将像素值从0～255缩放到0～1）。

（2）主成分分析降维。使用主成分分析算法对训练集的图像数据进行降维，将原始高维数据转换为包含更少特征的低维数据。这将有助于减少数据的维度，并保留数据中的主要信息。

（3）数据划分。划分降维后的数据集为训练集和验证集，以便在训练模型时进行验证。

（4）神经网络模型定义。定义一个简单的神经网络模型，该模型接收主成分分析降维后的数据作为输入，并包含一个隐藏层和一个输出层。

（5）模型编译。编译神经网络模型，指定优化器和损失函数。

（6）模型训练。使用划分后的训练集对神经网络模型进行训练。训练过程将执行一定数量的epoch（将所有训练数据集训练一次的过程），在每个epoch中，模型将根据训练数据进行参数更新，并在验证集上计算性能指标。

（7）保存模型。保存经过训练的神经网络模型为一个HDF5文件（扩展名为.h5），以便以后加载和使用。

（8）模型性能评估。使用测试集评估经过训练的神经网络模型的性能，计算并输出测试准确率。

（9）加载模型和再次评估。加载之前保存的模型，使用相同的测试集对加载的模型进行评估，计算并输出加载模型的测试准确率。

执行上述代码，输出结果如下：

```
Epoch 1/10
844/844 [==============================] - 4s 4ms/step - loss: 0.4939 -
accuracy: 0.8608 - val_loss: 0.2515 - val_accuracy: 0.9273
Epoch 2/10
844/844 [==============================] - 3s 3ms/step - loss: 0.2107 -
accuracy: 0.9376 - val_loss: 0.1775 - val_accuracy: 0.9498
Epoch 3/10
844/844 [==============================] - 4s 5ms/step - loss: 0.1604 -
accuracy: 0.9521 - val_loss: 0.1490 - val_accuracy: 0.9577
Epoch 4/10
844/844 [==============================] - 5s 6ms/step - loss: 0.1363 -
accuracy: 0.9592 - val_loss: 0.1332 - val_accuracy: 0.9612
Epoch 5/10
844/844 [==============================] - 3s 4ms/step - loss: 0.1218 -
accuracy: 0.9630 - val_loss: 0.1236 - val_accuracy: 0.9640
Epoch 6/10
844/844 [==============================] - 3s 3ms/step - loss: 0.1115 -
accuracy: 0.9654 - val_loss: 0.1166 - val_accuracy: 0.9638
Epoch 7/10
844/844 [==============================] - 3s 4ms/step - loss: 0.1034 -
accuracy: 0.9681 - val_loss: 0.1091 - val_accuracy: 0.9658
Epoch 8/10
844/844 [==============================] - 3s 4ms/step - loss: 0.0978 -
accuracy: 0.9697 - val_loss: 0.1104 - val_accuracy: 0.9653
Epoch 9/10
844/844 [==============================] - 2s 3ms/step - loss: 0.0934 -
accuracy: 0.9712 - val_loss: 0.1063 - val_accuracy: 0.9657
Epoch 10/10
844/844 [==============================] - 2s 3ms/step - loss: 0.0890 -
accuracy: 0.9727 - val_loss: 0.1034 - val_accuracy: 0.9670
Model saved
Test accuracy: 0.9671
Loaded model test accuracy: 0.9671
```

6.4.3 独立成分分析

独立成分分析是一种用于从混合信号中提取独立成分的统计方法。独立成分分析的目标是将多个随机信号分离为原始信号的线性组合，使这些独立成分在某种意义上是统计独立的。

独立成分分析在信号处理、图像处理、神经科学、脑成像等领域有广泛的应用。与主成分分析不同，主成分分析旨在找到数据的主要方向，而独立成分分析则专注于找到数据中的独立成分。这使独立成分分析在许多实际问题中更有用，特别是当信号是从不同源混合而来时，如麦克风阵列捕获的声音信号、脑电图（EEG）信号等。

独立成分分析的基本思想如下：假设观测信号是源信号的线性组合，其中的每个观测信号都可以通过源信号的混合来表示，混合系数和源信号相互独立。通过对观测信号进行变换，可以尝试找到一组独立的成分信号，这些信号在统计上是不相关的。

独立成分分析通常不用于直接构建模型，而是用于信号处理中的特征提取。因此，在PyTorch中，可以使用独立成分分析对数据进行降维和特征提取，并将提取的特征用于后续模型构建。下面是一个使用PyTorch进行数据降维和模型构建的完整实例，其中包括数据加载、独立成分分析降维、模型构建和保存模型等功能。

实例6-5 使用PyTorch进行独立成分分析数据降维和模型构建（源码路径：daima\6\du.py）

实例文件du.py的具体实现代码如下：

```python
# 加载MNIST数据集
transform = transforms.Compose([transforms.ToTensor()])
train_loader = torch.utils.data.DataLoader(datasets.MNIST('./data',
train=True, download=True, transform=transform), batch_size=64, shuffle=True)

# 提取数据并进行标准化
X = []
y = []
for images, labels in train_loader:
    images = images.view(images.size(0), -1)   # 将图像展平为向量
X. append(images)
y. append(labels)
X = torch.cat(X, dim=0).numpy()
y = torch.cat(y, dim=0).numpy()

scaler = StandardScaler()
X_scaled = scaler.fit_transform(X)

# 使用FastICA进行降维
num_components = 20   # 选择降维后的成分数
ica = FastICA(n_components=num_components)
X_ica = ica.fit_transform(X_scaled)

# 划分数据集
X_train, X_val, y_train, y_val = train_test_split(X_ica, y, test_size=0.1,
  random_state=42)
```

```python
# 定义简单的神经网络模型
class SimpleModel(nn.Module):
    def __init__(self, input_dim, output_dim):
        super(SimpleModel, self).__init__()
        self.fc = nn.Linear(input_dim, output_dim)

    def forward(self, x):
        return self.fc(x)

# 设置模型参数
input_dim = num_components
output_dim = 10    # 类别数
learning_rate = 0.01
num_epochs = 10

# 初始化模型、损失函数和优化器
model = SimpleModel(input_dim, output_dim)
criterion = nn.CrossEntropyLoss()
optimizer = optim.SGD(model.parameters(), lr=learning_rate)

# 训练模型
for epoch in range(num_epochs):
    inputs = torch.tensor(X_train, dtype=torch.float32)
    labels = torch.tensor(y_train, dtype=torch.long)

    optimizer.zero_grad()
    outputs = model(inputs)
    loss = criterion(outputs, labels)
    loss.backward()
    optimizer.step()

    if (epoch+1) % 1 == 0:
        print(f'Epoch [{epoch+1}/{num_epochs}], Loss: {loss.item():.4f}')

# 保存模型
torch.save(model.state_dict(), 'ica_model.pth')
print("Model saved")

# 在验证集上评估模型性能
with torch.no_grad():
    inputs = torch.tensor(X_val, dtype=torch.float32)
    labels = torch.tensor(y_val, dtype=torch.long)
    outputs = model(inputs)
    _, predicted = torch.max(outputs.data, 1)
    accuracy = (predicted == labels).sum().item() / labels.size(0)
    print(f'Validation accuracy: {accuracy:.2f}')
```

在上述代码中，首先加载MNIST数据集并进行数据预处理；然后，使用StandardScaler对数据进行标准化处理，以便进行独立成分分析降维；接下来，使用FastICA进行降维处理，将原始数据降维为20个独立成分；然后，定义一个简单的神经网络模型，使用降维后的数据进行训练；最后，将训练好的模型保存为模型文件ica_model.pth。

在 TensorFlow 中，可以使用独立成分分析对数据进行降维和特征提取，并将提取的特征用于后续模型构建。下面是一个使用 TensorFlow 进行独立成分分析数据降维和模型构建的实例，其中包括数据加载、独立成分分析降维、模型构建和保存模型等功能。

实例6-6 使用TensorFlow进行独立成分分析数据降维和模型构建（源码路径：daima\6\tdu.py）

实例文件tdu.py的具体实现代码如下：

```python
# 加载 MNIST 数据集
(X_train, y_train), (X_test, y_test) = tf.keras.datasets.mnist.load_data()
X_train = X_train.reshape(-1, 28 * 28) / 255.0    #归一化
X_test = X_test.reshape(-1, 28 * 28) / 255.0

# 使用 StandardScaler 进行标准化
scaler = StandardScaler()
X_scaled = scaler.fit_transform(X_train)

# 使用 FastICA 进行降维
num_components = 20    # 选择降维后的成分数
ica = FastICA(n_components=num_components)
X_ica = ica.fit_transform(X_scaled)

# 划分数据集
X_train_split, X_val_split, y_train_split, y_val_split = train_test_split(X_ica, y_train, test_size=0.1, random_state=42)

# 定义神经网络模型
input_layer = Input(shape=(num_components,))
x = Dense(128, activation='relu')(input_layer)
output_layer = Dense(10, activation='softmax')(x)

model = Model(inputs=input_layer, outputs=output_layer)

# 编译模型
model.compile(optimizer='adam', loss='sparse_categorical_crossentropy',
    metrics=['accuracy'])

# 训练模型
batch_size = 64
```

```
epochs = 10
history = model.fit(X_train_split, y_train_split, batch_size=batch_size,
epochs=epochs, validation_data=(X_val_split, y_val_split))

# 保存模型
model.save('ica_model1.h5')
print("Model saved")

# 在测试集上评估模型性能
test_loss, test_accuracy = model.evaluate(X_ica, y_test, verbose=0)
print(f'Test accuracy: {test_accuracy:.4f}')
```

在上述代码中，首先加载MNIST数据集并进行数据预处理；然后，使用StandardScaler对数据进行标准化，以便进行独立成分分析降维；接着，使用FastICA进行降维，将原始数据降维为20个独立成分；随后，定义一个简单的神经网络模型，使用降维后的数据进行训练；最后，将训练好的模型保存为模型文件ica_model1.h5。

6.4.4 自动编码器

自动编码器是一种无监督学习算法，用于学习有效的数据表示，通常用于特征提取、降维和数据去噪。自动编码器由两部分组成：编码器（Encoder）和解码器（Decoder）。编码器将输入数据映射到一个较低维度的表示，而解码器则将该低维度表示映射回原始数据空间，尽可能地复原输入数据。这种结构迫使模型学习到数据的关键特征，从而实现降维和特征提取的目标。

自动编码器的训练过程是通过最小化输入数据与解码器输出之间的重构误差来实现的。在训练期间，模型尝试找到一个紧凑的表示，以便能够在解码器中恢复输入数据。一旦训练完成，编码器可以用于生成有用的特征表示，这些特征可用于其他任务，如分类、聚类等。下面是一个使用TensorFlow 构建简单自动编码器的实例。

实例6-7　使用TensorFlow构建简单自动编码器（源码路径：daima\6\tzi.py）

实例文件tzi.py的具体实现代码如下：

```
# 加载 MNIST 数据集并进行归一化
(X_train, _), (X_test, _) = mnist.load_data()
X_train = X_train.reshape(-1, 28 * 28) / 255.0
X_test = X_test.reshape(-1, 28 * 28) / 255.0

# 定义自动编码器模型
input_dim = 784       # 输入维度，MNIST 图像为 28 × 28
encoding_dim = 32     # 编码维度

input_layer = Input(shape=(input_dim,))
```

```
encoded = Dense(encoding_dim, activation='relu')(input_layer)
decoded = Dense(input_dim, activation='sigmoid')(encoded)

autoencoder = Model(inputs=input_layer, outputs=decoded)

# 编译自动编码器
autoencoder.compile(optimizer='adam', loss='binary_crossentropy')

# 训练自动编码器
batch_size = 128
epochs = 50
autoencoder.fit(X_train, X_train, batch_size=batch_size, epochs=epochs,
  shuffle=True, validation_data=(X_test, X_test))

# 保存自动编码器模型
autoencoder.save('autoencoder_model.h5')
print("Model saved")
```

在上述代码中定义一个简单的自动编码器模型，包括一个输入层、一个编码层和一个解码层。编码层将输入数据映射到32维的编码表示，解码层将编码表示映射回784维的原始数据空间。该模型的目标是最小化输入与解码器输出之间的重构误差。训练过程使用MNIST数据集，并将输入数据设置为目标，以最小化重构误差。训练完成后，可以使用训练好的自动编码器模型生成有用的特征表示，也可以用于数据重建和去噪等任务。

下面是一个使用 PyTorch 构建自动编码器并保存模型的实例，展示了如何使用 PyTorch 构建自动编码器并保存模型，以及如何进行训练和数据加载的过程。

实例6-8 使用 PyTorch 构建自动编码器并保存模型（源码路径：daima\6\zi.py）

实例文件zi.py的具体实现代码如下：

```
# 自定义自动编码器类
class Autoencoder(nn.Module):
    def __init__(self, encoding_dim):
        super(Autoencoder, self).__init__()
        self.encoder = nn.Sequential(
            nn.Linear(784, encoding_dim),
            nn.ReLU()
        )
        self.decoder = nn.Sequential(
            nn.Linear(encoding_dim, 784),
            nn.Sigmoid()
        )

    def forward(self, x):
```

```
            encoded = self.encoder(x)
            decoded = self.decoder(encoded)
            return decoded

# 加载 MNIST 数据集
transform = transforms.Compose([transforms.ToTensor()])
train_dataset = datasets.MNIST('./data', train=True, download=True,
transform=transform)
train_loader = DataLoader(train_dataset, batch_size=64, shuffle=True)

# 划分训练集和验证集
train_data, val_data = train_test_split(train_dataset, test_size=0.1, random_
state=42)

# 实例化自动编码器模型
encoding_dim = 32
autoencoder = Autoencoder(encoding_dim)

# 定义损失函数和优化器
criterion = nn.MSELoss()
optimizer = optim.Adam(autoencoder.parameters(), lr=0.001)

# 训练自动编码器
num_epochs = 10
for epoch in range(num_epochs):
    for data in train_loader:
        img, _ = data
        img = img.view(img.size(0), -1)

        optimizer.zero_grad()
        outputs = autoencoder(img)
        loss = criterion(outputs, img)
        loss.backward()
        optimizer.step()

    print(f'Epoch [{epoch+1}/{num_epochs}], Loss: {loss.item():.4f}')

# 保存自动编码器模型
torch.save(autoencoder.state_dict(), 'autoencoder_model.pth')
print("Model saved")
```

在上述代码中，首先定义一个自定义的自动编码器类 Autoencoder，其中包含一个编码器和一个解码器。编码器将输入数据映射到较低维度的表示，解码器将该低维度表示映射回原始数据空间。然后，加载 MNIST 数据集，实例化自动编码器模型，定义损失函数和优化器，并使用训练集进行模型训练。训练完成后，将训练好的自动编码器模型保存为autoencoder_model.pth模型文件。

6.5　文本数据的特征提取

在文本数据的处理中，特征提取是将原始文本转换为数值表示，以便机器学习算法使用。文本数据具有高维度和稀疏性的特点，因此需要对文本进行适当的处理，以获取有用的特征表示。

6.5.1　嵌入

在序列建模中，嵌入（Embedding）是将离散的符号（如单词、字符、类别等）映射到连续向量空间的过程。嵌入是将高维离散特征转换为低维连续特征的一种方式，这种转换有助于提取序列数据中的语义和上下文信息，从而改善序列模型的性能。

嵌入层是深度学习中的一种常见层类型，通常用于自然语言处理和推荐系统等任务，其中输入数据通常是符号序列。通过嵌入，每个符号（如单词）被映射为一个稠密向量，该向量可以捕捉到符号的语义和语境信息。

下面列出了嵌入在序列建模中的一些重要应用场景。

（1）自然语言处理：在文本处理任务中，嵌入可以将单词或字符映射到连续的向量表示，使模型能够捕获词语之间的语义关系和上下文信息。Word2Vec、GloVe 和 BERT 等模型都使用了嵌入技术。

（2）推荐系统：在推荐系统中，嵌入可以表示用户和物品（如商品、电影等），从而构建用户 – 物品交互矩阵的表示。这种表示可以预测用户对未知物品的兴趣。

（3）时间序列预测：对于时间序列数据，嵌入可以将时间步和历史数据映射为连续向量，以捕获序列中的趋势和模式。

（4）序列标注：在序列标注任务中，嵌入可以将输入的序列元素（如字母、音素等）映射为向量，供序列标注模型使用。

（5）图像描述生成：在图像描述生成任务中，嵌入可以将图像中的对象或场景映射为向量，作为生成描述的输入。

当使用 PyTorch 进行文本数据的特征提取时，可以使用嵌入层将单词映射为连续向量表示。以下是一个完整的实例代码，演示了在 PyTorch 中使用嵌入层进行文本数据的特征提取过程。

实例6-9　**在 PyTorch 中使用嵌入层提取文本数据的特征（源码路径：daima\6\qian.py）**

实例文件 qian.py 的具体实现代码如下：

```
# 生成一些示例文本数据
texts = ["this is a positive sentence",
        "this is a negative sentence",
        "a positive sentence here",
        "a negative sentence there"]
```

```
labels = [1, 0, 1, 0]

# 构建词汇表
word_counter = Counter()
for text in texts:
    tokens = text.split()
    word_counter.update(tokens)

vocab = sorted(word_counter, key=word_counter.get, reverse=True)
word_to_index = {word: idx for idx, word in enumerate(vocab)}

# 文本数据预处理和转换为索引
def preprocess_text(text, word_to_index):
    tokens = text.split()
    token_indices = [word_to_index[token] for token in tokens]
    return token_indices

texts_indices = [preprocess_text(text, word_to_index) for text in texts]

# 划分训练集和验证集
train_data, val_data, train_labels, val_labels = train_test_split(texts_
    indices, labels, test_size=0.2, random_state=42)

# 自定义数据集和数据加载器
class CustomDataset(Dataset):
    def __init__(self, data, labels):
        self.data = data
        self.labels = labels

    def __len__(self):
        return len(self.data)

    def __getitem__(self, idx):
        return torch.tensor(self.data[idx]), torch.tensor(self.labels[idx])

# 获取最长文本序列的长度
max_seq_length = max([len(text) for text in train_data])

# 填充数据，使每个文本序列长度相同
train_data_padded = [text + [0] * (max_seq_length - len(text)) for text in
                     train_data]
val_data_padded = [text + [0] * (max_seq_length - len(text)) for text in
                   val_data]

train_dataset = CustomDataset(train_data_padded, train_labels)
val_dataset = CustomDataset(val_data_padded, val_labels)
```

```
train_loader = DataLoader(train_dataset, batch_size=2, shuffle=True)

# 定义模型
class TextClassifier(nn.Module):
    def __init__(self, vocab_size, embedding_dim, output_dim):
        super(TextClassifier, self).__init__()
        self.embedding = nn.Embedding(vocab_size, embedding_dim)
        self.fc = nn.Linear(embedding_dim, output_dim)

    def forward(self, x):
        embedded = self.embedding(x)
        pooled = torch.mean(embedded, dim=1)
        return self.fc(pooled)


# 设置参数和优化器
vocab_size = len(vocab)
embedding_dim = 10
output_dim = 1
learning_rate = 0.01
num_epochs = 10

model = TextClassifier(vocab_size, embedding_dim, output_dim)
criterion = nn.BCEWithLogitsLoss()
optimizer = optim.Adam(model.parameters(), lr=learning_rate)

# 训练模型
for epoch in range(num_epochs):
    for batch_data, batch_labels in train_loader:
        optimizer.zero_grad()
        predictions = model(batch_data)

        # 将标签调整为向量形式，与模型输出维度相匹配
        batch_labels = batch_labels.unsqueeze(1).float()

        loss = criterion(predictions, batch_labels)
        loss.backward()
        optimizer.step()
    print(f'Epoch [{epoch + 1}/{num_epochs}], Loss: {loss.item():.4f}')

# 在验证集上评估模型性能
with torch.no_grad():
    val_data_tensor = pad_sequence([torch.tensor(text) for text in val_data_
padded], batch_first=True)
    val_predictions = model(val_data_tensor)
```

```
    val_predictions = torch.round(torch.sigmoid(val_predictions))
    accuracy = (val_predictions == torch.tensor(val_labels).unsqueeze(1)).
sum().item() / len(val_labels)
    print(f'Validation accuracy: {accuracy:.2f}')
```

　　总的来说，这段代码演示了如何使用 PyTorch 进行文本分类任务，其中包括数据预处理、模型定义、训练和评估过程。注意，该实例是一个简化版的文本分类流程，实际应用中可能需要更多的步骤和技术来处理更复杂的文本数据和任务。

　　当在 TensorFlow 中使用嵌入层进行文本数据的特征提取时，可以使用 tf.keras.layers.Embedding 层将单词映射为连续向量表示。以下是一个简单的实例代码，演示了在 TensorFlow 中使用嵌入层进行文本数据的特征提取过程。

实例6-10　在TensorFlow中使用嵌入层提取文本数据的特征（源码路径：daima\6\tqian.py）

　　实例文件tqian.py的具体实现代码如下：

```
# 生成一些示例文本数据和标签
texts = ["this is a positive sentence",
         "this is a negative sentence",
         "a positive sentence here",
         "a negative sentence there"]

labels = [1, 0, 1, 0]

# 创建分词器并进行分词
tokenizer = Tokenizer()
tokenizer.fit_on_texts(texts)
sequences = tokenizer.texts_to_sequences(texts)

# 填充文本序列，使其长度相同
max_seq_length = max(len(seq) for seq in sequences)
padded_sequences = pad_sequences(sequences, maxlen=max_seq_length,
  padding='post')

# 划分训练集和验证集
train_data, val_data, train_labels, val_labels = train_test_split(padded_
  sequences, labels, test_size=0.2, random_state=42)

# 转换为 TensorFlow 张量
train_data = tf.convert_to_tensor(train_data)
val_data = tf.convert_to_tensor(val_data)
train_labels = tf.convert_to_tensor(train_labels)
val_labels = tf.convert_to_tensor(val_labels)
```

```
# 定义模型
model = tf.keras.Sequential([
    tf.keras.layers.Embedding(input_dim=len(tokenizer.word_index) + 1,
      output_dim=10, input_length=max_seq_length),
    tf.keras.layers.GlobalAveragePooling1D(),
    tf.keras.layers.Dense(1, activation='sigmoid')
])

# 编译模型
model.compile(optimizer='adam', loss='binary_crossentropy',
  metrics=['accuracy'])

# 训练模型
model.fit(train_data, train_labels, epochs=10, batch_size=2,
  validation_data=(val_data, val_labels))

# 在验证集上评估模型性能
val_loss, val_accuracy = model.evaluate(val_data, val_labels)
print(f'Validation accuracy: {val_accuracy:.2f}')
```

在上述代码中，首先使用 TensorFlow 中的 Tokenizer 函数将文本转换为序列，使用 pad_sequences 函数将序列填充为相同长度；接着，定义一个包含嵌入层的模型，嵌入层将单词映射为连续向量表示；然后通过全局平均池化层进行特征提取；最后使用一个全连接层进行分类。使用交叉熵作为损失函数，并在验证集上评估模型的性能。

6.5.2　词袋模型

词袋模型是一种常用的文本特征提取方法，用于将文本数据转换为数值表示。词袋模型的基本思想是将文本看作由单词构成的"袋子"（无序集合），统计每个单词在文本中出现的频次或使用其他权重方式来表示单词的重要性。这样，每个文本都可以用一个向量表示，其中向量的每个维度对应一个单词，并记录了该单词在文本中的出现次数或权重。

在 TensorFlow 中使用词袋模型进行文本特征提取时需要一些预处理步骤。下面是一个TensorFlow使用词袋模型进行文本特征提取的实例。

实例6-11 TensorFlow使用词袋模型进行文本特征提取（源码路径：daima\6\ci.py）

实例文件ci.py的具体实现代码如下：

```
# 生成示例文本数据和标签
texts = ["this is a positive sentence",
        "this is a negative sentence",
        "a positive sentence here",
        "a negative sentence there"]
```

```
labels = [1, 0, 1, 0]

# 划分训练集和验证集
train_texts, val_texts, train_labels, val_labels = train_test_split(texts,
    labels, test_size=0.2, random_state=42)

# 创建分词器并进行分词
tokenizer = Tokenizer()
tokenizer.fit_on_texts(train_texts)
train_sequences = tokenizer.texts_to_sequences(train_texts)
val_sequences = tokenizer.texts_to_sequences(val_texts)

# 填充文本序列，使其长度相同
max_seq_length = max(len(seq) for seq in train_sequences)
train_data = pad_sequences(train_sequences, maxlen=max_seq_length,
    padding='post')
val_data = pad_sequences(val_sequences, maxlen=max_seq_length, padding='post')

# 构建词袋特征表示
train_features = tokenizer.sequences_to_matrix(train_sequences, mode='count')
val_features = tokenizer.sequences_to_matrix(val_sequences, mode='count')

# 创建朴素贝叶斯分类器
classifier = MultinomialNB()
classifier.fit(train_features, train_labels)

# 预测并评估模型性能
predictions = classifier.predict(val_features)
accuracy = accuracy_score(val_labels, predictions)
print(f'Validation accuracy: {accuracy:.2f}')
```

在上述代码中，首先使用 Tokenizer 对文本进行分词和索引化，使用 pad_sequences 对文本序列进行填充；接着，使用 sequences_to_matrix 方法将文本序列转换为词袋特征表示，模式设置为 'count'，表示计算单词出现的频次；然后，使用 MultinomialNB 创建朴素贝叶斯分类器，对词袋特征进行训练和预测，并使用 accuracy_score 计算模型在验证集上的准确率。

下面的实例演示了 PyTorch 使用词袋模型进行文本特征提取的用法。

实例6-12 PyTorch使用词袋模型进行文本特征提取（源码路径：daima\6\pci.py）

实例文件pci.py的具体实现代码如下：

```
# 生成示例文本数据和标签
texts = ["this is a positive sentence",
         "this is a negative sentence",
```

```
            "a positive sentence here",
            "a negative sentence there"]

labels = [1, 0, 1, 0]

# 划分训练集和验证集
train_texts, val_texts, train_labels, val_labels = train_test_split(texts,
    labels, test_size=0.2, random_state=42)

# 创建分词器并构建词袋特征表示
vectorizer = CountVectorizer()
train_features = vectorizer.fit_transform(train_texts).toarray()
val_features = vectorizer.transform(val_texts).toarray()

# 转换为 PyTorch 张量
train_features_tensor = torch.tensor(train_features, dtype=torch.float32)
train_labels_tensor = torch.tensor(train_labels, dtype=torch.float32)
val_features_tensor = torch.tensor(val_features, dtype=torch.float32)
val_labels_tensor = torch.tensor(val_labels, dtype=torch.float32)

# 创建朴素贝叶斯分类器
classifier = MultinomialNB()
classifier.fit(train_features, train_labels)

# 预测并评估模型性能
predictions = classifier.predict(val_features)
accuracy = accuracy_score(val_labels, predictions)
print(f'Validation accuracy: {accuracy:.2f}')
```

在上述代码中，首先使用 CountVectorizer 创建词袋模型，并将文本数据转换为词袋特征表示；接着，将特征和标签转换为 PyTorch 张量，并创建一个朴素贝叶斯分类器，对特征进行训练和预测；最后，使用 accuracy_score 计算模型在验证集上的准确率。

6.5.3 TF-IDF 特征

TF-IDF（Term Frequency-Inverse Document Frequency，词频-逆文档频率）是一种用于文本特征提取的常用方法，其结合了词频和逆文档频率，用于衡量单词在文本中的重要性。TF-IDF 考虑了一个单词在文本中的频率（TF），以及其在整个文集中的稀有程度（IDF）。

在 PyTorch 中，TF-IDF 特征提取需要借助 Scikit-learn 来计算 TF-IDF 值，并将结果转换为 PyTorch 张量进行模型训练。下面是一个 PyTorch 使用 TF-IDF 特征进行文本特征提取的实例。

实例6-13 **PyTorch使用 TF-IDF 特征进行文本特征提取（源码路径：daima\6\ti.py）**

实例文件 ti.py 的具体实现代码如下：

```
# 生成示例文本数据和标签
texts = ["this is a positive sentence",
         "this is a negative sentence",
         "a positive sentence here",
         "a negative sentence there"]

labels = [1, 0, 1, 0]

# 划分训练集和验证集
train_texts, val_texts, train_labels, val_labels = train_test_split(texts,
  labels, test_size=0.2, random_state=42)

# 创建 TF-IDF 特征表示
vectorizer = TfidfVectorizer()
train_features = vectorizer.fit_transform(train_texts).toarray()
val_features = vectorizer.transform(val_texts).toarray()

# 转换为 PyTorch 张量
train_features_tensor = torch.tensor(train_features, dtype=torch.float32)
train_labels_tensor = torch.tensor(train_labels, dtype=torch.float32)
val_features_tensor = torch.tensor(val_features, dtype=torch.float32)
val_labels_tensor = torch.tensor(val_labels, dtype=torch.float32)

# 创建朴素贝叶斯分类器
classifier = MultinomialNB()
classifier.fit(train_features, train_labels)

# 预测并评估模型性能
predictions = classifier.predict(val_features)
accuracy = accuracy_score(val_labels, predictions)
print(f'Validation accuracy: {accuracy:.2f}')
```

在上述代码中，首先使用 TfidfVectorizer 创建 TF-IDF 特征表示，并将结果转换为 NumPy 数组，再将数组转换为 PyTorch 张量；接着，创建一个朴素贝叶斯分类器，对 TF-IDF 特征进行训练和预测；最后，使用 accuracy_score 计算模型在验证集上的准确率。

在 TensorFlow 中，TF-IDF 特征提取同样需要使用 Scikit-learn 来计算 TF-IDF 值，并可以将结果转换为 TensorFlow 张量进行模型训练。下面是一个使用 TF-IDF 特征进行文本特征提取的 TensorFlow 实例。

实例6-14 TensorFlow使用TF-IDF 特征进行文本特征提取（源码路径：daima\6\tti.py）

实例文件 tti.py 的具体实现代码如下：

```
# 生成示例文本数据和标签
texts = ["this is a positive sentence",
```

```
          "this is a negative sentence",
          "a positive sentence here",
          "a negative sentence there"]

labels = [1, 0, 1, 0]

# 划分训练集和验证集
train_texts, val_texts, train_labels, val_labels = train_test_split(texts,
  labels, test_size=0.2, random_state=42)

# 创建 TF-IDF 特征表示
vectorizer = TfidfVectorizer()
train_features = vectorizer.fit_transform(train_texts).toarray()
val_features = vectorizer.transform(val_texts).toarray()

# 转换为 TensorFlow 张量
train_features_tensor = tf.convert_to_tensor(train_features, dtype=tf.float32)
train_labels_tensor = tf.convert_to_tensor(train_labels, dtype=tf.float32)
val_features_tensor = tf.convert_to_tensor(val_features, dtype=tf.float32)
val_labels_tensor = tf.convert_to_tensor(val_labels, dtype=tf.float32)

# 构建简单的分类模型
model = tf.keras.Sequential([
    tf.keras.layers.Input(shape=(train_features.shape[1],)),
    tf.keras.layers.Dense(1, activation='sigmoid')
])

model.compile(optimizer='adam', loss='binary_crossentropy',
metrics=['accuracy'])

# 训练模型
model.fit(train_features_tensor, train_labels_tensor, epochs=10,
  batch_size=2, validation_data=(val_features_tensor, val_labels_tensor))

# 在验证集上评估模型性能
val_predictions = model.predict(val_features_tensor)
val_predictions = (val_predictions >= 0.5).astype(np.int32)
accuracy = accuracy_score(val_labels, val_predictions)
print(f'Validation accuracy: {accuracy:.2f}')
```

在上述代码中，首先使用 TfidfVectorizer 创建 TF–IDF 特征表示，并将结果转换为 NumPy 数组；然后，使用 tf.convert_to_tensor 将其转换为 TensorFlow 张量；接着，构建一个简单的分类模型，包括一个输入层和一个输出层，使用 model.fit 进行训练；最后，使用验证集评估模型的准确率。

6.6 图像数据的特征提取

在图像数据中，特征提取通常涉及将原始像素数据转换为更高级别的表征，以便在后续任务中使用，如图像分类、目标检测、图像生成等。

6.6.1 预训练的图像特征提取模型

预训练的图像特征提取模型是在大规模图像数据集上训练的深度卷积神经网络模型，这些模型可以有效地提取图像中的高级特征。通过在大量图像上训练，这些模型能够学习到通用的视觉特征，这些特征可以在多种图像相关任务中重复使用，如图像分类、目标检测、图像生成等。下面是一些常见的预训练的图像特征提取模型：

（1）VGG16和VGG19。VGGNet是一个经典的卷积神经网络，其通过堆叠多个卷积和池化层来提取图像特征。VGG16和VGG19分别具有16个和19个卷积层，在ImageNet数据集上进行了训练。

（2）ResNet（Residual Network）。ResNet引入了残差连接，允许网络更深地进行训练，避免了梯度消失问题。ResNet以不同深度的变体存在，如ResNet-50、ResNet-101等。

（3）Inception。Inception模型系列采用多尺度卷积和不同卷积核尺寸的并行操作，从而提高了网络的感受野和特征提取能力。InceptionV3和InceptionResNetV2是其中的代表。

（4）MobileNet。MobileNet是一系列轻量级的模型，适用于移动设备和嵌入式系统。MobileNet通过深度可分离卷积来降低参数数量和计算成本，从而实现更高效的特征提取。

（5）EfficientNet。EfficientNet是一系列综合了多种网络设计技术的模型，旨在实现更好的性能和计算效率。EfficientNet通过网络深度、宽度和分辨率的平衡来优化模型性能。

下面是一个使用预训练的卷积神经网络模型VGG16模型进行图像特征提取的实例，其中使用TensorFlow和Keras进行演示。

实例6-15 TensorFlow使用VGG16模型进行图像特征提取（源码路径：daima\6\ttu.py）

实例文件ttu.py的具体实现代码如下：

```
# 加载预训练的 VGG16 模型（不包括顶部分类器）
base_model = VGG16(weights='imagenet', include_top=False)

# 要处理的图像路径
image_path = 'path_to_your_image.jpg'

# 加载图像并预处理
img = image.load_img(image_path, target_size=(224, 224))
x = image.img_to_array(img)
x = np.expand_dims(x, axis=0)
```

```
x = preprocess_input(x)

# 使用预训练的 VGG16 模型提取特征
features = base_model.predict(x)

print(features.shape)    # 输出特征张量的形状
```

在上述代码中，使用预训练的 VGG16 模型进行图像特征提取。首先，加载 VGG16 模型，并在加载模型时通过设置 include_top=False 来去除模型的顶部分类器部分；然后，加载待处理的图像，使用预处理函数 preprocess_input 对图像进行预处理，使其与在 ImageNet 数据集上训练的模型期望的输入匹配；最后，使用 VGG16 模型对预处理后的图像进行预测，得到提取的特征张量。

执行上述代码，输出结果如下：

```
(1, 7, 7, 512)
```

这说明代码执行成功，并且输出了 (1, 7, 7, 512) 的形状，这是预训练的 VGG16 模型在输入图像上提取的特征张量的形状。这意味着该模型的输出是一个 (1, 7, 7, 512) 的四维张量，表示一个图像经过卷积神经网络后在某一层得到的特征图。其中，第一个维度是批次大小，这里是 1，表示当前只处理了一个图像；后面的3个维度 (7, 7, 512) 分别代表特征图的高度、宽度和通道数。这里，模型在某一层上提取了一个 7×7 大小的特征图，每个位置上有 512 个通道的特征。该特征张量可以被用作后续任务的输入，如分类、目标检测、图像生成等，从而利用 VGG16 模型在大规模图像数据上学到的特征来提升任务性能。

在 PyTorch 中进行图像特征提取时，通常可以使用预训练的卷积神经网络模型，并使用模型的中间层输出作为图像特征。下面是一个使用预训练的 ResNet 模型进行图像特征提取的实例。

实例6-16　PyTorch使用ResNet模型进行图像特征提取（源码路径：daima\6\tu.py）

实例文件tu.py的具体实现代码如下：

```
# 设置随机种子和设备
torch.manual_seed(42)
np.random.seed(42)
device = torch.device("cuda" if torch.cuda.is_available() else "cpu")

# 数据预处理
transform = transforms.Compose([
    transforms.Resize((224, 224)),
    transforms.ToTensor(),
    transforms.Normalize(mean=[0.485, 0.456, 0.406], std=[0.229, 0.224, 0.225]),
])

# 加载预训练的 ResNet 模型
resnet = resnet18(pretrained=True)
```

```
resnet.to(device)
resnet.eval()   # 设置为评估模式,避免影响梯度计算

# 示例图像数据
image_path = 'path_to_your_image.jpg'
image = transform(Image.open(image_path)).unsqueeze(0).to(device)

# 提取特征
with torch.no_grad():
    features = resnet.conv1(image)
    print(features.shape)   # 输出特征张量的形状
```

在上述代码中,使用预训练的ResNet-18模型进行图像特征提取。首先,加载模型,并将其移动到 GPU(如果可用);然后,定义一个图像预处理管道,将输入图像处理成与模型训练时一致的形式;最后,加载一个示例图像,并通过模型的conv1层提取特征。

> **注意:** 这里使用了模型的 eval 模式,以避免模型进行训练时的梯度计算。特征提取时通常不需要计算梯度。该特征张量可以用作后续任务的输入,也可以将其送入其他模型进行图像分类、目标检测等任务。

6.6.2 基本图像特征:边缘检测、颜色直方图等

基本图像特征是从图像的原始像素值中提取的简单特征,这些特征可以帮助人们理解图像的基本视觉属性。以下是两个基本图像特征的示例:边缘检测和颜色直方图。

1. 边缘检测

边缘是图像中像素值变化剧烈的地方,通常表示物体的边界或纹理变化。边缘检测可以帮助人们识别图像中的物体轮廓和形状。

2. 颜色直方图

颜色直方图表示图像中不同颜色值的频率分布,可以帮助人们了解图像中的颜色分布情况,有助于图像分类、检索和分割

下面的实例使用PyTorch实现了图像的特征提取功能,包括边缘检测和颜色直方图。

实例6-17　**使用PyTorch实现图像的边缘检测和颜色直方图功能（源码路径：daima\6\jianzhi.py）**

实例文件jianzhi.py的具体实现代码如下:

```
import torch
import cv2
import numpy as np
from torchvision.transforms import ToTensor
from matplotlib import pyplot as plt
```

```python
# 加载图像
image_path = 'your_image_path.jpg'
image = cv2.imread(image_path)
image_rgb = cv2.cvtColor(image, cv2.COLOR_BGR2RGB)

# 数据预处理
transform = ToTensor()
image_tensor = transform(image_rgb)

# 边缘检测
edges = cv2.Canny(image, threshold1=100, threshold2=200)
edges_tensor = torch.tensor(edges).unsqueeze(0).unsqueeze(0).float()

# 颜色直方图
hist_r = cv2.calcHist([image_rgb], [0], None, [256], [0, 256]).squeeze()
hist_g = cv2.calcHist([image_rgb], [1], None, [256], [0, 256]).squeeze()
hist_b = cv2.calcHist([image_rgb], [2], None, [256], [0, 256]).squeeze()

# 可视化结果
plt.figure(figsize=(12, 4))

plt.subplot(131), plt.imshow(image_rgb)
plt.title('Original Image'), plt.xticks([]), plt.yticks([])

plt.subplot(132), plt.imshow(edges, cmap='gray')
plt.title('Edge Image'), plt.xticks([]), plt.yticks([])

plt.subplot(133)
plt.plot(hist_r, color='r', label='Red')
plt.plot(hist_g, color='g', label='Green')
plt.plot(hist_b, color='b', label='Blue')
plt.title('Color Histogram')
plt.legend()

plt.tight_layout()
plt.show()
```

上述代码从加载图像开始，通过 OpenCV 库进行图像处理，使用 PyTorch 的张量进行数据处理，执行边缘检测，计算颜色直方图，最后通过 Matplotlib 库进行可视化。该实例展示了将图像处理与特征提取结合起来，并进行可视化的过程。上述代码执行效果如图 6-1 所示。

 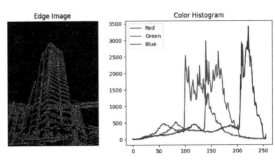

图6-1 执行效果

下面是一个TensorFlow使用边缘检测和颜色直方图技术制作大型模型的实例。注意，这只是一个简单的实例，在实际应用中可能需要更复杂的模型和更多的数据处理步骤。

实例6-18 **TensorFlow使用边缘检测和颜色直方图技术制作大型模型（源码路径：daima\6\tjianzhi.py）**

实例文件tjianzhi.py的具体实现代码如下：

```python
import tensorflow as tf
import cv2
import numpy as np
from matplotlib import pyplot as plt

# 加载图像
image_path = 'your_image_path.jpg'
image = cv2.imread(image_path)
image_rgb = cv2.cvtColor(image, cv2.COLOR_BGR2RGB)

# 边缘检测
edges = cv2.Canny(image, threshold1=100, threshold2=200)

# 颜色直方图
hist_r = cv2.calcHist([image_rgb], [0], None, [256], [0, 256]).squeeze()
hist_g = cv2.calcHist([image_rgb], [1], None, [256], [0, 256]).squeeze()
hist_b = cv2.calcHist([image_rgb], [2], None, [256], [0, 256]).squeeze()

# 创建大型模型（示例）
model = tf.keras.Sequential([
    tf.keras.layers.Input(shape=image_rgb.shape),
    tf.keras.layers.Conv2D(32, (3, 3), activation='relu'),
    tf.keras.layers.MaxPooling2D((2, 2)),
    tf.keras.layers.Conv2D(64, (3, 3), activation='relu'),
    tf.keras.layers.MaxPooling2D((2, 2)),
    tf.keras.layers.Flatten(),
    tf.keras.layers.Dense(128, activation='relu'),
```

```
        tf.keras.layers.Dense(10, activation='softmax')
])

# 编译模型
model.compile(optimizer='adam', loss='sparse_categorical_crossentropy',
  metrics=['accuracy'])

# 数据预处理
transform = tf.keras.layers.experimental.preprocessing.Rescaling(1./255)
image_tensor = transform(image_rgb[np.newaxis, ...])

# 训练模型（示例）
model.fit(image_tensor, np.array([0]), epochs=1, verbose=0)

# 可视化结果
plt.figure(figsize=(12, 4))

plt.subplot(131), plt.imshow(image_rgb)
plt.title('Original Image'), plt.xticks([]), plt.yticks([])

plt.subplot(132), plt.imshow(edges, cmap='gray')
plt.title('Edge Image'), plt.xticks([]), plt.yticks([])

plt.subplot(133)
plt.plot(hist_r, color='r', label='Red')
plt.plot(hist_g, color='g', label='Green')
plt.plot(hist_b, color='b', label='Blue')
plt.title('Color Histogram')
plt.legend()

plt.tight_layout()
plt.show()
```

在上述代码中，首先加载图像，进行边缘检测和颜色直方图计算；然后创建一个简单的卷积神经网络模型，并使用加载的图像进行训练（在实例中只有一个样本）；最后，通过Matplotlib库绘制原始图像、边缘图像和颜色直方图。上述代码执行效果如图6-2所示。

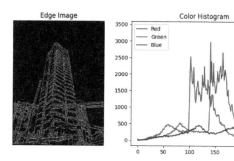

图6-2　执行效果

第 7 章
注意力机制

　　注意力机制是一种在计算机科学和人工智能领域中应用广泛的技术，其模拟了人类的注意力机制，允许计算机在处理序列数据或集合数据时关注特定部分的能力。注意力机制最早应用于自然语言处理领域，但现在已经扩展到计算机视觉、语音识别、机器翻译等多个领域。本章详细介绍在大模型开发过程中使用注意力机制的知识和用法。

7.1　注意力机制基础

注意力机制的基本思想如下：在处理序列数据时，模型可以分配不同程度的"注意力"给序列中的不同部分，从而在每一步选择性地聚焦于重要的信息。这样，模型可以根据输入数据的不同部分在输出时分配不同的权重，以便更好地捕捉输入数据的关联性和上下文信息。

7.1.1　注意力机制简介

人类视网膜不同的部位具有不同程度的信息处理能力，即敏锐度（Acuity），只有视网膜中央凹部位具有最强的敏锐度。为了合理利用有限的视觉信息处理资源，人类需要选择视觉区域中的特定部分，并集中关注它。例如，人们在阅读时，通常只有少量要被读取的词会被关注和处理。综上，注意力机制主要有两个方面：决定需要关注输入的哪部分和分配有限的信息处理资源给重要的部分。

注意力机制的一种非正式描述是，神经注意力机制使神经网络能够集中于其输入（或特征）子集，即选择性地关注特定的输入。注意力机制可以应用于任何类型的输入而不管其形状如何。在计算能力有限情况下，注意力机制是解决信息超载问题的主要手段的一种资源分配方案，将计算资源分配给更重要的任务。

在现实应用中，通常将注意力分为如下两种：

（1）自上而下的有意识的注意力，称为聚焦式（Focus）注意力。聚焦式注意力是指有预定目的、依赖任务的、主动有意识地聚焦于某一对象的注意力。

（2）自下而上的无意识的注意力，称为基于显著性（Saliency-based）的注意力。基于显著性的注意力是由外界刺激驱动的注意，不需要主动干预，也和任务无关。

如果一个对象的刺激信息不同于其周围信息，一种无意识的"赢者通吃"（Winner-take-all）或门控（Gating）机制就可以把注意力转向这个对象。不管这些注意力是有意还是无意，大部分的人脑活动需要依赖注意力，如记忆信息、阅读或思考等。

在认知神经学中，注意力是一种人类不可或缺的复杂认知功能，指人可以在关注一些信息的同时忽略另一些信息的选择能力。在日常生活中，人们通过视觉、听觉、触觉等方式接收大量的感觉输入。但是，人脑之所以可以在这些外界的信息轰炸中还能有条不紊地工作，是因为人脑可以有意或无意地从这些大量输入信息中选择小部分的有用信息来重点处理，并忽略其他信息。这种能力就称为注意力。注意力可以体现为外部的刺激（听觉、视觉、味觉等），也可以体现为内部的意识（思考、回忆等）。

7.1.2　注意力机制的变体

注意力机制的变体是指在注意力机制的基础上，根据不同的任务需求和应用场景，对注意力机制进行了改进、扩展或调整，以提高模型的性能和适用性。常用的注意力机制的变体包括以下几种。

（1）多头注意力（Multi-Head Attention，MHA）：利用多个查询同时计算从输入信息中选择多个信息的过程。每个注意力头关注输入信息的不同部分，可以提高模型对不同特征的捕获能力。

（2）硬注意力（Hard Attention）：基于注意力分布的所有输入信息的期望，是一种将注意力集中在特定位置或特征上的机制。相比软注意力，硬注意力更加集中和确定。

（3）键值对注意力（Key-Value Attention）：输入信息以键值对的形式表示，其中键用于计算注意力分布，而值用于生成被选择的信息。这种机制可以更好地控制注意力的生成和选择过程。

（4）结构化注意力（Structured Attention）：根据输入信息的结构特点进行注意力选择。例如，如果输入信息具有层次结构，可以使用层次化的注意力机制来更好地选择信息，从而提高模型的性能和泛化能力。

上述注意力机制的变体在不同的任务和场景中具有各自的优势和适用性，可以根据具体需求选择合适的机制来提高模型的性能。

7.1.3　注意力机制解决的问题

以神经机器翻译（Neural Machine Translation，NMT）为例，讲解注意力机制的在实际项目中的应用过程。在传统的机器翻译系统中，通常需要依赖复杂的特征工程和基于文本统计属性的处理方法。这些系统设计复杂，需要大量的工程设计。然而，在神经机器翻译系统中，情况有所不同。NMT系统将句子的意义映射为一个固定长度的向量表示，并基于此向量生成翻译，而不依赖于n-gram数量。NMT系统试图捕捉文本的更高层次含义，因此比许多传统方法更具通用性。此外，NMT系统更易于构建和训练，无须手动进行复杂的特征工程。事实上，在TensorFlow中实现一个简单的NMT模型只需几百行代码。

大多数NMT系统通过使用循环神经网络将源语句（如德语句子）编码为向量，然后基于该向量来解码英语句子，如图7-1所示。

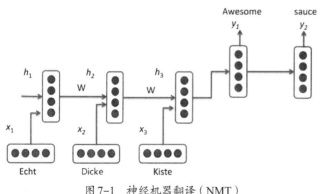

图7-1　神经机器翻译（NMT）

在图7-1中，将文字"Echt"，"Dicke"和"Kiste"馈送到编码器中，并且在特殊信号（未示出）之后，解码器开始产生翻译的句子。解码器继续生成单词，直到产生句子令牌的特殊结尾。这里，h向量表示编码器的内部状态。

如果仔细观察，可以看到解码器应该仅基于编码器的最后一个隐藏状态（上面的h_3）生成翻译，这个h_3矢量必须编码我们需要知道的关于源语句的所有内容，它必须充分体现其意义。在更技术术语中，该向量是一个嵌入的句子。事实上，如果使用PCA或t-SNE绘制不同句子在低维空间中的嵌入以降低维数，可以看到语义上类似的短语最终彼此接近。这样十分完美。

然而，假设我们可以将所有关于潜在的非常长的句子的信息编码成单个向量似乎有些不合理，然后使解码器仅产生良好的翻译。让我们说你的源语句是50个字。英文翻译的第一个词可能与源语句的第一个字高度相关。但这意味着解码器必须从50个步骤前考虑信息，并且该信息需要以矢量编码。已知经常性神经网络在处理这种远程依赖性方面存在问题。在理论上，像LSTM这样的架构应该能够处理这个问题，但在实践中，远程依赖仍然是有问题的。例如，研究人员已经发现，反转源序列（向后馈送到编码器中）产生明显更好的结果，因为它缩短了从解码器到编码器相关部分的路径。类似地，两次输入输入序列也似乎有助于网络更好地记住事物。

将句子颠倒的这种做法，使事情在实践中更好地工作，但这不是一个原则性的解决方案。大多数翻译基准都是用法语和德语来完成的，与英语非常相似（甚至中文的单词顺序与英语非常相似）。但是有一些语言（如日语），一个句子的最后一个单词可以高度预测英语翻译中的第一个单词。在这种情况下，扭转输入会使事情变得更糟。那么，有什么办法呢？那就是使用注意力机制。

通过使用注意机制，我们不再尝试将完整的源语句编码为固定长度的向量。相反，我们允许解码器在生成输出的每个步骤"关注"到源句子的不同部分。重要的是，模型学会了基于输入句子及当前已生成的内容来决定要注意的内容。所以，在优质语言（如英语和德语）中，解码器可能会按顺序逐个关注相关内容，如在生成第一个英文单词时关注源句子中第一个相关单词等。这正是通过联合学习来整合和翻译的神经机器翻译所做的，如图7-2所示。

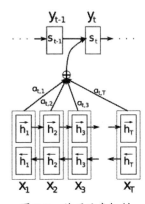

在图7-2中，y是我们由解码器产生的翻译词，x是我们的源语句。上图说明使用双向循环网络，但是这并不重要，我们可以忽略反向方向。重要的部分是每个解码器输出的 y_t 现在取决于所有输入状态的加权组合，而不仅是最后一个状态。a的权重定义为每个输出应考虑每个输入状态的多少。所以，如果 $a_{3,2}$ 是一

图7-2 使用注意机制

个大数字，这意味着解码器在产生目标句子的第三个单词时，对源语句中的第二个状态给予了很大的关注。a通常被归一化为总和为1（因此它们是输入状态的分布）。

另外，使用注意力机制的一大优点是能够使我们能够解释和可视化模型正在做什么。例如，通过在翻译句子时可视化注意力矩阵a，这样我们可以了解模型的翻译方式。

7.2 TensorFlow 机器翻译系统

本节将使用基于注意力机制的神经网络训练一个序列到序列（Seq2Seq）模型，实现将西班牙语翻译为英语的智能翻译系统。

7.2.1　项目简介

本翻译系统基于Jupyter Notebook工具编写，这样做的好处是在编写代码的同时可立即看到执行结果，这种即时反馈机制有助于快速迭代和调试。

实例7-1　TensorFlow使用注意力机制实现翻译系统（源码路径：daima\7\attention1.ipynb）

本实例的实现文件是nmt_with_attention.ipynb，在ipynb笔记本文件中训练模型后，如果输入一个西班牙语句子，如：

```
¿todavia estan en casa?
```

则会返回对应英文翻译：

```
"are you still at home? "
```

将训练生成的模型导出为tf.saved_model，因为这样可以在其他 TensorFlow 环境中使用。在完成翻译工作的同时，需要生成对应的注意力图，图中显示输入句子的哪些部分在翻译时引起了模型的注意，如图7-3所示。

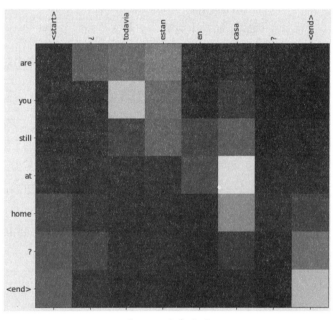

图7-3　注意力图

在编码之前，先通过如下命令安装tensorflow_text：

```
pip install tensorflow_text
```

从头开始构建几个层，如果想在自定义层和内置层之间实现切换，可设置如下变量：

```
use_builtins = True
```

编写形状检查器类 ShapeChecker，如果文件类型不符合要求则进行修复。其具体实现代码如下：

```python
class ShapeChecker():
  def __init__(self):
    # 对看到的每个轴名称进行缓存
    self.shapes = {}

  def __call__(self, tensor, names, broadcast=False):
    if not tf.executing_eagerly():
      return

    if isinstance(names, str):
      names = (names,)

    shape = tf.shape(tensor)
    rank = tf.rank(tensor)

    if rank != len(names):
      raise ValueError(f'Rank mismatch:\n'
                       f'    found {rank}: {shape.numpy()}\n'
                       f'    expected {len(names)}: {names}\n')

    for i, name in enumerate(names):
      if isinstance(name, int):
        old_dim = name
      else:
        old_dim = self.shapes.get(name, None)
      new_dim = shape[i]

      if (broadcast and new_dim == 1):
        continue

      if old_dim is None:
        # 如果轴名称为新名称，则需要将其长度添加到缓存中
        self.shapes[name] = new_dim
        continue

      if new_dim != old_dim:
        raise ValueError(f"Shape mismatch for dimension: '{name}'\n"
                         f"    found: {new_dim}\n"
                         f"    expected: {old_dim}\n")
```

7.2.2 下载并准备数据集

本实例使用 Anki 语言数据集，该数据集包含如下格式的语言翻译对：

May I borrow this book? ¿Puedo tomar prestado este libro?

该数据集中有多种语言可用，在本实例中将只使用"英语–西班牙语"数据集。

为方便起见，在 Google Cloud 上托管了语言数据集的副本，读者也可以下载自己的副本。下载数据集后，按照以下步骤准备数据：

（1）为每个句子添加一个开始和结束标记。

（2）通过删除特殊字符来清理句子。

（3）创建单词索引和反向单词索引（从单词 → id 和 id → 单词映射的字典）。

（4）将每个句子填充到最大长度。

下载并准备数据集的过程如下。

（1）编写如下代码，下载数据集：

```
import pathlib

path_to_zip = tf.keras.utils.get_file(
    'spa-eng.zip', origin='spa-eng.zip',
    extract=True)

path_to_file = pathlib.Path(path_to_zip).parent/'spa-eng/spa.txt'
```

执行上述代码，输出如下下载过程：

```
Downloading data from ...
2646016/2638744 [==============================] - 0s 0us/step
2654208/2638744 [==============================] - 0s 0us/step
```

（2）通过如下代码加载数据集中的数据：

```
def load_data(path):
  text = path.read_text(encoding='utf-8')

  lines = text.splitlines()
  pairs = [line.split('\t') for line in lines]

  inp = [inp for targ, inp in pairs]
  targ = [targ for targ, inp in pairs]

  return targ, inp

targ, inp = load_data(path_to_file)
print(inp[-1])

print(targ[-1])
```

（3）创建 tf.data 数据集。利用 tf.data.Dataset 创建字符串数据集，并对它们进行混洗和批处理操作，以提高数据处理的效率。其代码如下：

```
BUFFER_SIZE = len(inp)
BATCH_SIZE = 64

dataset = tf.data.Dataset.from_tensor_slices((inp, targ)).shuffle(BUFFER_SIZE)
dataset = dataset.batch(BATCH_SIZE)

for example_input_batch, example_target_batch in dataset.take(1):
  print(example_input_batch[:5])
  print()
  print(example_target_batch[:5])
  break
```

执行上述代码，输出结果如下：

```
tf.Tensor(
[b'La temperatura descendi\xc3\xb3 a cinco grados bajo cero.'
 b'Tom dijo que \xc3\xa9l nunca dejar\xc3\xada a su esposa.'
 b'\xc2\xbfEsto es legal?' b'Tom se cay\xc3\xb3.'
 b'Se est\xc3\xa1 haciendo tarde, as\xc3\xad que es mejor que nos vayamos.'],
shape=(5,), dtype=string)

tf.Tensor(
[b'The temperature fell to five degrees below zero.'
 b"Tom said he'd never leave his wife." b'Is this legal?'
 b'Tom fell down.' b"It's getting late, so we'd better get going."],
shape=(5,), dtype=string)
```

7.2.3　文本预处理

本实例的目标之一是通过数据集构建一个可以导出为tf.saved_model格式的模型。为了使被导出的模型有用，该模型应接收tf.string类型的输入，并重新运行tf.string输出，且所有文本处理工作都在模型内部进行。

1. 标准化处理

因为创建的模型需要处理词汇量有限的多语言文本，所以对输入文本进行标准化非常重要。首先实现Unicode 规范化处理以拆分重音字符，并将兼容字符替换为和其ASCII（American Standard Code for Information Interchange，美国标准信息交换代码）等效的字符。该tensroflow_text包含一个unicode 规范化操作：

```
example_text = tf.constant('¿Todavía está en casa?')

print(example_text.numpy())
```

```
print(tf_text.normalize_utf8(example_text, 'NFKD').numpy())
```

执行上述代码，输出结果如下：

```
b'\xc2\xbfTodav\xc3\xada est\xc3\xa1 en casa?'
b'\xc2\xbfTodavi\xcc\x81a esta\xcc\x81 en casa?'
```

编写如下代码，实现 Unicode 标准化操作，这是实现文本标准化功能的第一步。

```
def tf_lower_and_split_punct(text):
  # 拆分重音字符
  text = tf_text.normalize_utf8(text, 'NFKD')
  text = tf.strings.lower(text)
  # 保留空格，从 a 到 z，选择标点符号
  text = tf.strings.regex_replace(text, '[^ a-z.?!,¿]', '')
  # 在标点符号周围添加空格
  text = tf.strings.regex_replace(text, '[.?!,¿]', r' \0 ')
  # 删除空白
  text = tf.strings.strip(text)

  text = tf.strings.join(['[START]', text, '[END]'], separator=' ')
  return text

print(example_text.numpy().decode())
print(tf_lower_and_split_punct(example_text).numpy().decode())
```

执行上述代码，输出结果如下：

```
¿Todavía está en casa?
[START] ¿ todavia esta en casa ? [END]
```

2. 文本矢量化处理

本实例的标准化功能将被包裹在 preprocessing.TextVectorization 层中，该层将实现词汇提取和输入文本到标记序列的转换功能。其代码如下：

```
max_vocab_size = 5000

input_text_processor = preprocessing.TextVectorization(
    standardize=tf_lower_and_split_punct,
    max_tokens=max_vocab_size)
```

该 TextVectorization 层和许多其他的 experimental.preprocessing 层都有一个 adapt 方法。此方法读取训练数据的一个时期，其工作方式与 Model.fix 相似。adapt 方法会根据数据初始化图层。通过如下代码，设置词汇表的内容：

```
input_text_processor.adapt(inp)
```

```
# 以下是词汇表中的前 10 个单词
input_text_processor.get_vocabulary()[:10]
```

执行上述代码，输出结果如下：

```
['', '[UNK]', '[START]', '[END]', '.', 'que', 'de', 'el', 'a', 'no']
```

上述输出结果是西班牙语 TextVectorization 层。接下来构建 adapt 英语层，代码如下：

```
output_text_processor = preprocessing.TextVectorization(
    standardize=tf_lower_and_split_punct,
    max_tokens=max_vocab_size)

output_text_processor.adapt(targ)
output_text_processor.get_vocabulary()[:10]
```

执行上述代码，输出结果如下：

```
['', '[UNK]', '[START]', '[END]', '.', 'the', 'i', 'to', 'you', 'tom']
```

现在这些层可以将一批字符串转换成一批令牌 ID，代码如下：

```
example_tokens = input_text_processor(example_input_batch)
example_tokens[:3, :10]
```

执行上述代码，输出结果如下：

```
<tf.Tensor: shape=(3, 10), dtype=int64, numpy=
array([[   2,   11, 1593,    1,    8,  313, 2658,  353, 2800,    4],
       [   2,   10,   92,    5,    7,   82, 2677,    8,   25,  437],
       [   2,   13,   58,   15,    1,   12,    3,    0,    0,    0]])>
```

使用上述函数 get_vocabulary，可以将令牌 ID 转换回文本，代码如下：

```
input_vocab = np.array(input_text_processor.get_vocabulary())
tokens = input_vocab[example_tokens[0].numpy()]
' '.join(tokens)
```

执行上述代码，输出结果如下：

```
'[START] la temperatura [UNK] a cinco grados bajo cero . [END]        '
```

返回的 Token ID 以零填充，这样可以很容易地变成一个 Mask，代码如下：

```
plt.subplot(1, 2, 1)
plt.pcolormesh(example_tokens)
plt.title('Token IDs')

plt.subplot(1, 2, 2)
plt.pcolormesh(example_tokens != 0)
```

```
plt.title('Mask')
```

执行上述代码，输出结果如下，并绘制图7-4所示的可视化图。

```
Text(0.5, 1.0, 'Mask')
```

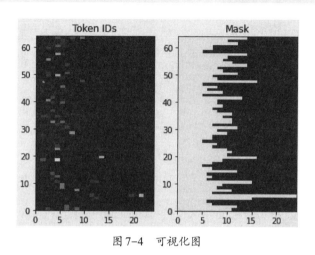

图7-4　可视化图

7.2.4　编码器模型

图7-5所示为模型概述，在每个时间段内，解码器的输出与编码输入的加权和相结合，以预测下一个单词。

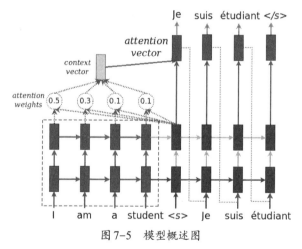

图7-5　模型概述图

在创建编码器模型之前，先为模型定义一些常量，代码如下：

```
embedding_dim = 256
units = 1024
```

编写Encoder类实现编码器，对应图7-5中的虚线框部分，具体流程如下：

（1）获取令牌 ID 列表（来自 input_text_processor）。

（2）查找每个标记的嵌入向量（使用 a layers.Embedding）。

（3）将嵌入处理为新序列（使用 a layers.GRU）。

（4）返回处理后的序列（将传递给注意力头）和内部状态（将用于初始化解码器）。

类 Encoder 的具体实现代码如下。

```
class Encoder(tf.keras.layers.Layer):
  def __init__(self, input_vocab_size, embedding_dim, enc_units):
    super(Encoder, self).__init__()
    self.enc_units = enc_units
    self.input_vocab_size = input_vocab_size

    # 嵌入层将令牌转换为向量
    self.embedding = tf.keras.layers.Embedding(self.input_vocab_size,
                                               embedding_dim)

    #GRU RNN 层按顺序处理这些向量
    self.gru = tf.keras.layers.GRU(self.enc_units,
                                   #Return the sequence and state
                                   return_sequences=True,
                                   return_state=True,
                                   recurrent_initializer='glorot_uniform')

  def call(self, tokens, state=None):
    shape_checker = ShapeChecker()
    shape_checker(tokens, ('batch', 's'))

    # 嵌入层查找每个令牌的嵌入
    vectors = self.embedding(tokens)
    shape_checker(vectors, ('batch', 's', 'embed_dim'))

    #GRU 处理嵌入序列
    # 输出形状：(batch, s, enc_units)
    # 状态形状：(batch, enc_units)
    output, state = self.gru(vectors, initial_state=state)
    shape_checker(output, ('batch', 's', 'enc_units'))
    shape_checker(state, ('batch', 'enc_units'))

    # 返回新序列及其状态
    return output, state

# 将输入文本转换为标记
example_tokens = input_text_processor(example_input_batch)

# 对输入序列进行编码
```

```
encoder = Encoder(input_text_processor.vocabulary_size(),
                  embedding_dim, units)
example_enc_output, example_enc_state = encoder(example_tokens)

print(f'Input batch, shape (batch): {example_input_batch.shape}')
print(f'Input batch tokens, shape (batch, s): {example_tokens.shape}')
print(f'Encoder output, shape (batch, s, units): {example_enc_output.shape}')
print(f'Encoder state, shape (batch, units): {example_enc_state.shape}')
```

编码器将返回其内部状态，以便其状态可用于初始化解码器。循环神经网络返回其状态，以便通过多次调用处理序列。

7.2.5 绘制可视化注意力图

本实例中的解码器使用注意力机制来选择性地关注输入序列的一部分，将一系列向量作为每个示例的输入，并为每个示例返回一个"注意力"向量。该注意力层类似于 a，但是 layers. GlobalAveragePoling1D注意力层执行加权平均。

（1）本实例使用Bahdanau注意力机制实现，TensorFlow包括 aslayers.Attention 和 layers. AdditiveAttention。编写BahdanauAttention类，其功能是处理一对 layers.Dense层中的权重矩阵，并调用内置的tf.keras.layers.AdditiveAttention()来实现注意力机制。其代码如下：

```
class BahdanauAttention(tf.keras.layers.Layer):
  def __init__(self, units):
    super().__init__()
    #For Eqn. (4), the  Bahdanau attention
    self.W1 = tf.keras.layers.Dense(units, use_bias=False)
    self.W2 = tf.keras.layers.Dense(units, use_bias=False)

    self.attention = tf.keras.layers.AdditiveAttention()

  def call(self, query, value, mask):
    shape_checker = ShapeChecker()
    shape_checker(query, ('batch', 't', 'query_units'))
    shape_checker(value, ('batch', 's', 'value_units'))
    shape_checker(mask, ('batch', 's'))

    # 将查询向量query与权重矩阵W1相乘的操作
    w1_query = self.W1(query)
    shape_checker(w1_query, ('batch', 't', 'attn_units'))

    # 对值向量value与权重矩阵W2进行矩阵乘法操作
    w2_key = self.W2(value)
    shape_checker(w2_key, ('batch', 's', 'attn_units'))
```

```
query_mask = tf.ones(tf.shape(query)[:-1], dtype=bool)
value_mask = mask

context_vector, attention_weights = self.attention(
    inputs = [w1_query, value, w2_key],
    mask=[query_mask, value_mask],
    return_attention_scores = True,
)
shape_checker(context_vector, ('batch', 't', 'value_units'))
shape_checker(attention_weights, ('batch', 't', 's'))

return context_vector, attention_weights
```

（2）测试注意力层。创建一个BahdanauAttention图层，代码如下：

```
attention_layer = BahdanauAttention(units)
```

该层需要获得3个输入：

①query：来自解码器的查询向量，通常是较高层的表示。

②value：用于编码器的输出，即用于注意力计算的值向量。

③mask：用于排除填充的掩码。在这个掩码中，当输入的单词是填充时，对应的值为0。

编写如下代码：

```
# 解码器生成该注意力查询
example_attention_query = tf.random.normal(shape=[len(example_tokens), 2, 10])

# 注意编码的令牌

context_vector, attention_weights = attention_layer(
    query=example_attention_query,
    value=example_enc_output,
    mask=(example_tokens != 0))

print(f'Attention result shape: (batch_size, query_seq_length, units):
  {context_vector.shape}')
print(f'Attention weights shape: (batch_size, query_seq_length, value_seq_
  length): {attention_weights.shape}')
```

执行上述代码，输出结果如下：

```
Attention result shape: (batch_size, query_seq_length, units): (64, 2, 1024)
Attention weights shape: (batch_size, query_seq_length, value_seq_length): (64,
  2, 24)
```

注意力权重的总和应为1.0，下面的代码段实现了以下两个可视化图：在第一个子图中展示整个序列在t=0时的注意力权重，在第二个子图中展示屏蔽的掩码情况，即序列中非零标记的位置。

```
plt.subplot(1, 2, 1)
plt.pcolormesh(attention_weights[:, 0, :])
plt.title('Attention weights')

plt.subplot(1, 2, 2)
plt.pcolormesh(example_tokens != 0)
plt.title('Mask')
```

执行上述代码，会绘制一个可视化注意力图，如图7-6所示。

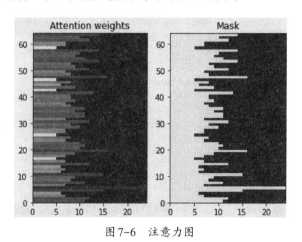

图7-6　注意力图

如果放大单个序列的权重，会发现模型可以学习扩展和利用一些小的变化。其代码如下：

```
plt.suptitle('Attention weights for one sequence')

plt.figure(figsize=(12, 6))
a1 = plt.subplot(1, 2, 1)
plt.bar(range(len(attention_slice)), attention_slice)
# 释放 xlim
plt.xlim(plt.xlim())
plt.xlabel('Attention weights')

a2 = plt.subplot(1, 2, 2)
plt.bar(range(len(attention_slice)), attention_slice)
plt.xlabel('Attention weights, zoomed')

# 缩小
top = max(a1.get_ylim())
zoom = 0.85*top
a2.set_ylim([0.90*top, top])
a1.plot(a1.get_xlim(), [zoom, zoom], color='k')
```

执行上述代码，会绘制对应的缩小版注意力图，如图7-7所示。

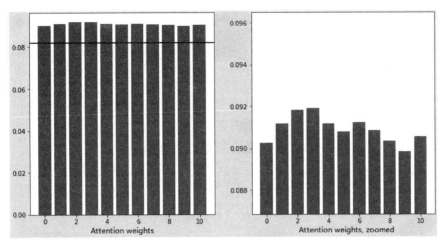

图 7-7　缩小版注意力图

7.2.6　解码器

本项目中, 解码器的功能是为下一个输出标记生成预测值。

（1）编写解码器类 Decoder 并设置其初始化选项值, 初始化程序用于创建所有必要的层。
Decoder 类的代码如下:

```
class Decoder(tf.keras.layers.Layer):
  def __init__(self, output_vocab_size, embedding_dim, dec_units):
    super(Decoder, self).__init__()
    self.dec_units = dec_units
    self.output_vocab_size = output_vocab_size
    self.embedding_dim = embedding_dim

    # 步骤1, 嵌入层将令牌 ID 转换为向量
    self.embedding = tf.keras.layers.Embedding(self.output_vocab_size,
                                               embedding_dim)

    # 步骤2, 循环神经网络跟踪到目前为止生成的内容
    self.gru = tf.keras.layers.GRU(self.dec_units,
                                   return_sequences=True,
                                   return_state=True,
                                   recurrent_initializer='glorot_uniform')

    # 步骤3, 循环神经网络输出的是对注意力层的查询
    self.attention = BahdanauAttention(self.dec_units)

    # 步骤4, 将 'ct' 转换为 'at'
    self.Wc = tf.keras.layers.Dense(dec_units, activation=tf.math.tanh,
                                    use_bias=False)
```

```
# 步骤 5，该完全连接的层为每个输出令牌生成 logit
self.fc = tf.keras.layers.Dense(self.output_vocab_size)
```

上述解码器类的实现流程如下：

①解码器接收完整的编码器输出。

②使用循环神经网络跟踪迄今为止生成的内容。

③使用循环神经网络输出作为对编码器输出的注意力的查询，生成上下文向量。

④使用步骤③将循环神经网络输出和上下文向量组合起来，生成"注意力向量"。

⑤基于"注意力向量"为下一个标记生成 logit 预测。

（2）call 层的方法用于接收并返回多个张量，将它们组织成简单的容器类，代码如下：

```
class DecoderInput(typing.NamedTuple):
  new_tokens: Any
  enc_output: Any
  mask: Any


class DecoderOutput(typing.NamedTuple):
  logits: Any
  attention_weights: Any
```

call 方法的具体实现如下：

```
def call(self,
        inputs: DecoderInput,
        state=None) -> Tuple[DecoderOutput, tf.Tensor]:
  shape_checker = ShapeChecker()
  shape_checker(inputs.new_tokens, ('batch', 't'))
  shape_checker(inputs.enc_output, ('batch', 's', 'enc_units'))
  shape_checker(inputs.mask, ('batch', 's'))

  if state is not None:
    shape_checker(state, ('batch', 'dec_units'))

  # 步骤 1，查找嵌入项
  vectors = self.embedding(inputs.new_tokens)
  shape_checker(vectors, ('batch', 't', 'embedding_dim'))

  # 步骤 2，使用循环神经网络处理一个步骤
  rnn_output, state = self.gru(vectors, initial_state=state)

  shape_checker(rnn_output, ('batch', 't', 'dec_units'))
  shape_checker(state, ('batch', 'dec_units'))

  # 步骤 3，使用循环神经网络输出作为对网络上的注意力的查询编码器输出
```

```
context_vector, attention_weights = self.attention(
    query=rnn_output, value=inputs.enc_output, mask=inputs.mask)
shape_checker(context_vector, ('batch', 't', 'dec_units'))
shape_checker(attention_weights, ('batch', 't', 's'))

# 步骤 4.1：将上下文向量和 RNN 输出连接起来
#    [ct; ht] shape: (batch t, value_units + query_units)
context_and_rnn_output = tf.concat([context_vector, rnn_output], axis=-1)

# 步骤 4.2：使用步骤 4.1 中的连接向量作为输入，应用全链接层来生成注意力向量
attention_vector = self.Wc(context_and_rnn_output)
shape_checker(attention_vector, ('batch', 't', 'dec_units'))

# 步骤 5，生成 logit 预测
logits = self.fc(attention_vector)
shape_checker(logits, ('batch', 't', 'output_vocab_size'))

return DecoderOutput(logits, attention_weights), state
```

在实际应用中，编码器可以使用RNN一次性处理整个输入序列。但是在本实例中没有采用这种方式，而是使用call()方法接收新的输入，在循环中逐步运行解码器。本实例使用这种策略的原因如下。

①灵活性：编写循环可直接控制训练过程。

②清晰：可以使用屏蔽技巧并使用layers.RNN或tfa.Seq2SeqAPI 将所有编码器的输入打包到单个调用中。但是把它写成一个循环可能会更清晰。

（3）开始使用解码器进行解码操作，代码如下：

```
decoder = Decoder(output_text_processor.vocabulary_size(),
                  embedding_dim, units)
```

解码器有以下 4 个输入。

①new_tokens：生成的最后一个令牌。使用"[START]"令牌初始化解码器。

②enc_output：由 Encoder生成。

③mask：设置位置的布尔张量。

④state-state：指解码器 RNN 的内部状态，是解码器之前的输出。如果将 None 传递给state-state，表示将其初始化为零。在原始论文中，使用编码器的最终 RNN 状态来初始化解码器的状态。

7.2.7　训练

现在已经拥有所有的模型组件，下面开始进行模型训练。

（1）定义损失函数，代码如下：

```
class MaskedLoss(tf.keras.losses.Loss):
```

```
def __init__(self):
  self.name = 'masked_loss'
  self.loss = tf.keras.losses.SparseCategoricalCrossentropy(
      from_logits=True, reduction='none')

def __call__(self, y_true, y_pred):
  shape_checker = ShapeChecker()
  shape_checker(y_true, ('batch', 't'))
  shape_checker(y_pred, ('batch', 't', 'logits'))

  loss = self.loss(y_true, y_pred)
  shape_checker(loss, ('batch', 't'))

  mask = tf.cast(y_true != 0, tf.float32)
  shape_checker(mask, ('batch', 't'))
  loss *= mask
  return tf.reduce_sum(loss)
```

（2）实施训练步骤。为了完成整个训练过程，我们将训练步骤定义为模型的train_step方法。在编写train_step方法时，我们创建了一个实现_train_step的包装器。这个包装器包括一个开关，可以打开和关闭tf.function编译，从而使调试工作变得更容易。其代码如下：

```
class TrainTranslator(tf.keras.Model):
  def __init__(self, embedding_dim, units,
               input_text_processor,
               output_text_processor,
               use_tf_function=True):
    super().__init__()
    #Build the encoder and decoder
    encoder = Encoder(input_text_processor.vocabulary_size(),
                      embedding_dim, units)
    decoder = Decoder(output_text_processor.vocabulary_size(),
                      embedding_dim, units)

    self.encoder = encoder
    self.decoder = decoder
    self.input_text_processor = input_text_processor
    self.output_text_processor = output_text_processor
    self.use_tf_function = use_tf_function
    self.shape_checker = ShapeChecker()

  def train_step(self, inputs):
    self.shape_checker = ShapeChecker()
    if self.use_tf_function:
      return self._tf_train_step(inputs)
    else:
```

```
      return self._train_step(inputs)
```

（3）编写_preprocess方法，接收一批input_text，从tf.data.Dataset处理target_text。将这些原始文本输入转换为标记嵌入和掩码。其代码如下：

```
def _preprocess(self, input_text, target_text):
  self.shape_checker(input_text, ('batch',))
  self.shape_checker(target_text, ('batch',))

  # 将文本转换为令牌 ID
  input_tokens = self.input_text_processor(input_text)
  target_tokens = self.output_text_processor(target_text)
  self.shape_checker(input_tokens, ('batch', 's'))
  self.shape_checker(target_tokens, ('batch', 't'))

  # 将 ID 转换为掩码
  input_mask = input_tokens != 0
  self.shape_checker(input_mask, ('batch', 's'))

  target_mask = target_tokens != 0
  self.shape_checker(target_mask, ('batch', 't'))

  return input_tokens, input_mask, target_tokens, target_mask
```

（4）编写_train_step方法，功能是处理除实际运行解码器之外的其余步骤。其代码如下：

```
def _train_step(self, inputs):
  input_text, target_text = inputs

  (input_tokens, input_mask,
   target_tokens, target_mask) = self._preprocess(input_text, target_text)

  max_target_length = tf.shape(target_tokens)[1]

  with tf.GradientTape() as tape:
    enc_output, enc_state = self.encoder(input_tokens)
    self.shape_checker(enc_output, ('batch', 's', 'enc_units'))
    self.shape_checker(enc_state, ('batch', 'enc_units'))

    dec_state = enc_state
    loss = tf.constant(0.0)

    for t in tf.range(max_target_length-1):
      new_tokens = target_tokens[:, t:t+2]
      step_loss, dec_state = self._loop_step(new_tokens, input_mask,
                                             enc_output, dec_state)
```

```
      loss = loss + step_loss

   average_loss = loss / tf.reduce_sum(tf.cast(target_mask, tf.float32))

  variables = self.trainable_variables
  gradients = tape.gradient(average_loss, variables)
  self.optimizer.apply_gradients(zip(gradients, variables))

  return {'batch_loss': average_loss}
```

（5）编写_loop_step方法，功能是执行解码器并计算增量损失和新的解码器状态（dec_state）。
其代码如下：

```
def _loop_step(self, new_tokens, input_mask, enc_output, dec_state):
  input_token, target_token = new_tokens[:, 0:1], new_tokens[:, 1:2]

  decoder_input = DecoderInput(new_tokens=input_token,
                               enc_output=enc_output,
                               mask=input_mask)

  dec_result, dec_state = self.decoder(decoder_input, state=dec_state)
  self.shape_checker(dec_result.logits, ('batch', 't1', 'logits'))
  self.shape_checker(dec_result.attention_weights, ('batch', 't1', 's'))
  self.shape_checker(dec_state, ('batch', 'dec_units'))

  y = target_token
  y_pred = dec_result.logits
  step_loss = self.loss(y, y_pred)

  return step_loss, dec_state

TrainTranslator._loop_step = _loop_step
```

（6）测试训练步骤。构建一个TrainTranslator，并使用以下Model.compile方法进行配置，以进
行训练：

```
translator = TrainTranslator(
    embedding_dim, units,
    input_text_processor=input_text_processor,
    output_text_processor=output_text_processor,
    use_tf_function=False)

translator.compile(
    optimizer=tf.optimizers.Adam(),
    loss=MaskedLoss(),
)
```

对 train_step 方法进行测试，对于这类文本模型来说，损失应该从接近以下值开始：

```
np.log(output_text_processor.vocabulary_size())

for n in range(10):
  print(translator.train_step([example_input_batch, example_target_batch]))
print()
```

执行上述代码，输出结果如下：

```
7.517193191416238

{'batch_loss': <tf.Tensor: shape=(), dtype=float32, numpy=7.614782>}
{'batch_loss': <tf.Tensor: shape=(), dtype=float32, numpy=7.5835567>}
{'batch_loss': <tf.Tensor: shape=(), dtype=float32, numpy=7.5252647>}
{'batch_loss': <tf.Tensor: shape=(), dtype=float32, numpy=7.361221>}
{'batch_loss': <tf.Tensor: shape=(), dtype=float32, numpy=6.7776713>}
{'batch_loss': <tf.Tensor: shape=(), dtype=float32, numpy=5.271942>}
{'batch_loss': <tf.Tensor: shape=(), dtype=float32, numpy=4.822084>}
{'batch_loss': <tf.Tensor: shape=(), dtype=float32, numpy=4.702935>}
{'batch_loss': <tf.Tensor: shape=(), dtype=float32, numpy=4.303531>}
{'batch_loss': <tf.Tensor: shape=(), dtype=float32, numpy=4.150844>}

CPU times: user 5.21 s, sys: 0 ns, total: 5.21 s
Wall time: 5.17 s
```

编码绘制损失曲线，具体如下：

```
losses = []
for n in range(100):
  print('.', end='')
  logs = translator.train_step([example_input_batch, example_target_batch])
  losses.append(logs['batch_loss'].numpy())

print()
plt.plot(losses)
```

绘制的损失曲线如图7-8所示。

（7）训练模型。虽然编写的自定义训练循环没有任何问题，但是在实现该Model.train_step方法时，允许运行Model.fit并避免重写所有的样板代码。因为本实例中只训练了几个周期，所以使用 acallbacks.Callback 收集批次损失的历史用于绘图。

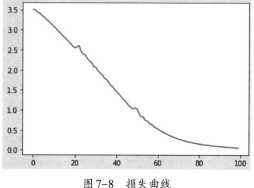

图7-8　损失曲线

```
class BatchLogs(tf.keras.callbacks.Callback):
  def __init__(self, key):
    self.key = key
    self.logs = []

  def on_train_batch_end(self, n, logs):
    self.logs.append(logs[self.key])

batch_loss = BatchLogs('batch_loss')

train_translator.fit(dataset, epochs=3,
                     callbacks=[batch_loss])
```

执行上述代码，输出结果如下：

```
Epoch 1/3
2021-07-31 11:08:55.431052: E tensorflow/core/grappler/optimizers/meta_
  optimizer.cc:801] function_optimizer failed: Invalid argument: Input 6 of
  node StatefulPartitionedCall/gradient_tape/while/while_grad/body/_589/
  gradient_tape/while/gradients/while/decoder_2/gru_5/PartitionedCall_grad/
  PartitionedCall was passed variant from StatefulPartitionedCall/gradient_
  tape/while/while_grad/body/_589/gradient_tape/while/gradients/while/
  decoder_2/gru_5/PartitionedCall_grad/TensorListPopBack_2:1 incompatible with
  expected float.
2021-07-31 11:08:55.515851: E tensorflow/core/grappler/optimizers/meta_optimizer.
  cc:801] shape_optimizer failed: Out of range: src_output = 25, but num_
  outputs is only 25
2021-07-31 11:08:55.556380: E tensorflow/core/grappler/optimizers/meta_optimizer.
  cc:801] layout failed: Out of range: src_output = 25, but num_outputs is only
  25
2021-07-31 11:08:55.674137: E tensorflow/core/grappler/optimizers/meta_
  optimizer.cc:801] function_optimizer failed: Invalid argument: Input 6 of
  node StatefulPartitionedCall/gradient_tape/while/while_grad/body/_589/
  gradient_tape/while/gradients/while/decoder_2/gru_5/PartitionedCall_grad/
  PartitionedCall was passed variant from StatefulPartitionedCall/gradient_
  tape/while/while_grad/body/_589/gradient_tape/while/gradients/while/
  decoder_2/gru_5/PartitionedCall_grad/TensorListPopBack_2:1 incompatible with
  expected float.
2021-07-31 11:08:55.729119: E tensorflow/core/grappler/optimizers/meta_optimizer.
  cc:801] shape_optimizer failed: Out of range: src_output = 25, but num_
  outputs is only 25
2021-07-31 11:08:55.802715: W tensorflow/core/common_runtime/process_function_
  library_runtime.cc:841] Ignoring multi-device function optimization failure:
  Invalid argument: Input 1 of node StatefulPartitionedCall/while/body/_59/
  while/TensorListPushBack_56 was passed float from StatefulPartitionedCall/
```

```
while/body/_59/while/decoder_2/gru_5/PartitionedCall:6 incompatible with
expected variant.
1859/1859 [==============================] - 353s 187ms/step - batch_loss: 2.0502
Epoch 2/3
1859/1859 [==============================] - 333s 179ms/step - batch_loss: 1.0388
Epoch 3/3
1859/1859 [==============================] - 323s 174ms/step - batch_loss: 0.8104
<keras.callbacks.History at 0x7fc2ccb315d0>
```

编写如下代码，绘制可视化图：

```
plt.plot(batch_loss.logs)
plt.ylim([0, 3])
plt.xlabel('Batch #')
plt.ylabel('CE/token')
```

绘制的可视化图如图7-9所示，由图可见，跳跃主要位于纪元边界。

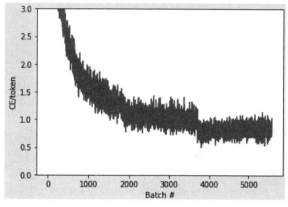

图7-9　可视化图

7.2.8　翻译

现在模型已经训练完毕，接下来需要执行完整的text => text翻译。本实例的模型需要通过所提供的映射output_text_processor反转text => token IDs，并且还需要知道特殊令牌的ID。这都是在新类的构造函数中实现的。总的来说，其与训练循环相似，不同之处在于每个时间步的解码器输入来自解码器最后预测的样本。

（1）编写Translator类，实现翻译功能，代码如下：

```
class Translator(tf.Module):

  def __init__(self, encoder, decoder, input_text_processor,
               output_text_processor):
    self.encoder = encoder
    self.decoder = decoder
    self.input_text_processor = input_text_processor
    self.output_text_processor = output_text_processor

    self.output_token_string_from_index = (
        tf.keras.layers.experimental.preprocessing.StringLookup(
            vocabulary=output_text_processor.get_vocabulary(),
            mask_token='',
            invert=True))
```

```
# 在输出文本中不应包含填充符号、未知符号或起始符号
index_from_string = tf.keras.layers.experimental.preprocessing.StringLookup(
    vocabulary=output_text_processor.get_vocabulary(), mask_token='')
token_mask_ids = index_from_string(['', '[UNK]', '[START]']).numpy()2

token_mask = np.zeros([index_from_string.vocabulary_size()], dtype=np.bool)
token_mask[np.array(token_mask_ids)] = True
self.token_mask = token_mask

self.start_token = index_from_string(tf.constant('[START]'))
self.end_token = index_from_string(tf.constant('[END]'))

translator = Translator(
    encoder=train_translator.encoder,
    decoder=train_translator.decoder,
    input_text_processor=input_text_processor,
    output_text_processor=output_text_processor,
)
```

（2）将令牌 ID 转换为文本。要实现的第一种方法是tokens_to_text将令牌 ID 转换为人类可读的文本，代码如下：

```
def tokens_to_text(self, result_tokens):
  shape_checker = ShapeChecker()
  shape_checker(result_tokens, ('batch', 't'))
  result_text_tokens = self.output_token_string_from_index(result_tokens)
  shape_checker(result_text_tokens, ('batch', 't'))

  result_text = tf.strings.reduce_join(result_text_tokens,
                                       axis=1, separator=' ')
  shape_checker(result_text, ('batch'))

  result_text = tf.strings.strip(result_text)
  shape_checker(result_text, ('batch',))
  return result_text

Translator.tokens_to_text = tokens_to_text
```

输入一些随机令牌 ID，并查看其生成的内容，代码如下：

```
example_output_tokens = tf.random.uniform(
    shape=[5, 2], minval=0, dtype=tf.int64,
    maxval=output_text_processor.vocabulary_size())
translator.tokens_to_text(example_output_tokens).numpy()

array([b'divorce nodded', b'lid discovery', b'exhibition slam',
```

```
                  b'unknown jackson', b'harmful excited'], dtype=object)
```

（3）来自解码器预测的样本。编写tokens_to_text函数，它接收解码器的 logit 输出，并从该概率分布中采样出令牌 ID，然后将这些令牌 ID 转换为文本。其代码如下：

```
def tokens_to_text(self, result_tokens):
  shape_checker = ShapeChecker()
  shape_checker(result_tokens, ('batch', 't'))
  result_text_tokens = self.output_token_string_from_index(result_tokens)
  shape_checker(result_text_tokens, ('batch', 't'))

  result_text = tf.strings.reduce_join(result_text_tokens,
                                       axis=1, separator=' ')
  shape_checker(result_text, ('batch'))

  result_text = tf.strings.strip(result_text)
  shape_checker(result_text, ('batch',))
  return result_text

Translator.tokens_to_text = tokens_to_text
```

输入一些随机令牌 ID，并查看其生成的内容，代码如下：

```
example_output_tokens = tf.random.uniform(
    shape=[5, 2], minval=0, dtype=tf.int64,
    maxval=output_text_processor.vocabulary_size())
translator.tokens_to_text(example_output_tokens).numpy()

array([b'divorce nodded', b'lid discovery', b'exhibition slam',
       b'unknown jackson', b'harmful excited'], dtype=object)
```

（4）来自解码器预测的样本。编写sample函数，功能是从解码器的 logit 输出中根据概率分布采样令牌 ID信息。其代码如下：

```
def sample(self, logits, temperature):
  shape_checker = ShapeChecker()
  shape_checker(logits, ('batch', 't', 'vocab'))
  shape_checker(self.token_mask, ('vocab',))

  token_mask = self.token_mask[tf.newaxis, tf.newaxis, :]
  shape_checker(token_mask, ('batch', 't', 'vocab'), broadcast=True)

  logits = tf.where(self.token_mask, -np.inf, logits)

  if temperature == 0.0:
    new_tokens = tf.argmax(logits, axis=-1)
  else:
```

```
        logits = tf.squeeze(logits, axis=1)
        new_tokens = tf.random.categorical(logits/temperature, num_samples=1)

    shape_checker(new_tokens, ('batch', 't'))

    return new_tokens

Translator.sample = sample
```

（5）实现翻译循环。编写translate_unrolled函数，实现文本到文本翻译循环，将结果收集到
python 列表中，然后tf.concat再将它们连接到张量中。在整个实现过程中，将静态地展开图形以进
行max_length迭代。其代码如下：

```
def translate_unrolled(self,
                       input_text, *,
                       max_length=50,
                       return_attention=True,
                       temperature=1.0):
  batch_size = tf.shape(input_text)[0]
  input_tokens = self.input_text_processor(input_text)
  enc_output, enc_state = self.encoder(input_tokens)

  dec_state = enc_state
  new_tokens = tf.fill([batch_size, 1], self.start_token)

  result_tokens = []
  attention = []
  done = tf.zeros([batch_size, 1], dtype=tf.bool)

  for _ in range(max_length):
    dec_input = DecoderInput(new_tokens=new_tokens,
                             enc_output=enc_output,
                             mask=(input_tokens!=0))

    dec_result, dec_state = self.decoder(dec_input, state=dec_state)

    attention.append(dec_result.attention_weights)

    new_tokens = self.sample(dec_result.logits, temperature)

    done = done | (new_tokens == self.end_token)
    new_tokens = tf.where(done, tf.constant(0, dtype=tf.int64), new_tokens)

    result_tokens.append(new_tokens)

    if tf.executing_eagerly() and tf.reduce_all(done):
```

```
      break

  result_tokens = tf.concat(result_tokens, axis=-1)
  result_text = self.tokens_to_text(result_tokens)

  if return_attention:
    attention_stack = tf.concat(attention, axis=1)
    return {'text': result_text, 'attention': attention_stack}
  else:
    return {'text': result_text}

Translator.translate = translate_unrolled
```

执行上述代码，翻译结果的注意力可视化图如图7-10所示。

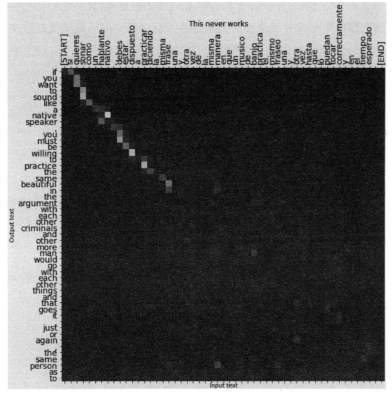

图7-10 翻译结果的注意力可视化图

 7.3 PyTorch 机器翻译系统

本节介绍的机器翻译系统和7.2节中的实例功能完全一样，只不过本实例是使用PyTorch实现

的。本实例也使用基于注意力机制的神经网络训练一个序列到序列模型，功能是将西班牙语翻译为英语。

7.3.1 准备数据集

在实现一个翻译系统之前，通常需要准备一个数据集作为训练的基础。这个数据集包含了一些文本对，每对文本之间是原文和目标文本之间的对应关系。这些对应关系可以是单词级别、句子级别或者段落级别的，具体取决于你希望训练的翻译模型的粒度。

实例7-2 **PyTorch使用注意力机制实现翻译系统（源码路径：daima\7\fanyi.py）**

本实例的实现文件是fanyi.py，首先需要准备数据集。本实例使用的数据是成千上万的英语到法语翻译对的集合，可以从tatoeba下载需要的数据。这个数据集非常大，下载速度不稳定。有热心网友将巨大的语言数据包对拆分为单独的文本文件，请大家自行下载英文对法文的数据。因为文件太大，无法包含在仓库中，所以需要将文件下载并保存到"data/eng-fra.txt"中再使用。该文件的内容是制表符分隔的翻译对列表，如：

```
I am cold.    J'ai froid.
```

7.3.2 数据预处理

1. 编码转换

将一种语言中的每个单词表示为一个单独的向量，或者称为独热向量。其中除了单词的索引处为1，其他位置都为0。与某种语言中可能存在的数十个字符相比，单词数量要多很多，因此编码向量的维度也会更大。但是，为了简化处理，我们对数据进行预处理，使每种语言仅需要几千个单词，从而降低编码向量的维度，提高处理效率。如图7-11所示。

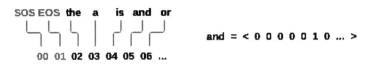

图7-11　数据预处理

需要为每个单词设置一个唯一的索引，以便以后用作网络的输入和目标。为了跟踪所有内容，将使用一个名为Lang的帮助程序类，该类具有单词→索引（word2index）和索引→单词（index2word）字典，以及每个要使用的单词word2count的计数，以便以后替换稀有词。在下面的代码中编写类Lang，该类负责维护与语言相关的字典和计数信息。构建一个语言对象，用于存储语言的相关信息，包括单词到索引的映射、单词的计数和索引到单词的映射。通过 addSentence 方法可以将句子中的单词添加到语言对象中，以便后续使用。这样的语言对象常用于自然语言处理任务中的数据预处理和特征表示。其对应的实现代码如下：

```
class Lang:
    def __init__(self, name):
        self.name = name
        self.word2index = {}
        self.word2count = {}
        self.index2word = {0: "SOS", 1: "EOS"}
        self.n_words = 2   #Count SOS and EOS

    def addSentence(self, sentence):
        for word in sentence.split(' '):
            self.addWord(word)

    def addWord(self, word):
        if word not in self.word2index:
            self.word2index[word] = self.n_words
            self.word2count[word] = 1
            self.index2word[self.n_words] = word
            self.n_words += 1
        else:
            self.word2count[word] += 1
```

2. 编码处理

为了简化起见，将文件中的Unicode 字符转换为 ASCII，将所有内容都转换为小写，并修剪大多数标点符号。对文本数据进行预处理，使其符合特定的格式要求。常见的预处理操作包括转换为小写、去除非字母字符、处理标点符号等，以便后续的文本分析和建模任务。这些预处理函数常用于自然语言处理领域中的文本数据清洗和特征提取过程。其对应的实现代码如下：

```
def unicodeToAscii(s):
    return ''.join(
        c for c in unicodedata.normalize('NFD', s)
        if unicodedata.category(c) != 'Mn'
    )

# 小写化、修剪并删除非字母字符
def normalizeString(s):
    s = unicodeToAscii(s.lower().strip())
    s = re.sub(r"([.!?])", r" \1", s)
    s = re.sub(r"[^a-zA-Z.!?]+", r" ", s)
    return s
```

上述代码定义了两个函数：unicodeToAscii(s) 和 normalizeString(s)，用于文本数据的预处理。对这两个函数的简单解释如下。

（1）unicodeToAscii(s)：将 Unicode 字符串转换为 ASCII 字符串。其首先使用 unicodedata.

normalize 函数将字符串中的 Unicode 字符规范化为分解形式（Normalization Form D，NFD），然后通过列表推导式遍历字符串中的每个字符 c，并筛选出满足条件 unicodedata.category(c) != 'Mn' 的字符（不属于标记、非间隔类别的字符），最后使用 join 方法将字符列表拼接成字符串并返回。

（2）normalizeString(s)：对字符串进行规范化处理，包括转换为小写、去除首尾空格，并移除非字母字符。

3. 文件拆分

读取数据文件，将文件拆分为几行，并将几行拆分为两对。由于这些文件都是从英语翻译成其他语言的，因此如果要从其他语言翻译成英语，需要添加 reverse 标志来反转对。编写 readLangs (lang1, lang2, reverse=False) 函数，用于读取并处理文本数据，并将其分割为一对一对的语言句子对。每一对句子都经过了规范化处理，以便后续的文本处理和分析任务。如果指定了 reverse=True，还会反转语言对的顺序。在文件拆分工作完成后，返回两种语言的语言对象和句子对列表。该函数在机器翻译等序列到序列任务中常用于数据准备阶段。其对应的实现代码如下：

```
def readLangs(lang1, lang2, reverse=False):
    print("Reading lines...")

    lines = open('data/%s-%s.txt' % (lang1, lang2), encoding='utf-8').read().
      strip().split('\n')
    pairs = [[normalizeString(s) for s in l.split('\t')] for l in lines]
    if reverse:
        pairs = [list(reversed(p)) for p in pairs]
        input_lang = Lang(lang2)
        output_lang = Lang(lang1)
    else:
        input_lang = Lang(lang1)
        output_lang = Lang(lang2)

    return input_lang, output_lang, pairs
```

4. 数据裁剪

由于本实例使用的数据文件中的句子很多，并且想快速训练一些内容，因此需将数据集裁剪为相对简短的句子。这里设置最大长度为 10 个字（包括结尾的标点符号），过滤翻译成"我是"或"他是"等形式的句子（考虑到前面已替换撇号的情况）。其对应的实现代码如下：

```
MAX_LENGTH = 10

eng_prefixes = (
    "i am ", "i m ",
    "he is", "he s ",
    "she is", "she s ",
    "you are", "you re ",
```

```
    "we are", "we re ",
    "they are", "they re "
)

def filterPair(p):
    return len(p[0].split(' ')) < MAX_LENGTH and \
        len(p[1].split(' ')) < MAX_LENGTH and \
        p[1].startswith(eng_prefixes)

def filterPairs(pairs):
    return [pair for pair in pairs if filterPair(pair)]
```

5. 准备数据

首先，读取文本文件并拆分为行，将行拆分为偶对；其次，规范文本，按长度和内容过滤；然后，成对建立句子中的单词列表，读取文本文件并拆分为行，将行拆分为偶对；接着，规范文本，按长度和内容过滤；最后，成对建立句子中的单词列表。其对应的实现代码如下：

```
def prepareData(lang1, lang2, reverse=False):
    input_lang, output_lang, pairs = readLangs(lang1, lang2, reverse)
    print("Read %s sentence pairs" % len(pairs))
    pairs = filterPairs(pairs)
    print("Trimmed to %s sentence pairs" % len(pairs))
    print("Counting words...")
    for pair in pairs:
        input_lang.addSentence(pair[0])
        output_lang.addSentence(pair[1])
    print("Counted words:")
    print(input_lang.name, input_lang.n_words)
    print(output_lang.name, output_lang.n_words)
    return input_lang, output_lang, pairs

input_lang, output_lang, pairs = prepareData('eng', 'fra', True)
print(random.choice(pairs))
```

执行上述代码，输出结果如下：

```
Reading lines...
Read 135842 sentence pairs
Trimmed to 10599 sentence pairs
Counting words...
Counted words:
fra 4345
eng 2803
['il a l habitude des ordinateurs .', 'he is familiar with computers .']
```

7.3.3 实现 Seq2Seq 模型

循环神经网络是在序列上运行并将其自身的输出用作后续步骤的输入的网络。Seq2Seq 网络或编码器解码器网络是由称为编码器和解码器的两个循环神经网络组成的模型。其中，编码器读取输入序列并输出单个向量，而解码器读取该向量以产生输出序列，如图 7-12 所示。

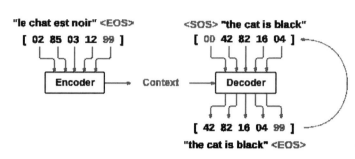

图 7-12　Seq2Seq 结构

与使用单个循环神经网络进行序列预测（每个输入对应一个输出）不同，Seq2Seq 模型使人们摆脱了序列长度和顺序的限制，这使其非常适合两种语言之间的翻译。考虑下面句子的翻译过程：

```
Je ne suis pas le chat noir -> I am not the black cat
```

在输入句子中的大多数单词在输出句子中具有直接翻译，但是顺序略有不同，如 chat noir 和 black cat。由于采用 ne/pas 结构，因此在输入句子中还有一个单词。由于句子中可能存在其他因素（如语法、句法结构、上下文等），从输入单词的序列直接生成正确的翻译会比较困难。通过使用 Seq2Seq 模型，在编码器中创建单个向量。在理想情况下，该向量将输入序列的"含义"编码为单个向量在句子的 N 维空间中的单个点。

1. 编码器

Seq2Seq 网络的编码器是循环神经网络，其为输入句子中的每个单词输出一些值。对于每个输入字，编码器输出一个向量和一个隐藏状态，并将隐藏状态用于下一个输入字。其编码过程如图 7-13 所示。

编写 EncoderRNN 类，它是一个循环神经网络的编码器。该类定义了编码器的结构和前向传播逻辑。编码器使用嵌入层将输入序列中的单词索引映射为密集向量表示，并将其作为 GRU（Gated Recurrent Unit，门控循环单元）层的输入。GRU 层负责对输入序列进行编码，生成输

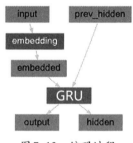

图 7-13　编码过程

出序列和隐藏状态。编码器的输出可以用作解码器的输入，用于进行 Seq2Seq 任务，如机器翻译。initHidden 函数用于初始化隐藏状态张量，作为编码器的初始隐藏状态。其对应的实现代码如下：

```python
class EncoderRNN(nn.Module):
    def __init__(self, input_size, hidden_size):
        super(EncoderRNN, self).__init__()
        self.hidden_size = hidden_size

        self.embedding = nn.Embedding(input_size, hidden_size)
```

```
        self.gru = nn.GRU(hidden_size, hidden_size)

    def forward(self, input, hidden):
        embedded = self.embedding(input).view(1, 1, -1)
        output = embedded
        output, hidden = self.gru(output, hidden)
        return output, hidden

    def initHidden(self):
        return torch.zeros(1, 1, self.hidden_size, device=device)
```

2. 解码器

解码器是另一个循环神经网络,其采用编码器输出向量并输出
单词序列来创建翻译。

(1)简单解码器。在最简单的 Seq2Seq 解码器中,仅使用编码
器的最后一个输出。最后一个输出有时称为上下文向量,因为其从
整个序列中编码上下文。该上下文向量用作解码器的初始隐藏状态,
在解码的每个步骤中,为解码器提供输入标记和隐藏状态。 初始
输入标记是字符串开始<SOS>标记,第一个隐藏状态是上下文向量
(编码器的最后一个隐藏状态),如图 7-14 所示。

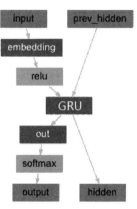

图 7-14　简单解码器

定义类 DecoderRNN,这是一个循环神经网络的解码器。该类
定义了解码器的结构和前向传播逻辑。解码器使用嵌入层将输出序列中的单词索引映射为密集向量
表示,并将其作为 GRU 层的输入。GRU 层负责对输入序列进行解码,生成输出序列和隐藏状态。
解码器的输出通过线性层进行映射,并经过 softmax 层进行概率归一化,得到最终的输出概率分布。
initHidden 方法用于初始化隐藏状态张量,作为解码器的初始隐藏状态。其对应的实现代码如下:

```
class DecoderRNN(nn.Module):
    def __init__(self, hidden_size, output_size):
        super(DecoderRNN, self).__init__()
        self.hidden_size = hidden_size

        self.embedding = nn.Embedding(output_size, hidden_size)
        self.gru = nn.GRU(hidden_size, hidden_size)
        self.out = nn.Linear(hidden_size, output_size)
        self.softmax = nn.LogSoftmax(dim=1)

    def forward(self, input, hidden):
        output = self.embedding(input).view(1, 1, -1)
        output = F.relu(output)
        output, hidden = self.gru(output, hidden)
        output = self.softmax(self.out(output[0]))
        return output, hidden
```

```
def initHidden(self):
    return torch.zeros(1, 1, self.hidden_size, device=device)
```

（2）注意力解码器。如果仅在编码器和解码器之间传递上下文向量，则该单个向量负责对整个句子进行编码。通过使用注意力机制，解码器网络可以在每一步都关注编码器输出的不同部分。首先，计算一组注意力权重，然后，将这些权重与编码器输出向量相乘以创建加权组合。其结果（在代码中称为attn_applied）应包含有关输入序列特定部分的信息，从而帮助解码器选择正确的输出字，如图7-15所示。

另一个前馈层attn使用解码器的输入和隐藏状态作为输入来计算注意力权重。 由于训练数据中包含各种大小的句子，因此要实际创建和训练该层，必须选择可以应用的最大句子长度（输入长度，用于编码器输出）。最大长度的句子将使用所有注意力权重，而较短的句子将仅使用前几个，如图7-16所示。

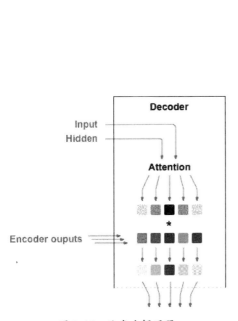

图7-15　注意力解码器

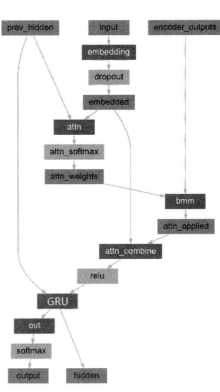

图7-16　前馈层attn

编写AttnDecoderRNN类，实现具有注意力机制的解码器。其对应的实现代码如下：

```
class AttnDecoderRNN(nn.Module):
    def __init__(self, hidden_size, output_size, dropout_p=0.1,
        max_length=MAX_LENGTH):
        super(AttnDecoderRNN, self).__init__()
        self.hidden_size = hidden_size
```

```
            self.output_size = output_size
            self.dropout_p = dropout_p
            self.max_length = max_length

            self.embedding = nn.Embedding(self.output_size, self.hidden_size)
            self.attn = nn.Linear(self.hidden_size * 2, self.max_length)
            self.attn_combine = nn.Linear(self.hidden_size * 2, self.hidden_size)
            self.dropout = nn.Dropout(self.dropout_p)
            self.gru = nn.GRU(self.hidden_size, self.hidden_size)
            self.out = nn.Linear(self.hidden_size, self.output_size)

        def forward(self, input, hidden, encoder_outputs):
            embedded = self.embedding(input).view(1, 1, -1)
            embedded = self.dropout(embedded)

            attn_weights = F.softmax(
                self.attn(torch.cat((embedded[0], hidden[0]), 1)), dim=1)
            attn_applied = torch.bmm(attn_weights.unsqueeze(0),
                                     encoder_outputs.unsqueeze(0))

            output = torch.cat((embedded[0], attn_applied[0]), 1)
            output = self.attn_combine(output).unsqueeze(0)

            output = F.relu(output)
            output, hidden = self.gru(output, hidden)

            output = F.log_softmax(self.out(output[0]), dim=1)
            return output, hidden, attn_weights

        def initHidden(self):
            return torch.zeros(1, 1, self.hidden_size, device=device)
```

对 AttnDecoderRNN 类参数的具体说明如下：

①hidden_size：隐藏状态的维度大小。

②output_size：输出的词汇表大小（词汇表中的单词数量）。

③dropout_p：dropout 概率，用于控制在训练过程中的随机失活。

④max_length：输入序列的最大长度。

对 __init__ 方法的具体说明如下：

①初始化函数，用于创建并初始化 AttnDecoderRNN 类的实例。

②调用父类的初始化方法 super(AttnDecoderRNN, self).__init__。

③将 hidden_size、output_size、dropout_p 和 max_length 存储为实例属性。

④创建一个嵌入层（Embedding layer），用于将输出的单词索引映射为密集向量表示。该嵌入层的输入大小为 output_size，输出大小为 hidden_size。

⑤创建一个线性层 attn，用于计算注意力权重。该线性层将输入的两个向量拼接起来，通过一个线性变换得到注意力权重的分布。

⑥创建一个线性层 attn_combine，用于将嵌入的输入和注意力应用的上下文向量进行结合，以生成解码器的输入。

⑦创建一个 dropout 层，用于在训练过程中进行随机失活。

⑧创建一个 GRU 层，用于处理输入序列。该 GRU 层的输入和隐藏状态的大小都为 hidden_size。

⑨创建一个全连接线性层，用于将 GRU 层的输出映射到输出大小 output_size。

对 forward 方法的具体说明如下：

①前向传播函数，用于对输入进行解码并生成输出、隐藏状态和注意力权重。

②接收输入张量 input、隐藏状态张量 hidden 和编码器的输出张量 encoder_outputs 作为输入。

③将输入张量通过嵌入层进行词嵌入，并进行随机失活处理。

④将嵌入后的张量与隐藏状态张量拼接起来，并通过线性层 attn 计算注意力权重的分布。

⑤使用注意力权重将编码器的输出进行加权求和，得到注意力应用的上下文向量。

⑥将嵌入的输入和注意力应用的上下文向量拼接起来，并通过线性层 attn_combine 进行结合，得到解码器的输入。

⑦将解码器的输入通过激活函数 ReLU 进行非线性变换。

⑧将变换后的张量作为输入传递给 GRU 层，得到输出和更新后的隐藏状态。

⑨将 GRU 的输出通过线性层 out 进行映射，并通过 log_softmax 函数计算输出的概率分布。

⑩返回输出、隐藏状态和注意力权重。

对 initHidden 方法的具体说明如下：

①用于初始化隐藏状态张量，作为解码器的初始隐藏状态。

②返回一个大小为 (1, 1, self.hidden_size) 的全零张量，其中 hidden_size 是隐藏状态的维度大小。

7.3.4 训练模型

1. 准备训练数据

为了训练模型，对于每一对，将需要一个输入张量（输入句子中单词的索引）和目标张量（目标句子中单词的索引）。在创建这些向量时，会将 <EOS> 标记附加到两个序列上。首先定义一些用于处理文本数据的辅助函数，用于将句子转换为索引张量和生成数据对的张量。其对应的实现代码如下：

```
def indexesFromSentence(lang, sentence):
    return [lang.word2index[word] for word in sentence.split(' ')]

def tensorFromSentence(lang, sentence):
    indexes = indexesFromSentence(lang, sentence)
```

```
        indexes.append(EOS_token)
        return torch.tensor(indexes, dtype=torch.long, device=device).view(-1, 1)

def tensorsFromPair(pair):
    input_tensor = tensorFromSentence(input_lang, pair[0])
    target_tensor = tensorFromSentence(output_lang, pair[1])
    return (input_tensor, target_tensor)
```

2.训练模型

为了训练模型，通过编码器运行输入语句，并跟踪每个输出和最新的隐藏状态。为解码器提供<SOS>标记作为其第一个输入，为编码器提供最后的隐藏状态作为其第一个隐藏状态。"教师强制"（Teacher Forcing Ratio，TFR）的概念是使用实际目标输出作为每个下一个输入，而不是使用解码器的猜测作为下一个输入。使用"教师强制"会导致其收敛更快，但是当使用受过训练的网络时，可能会显示不稳定。

我们可以观察到，基于"教师强制"的网络输出在语法上通常是连贯的，但却偏离了正确的翻译。直观地说，网络已经学会了输出语法，并且一旦接收到最初几个单词的输入，就可以"理解"句子的含义。然而，网络仍然需要学习如何从翻译中正确地构建句子。幸运的是，在PyTorch中，我们可以通过简单的if语句来选择是否使用"教师强制"，并且可以通过增加 teacher_forcing_ratio 参数来增加其使用的频率。

编写训练函数train，训练Seq2Seq模型（Encoder-Decoder模型）。其对应的实现代码如下：

```
teacher_forcing_ratio = 0.5

def train(input_tensor, target_tensor, encoder, decoder, encoder_optimizer,
decoder_optimizer, criterion, max_length=MAX_LENGTH):
    encoder_hidden = encoder.initHidden()

    encoder_optimizer.zero_grad()
    decoder_optimizer.zero_grad()

    input_length = input_tensor.size(0)
    target_length = target_tensor.size(0)

    encoder_outputs = torch.zeros(max_length, encoder.hidden_size,
                                  device=device)

    loss = 0

    for ei in range(input_length):
        encoder_output, encoder_hidden = encoder(
            input_tensor[ei], encoder_hidden)
        encoder_outputs[ei] = encoder_output[0, 0]
```

```
decder_input = torch.tensor([[SOS_token]], device=device)

decoder_hidden = encoder_hidden

use_teacher_forcing = True if random.random() < teacher_forcing_ratio
                  else False

if use_teacher_forcing:
    # 教师强制: 将目标作为下一个输入
    for di in range(target_length):
        decoder_output, decoder_hidden, decoder_attention = decoder(
            decoder_input, decoder_hidden, encoder_outputs)
        loss += criterion(decoder_output, target_tensor[di])
        decoder_input = target_tensor[di]    # 使用教师强制

else:
    # 不用教师强制: 使用自己的预测作为下一个输入
    for di in range(target_length):
        decoder_output, decoder_hidden, decoder_attention = decoder(
            decoder_input, decoder_hidden, encoder_outputs)
        topv, topi = decoder_output.topk(1)
        decoder_input = topi.squeeze().detach() # 从历史中分离出来并作为输入

        loss += criterion(decoder_output, target_tensor[di])
        if decoder_input.item() == EOS_token:
            break

loss.backward()

encoder_optimizer.step()
decoder_optimizer.step()

return loss.item() / target_length
```

对上述代码的具体说明如下:

(1) teacher_forcing_ratio: 表示使用"教师强制"的概率。当随机数小于该概率时,将使用"教师强制",即将目标作为解码器的下一个输入;否则,将使用模型自身的预测结果作为输入。

(2) train 函数的参数包括输入张量 (input_tensor)、目标张量 (target_tensor),以及模型的编码器 (encoder)、解码器 (decoder),优化器 (encoder_optimizer 和 decoder_optimizer),损失函数 (criterion) 等。

①对编码器的隐藏状态进行初始化,并将编码器和解码器的梯度归零。

②获取输入张量的长度 (input_length) 和目标张量的长度 (target_length)。

③创建一个形状为 (max_length, encoder.hidden_size) 的全零张量 encoder_outputs，用于存储编码器的输出。

④使用一个循环将输入张量逐步输入编码器，获取编码器的输出和隐藏状态，并将输出存储在 encoder_outputs 中。

⑤初始化解码器的输入为起始标记 (SOS_token) 的张量。

⑥将解码器的隐藏状态初始化为编码器的最终隐藏状态。

⑦判断是否使用"教师强制"。如果使用"教师强制"，将循环遍历目标张量，每次将解码器的输出作为下一个输入，计算损失并累加到总损失 (loss) 中。

⑧如果不使用"教师强制"，则循环遍历目标张量，并使用解码器的输出作为下一个输入。在每次迭代中，计算解码器的输出、隐藏状态和注意力权重，将损失累加到总损失中。如果解码器的输出为结束标记 (EOS_token)，则停止迭代。

⑨完成迭代后，进行反向传播，更新编码器和解码器的参数。

⑩返回平均损失 (loss.item() / target_length)。

3. 展示训练耗费时间

编写如下功能函数，用于在给定当前时间和进度 % 的情况下输出经过的时间和估计的剩余时间。

```
import time
import math
def asMinutes(s):
    m = math.floor(s / 60)
    s -= m * 60
    return '%dm %ds' % (m, s)
def timeSince(since, percent):
    now = time.time()
    s = now - since
    es = s / (percent)
    rs = es - s
return '%s (- %s)' % (asMinutes(s), asMinutes(rs))
```

4. 循环训练

多次调用训练函数train，并偶尔输出进度（实例的百分比、到目前为止的时间、估计的时间）和平均损失。定义循环训练函数 trainIters，用于迭代训练Seq2Seq模型（Encoder-Decoder模型）。该函数的作用是对训练数据进行多次迭代，调用 train 函数进行单次训练，并记录和输出损失信息。同时，通过指定的间隔将损失值进行平均，并可选择性地绘制损失曲线。其对应的实现代码如下：

```
def trainIters(encoder, decoder, n_iters, print_every=1000, plot_every=100,
learning_rate=0.01):
    start = time.time()
    plot_losses = []
```

```
    print_loss_total = 0    # 重新设置每一个 print_every
    plot_loss_total = 0     # 重新设置每一个 plot_every

    encoder_optimizer = optim.SGD(encoder.parameters(), lr=learning_rate)
    decoder_optimizer = optim.SGD(decoder.parameters(), lr=learning_rate)
    training_pairs = [tensorsFromPair(random.choice(pairs))
                        for i in range(n_iters)]
    criterion = nn.NLLLoss()

    for iter in range(1, n_iters + 1):
        training_pair = training_pairs[iter - 1]
        input_tensor = training_pair[0]
        target_tensor = training_pair[1]

        loss = train(input_tensor, target_tensor, encoder,
                    decoder, encoder_optimizer, decoder_optimizer, criterion)
        print_loss_total += loss
        plot_loss_total += loss

        if iter % print_every == 0:
            print_loss_avg = print_loss_total / print_every
            print_loss_total = 0
            print('%s (%d %d%%) %.4f' % (timeSince(start, iter / n_iters),
                                        iter, iter / n_iters * 100,
                                        print_loss_avg))

        if iter % plot_every == 0:
            plot_loss_avg = plot_loss_total / plot_every
            plot_losses.append(plot_loss_avg)
            plot_loss_total = 0

    showPlot(plot_losses)
```

5. 绘制结果

定义绘图函数 showPlot，绘制损失曲线。该函数的作用是绘制损失曲线，按照损失值的索引在 x 轴上绘制，将对应的损失值在 y 轴上绘制。其刻度间隔设置为 0.2，以便更清晰地观察损失曲线的变化。其对应的实现代码如下：

```
import matplotlib.pyplot as plt
plt.switch_backend('agg')
import matplotlib.ticker as ticker
import numpy as np


def showPlot(points):
```

```
plt.figure()
fig, ax = plt.subplots()
# 将刻度放置在有规律的间隔上
loc = ticker.MultipleLocator(base=0.2)
ax.yaxis.set_major_locator(loc)
plt.plot(points)
```

7.3.5   模型评估

模型评估与模型训练的过程基本相同，但是没有目标，因此只需将解码器的预测反馈给每一步。每当其预测一个单词时，都会将其添加到输出字符串中。如果预测到EOS标记，将在此处停止。在评估过程中，使用训练好的编码器和解码器对输入的句子进行解码，生成对应的输出词语序列，并记录解码器的注意力输出，以便后续显示。编写 evaluate 函数，实现模型评估功能。使用训练好的编码器和解码器对输入的句子进行解码，并生成对应的输出词语序列和注意力权重。注意力权重可用于可视化解码过程中的注意力集中情况。其对应的实现代码如下：

```
def evaluate(encoder, decoder, sentence, max_length=MAX_LENGTH):
    with torch.no_grad():
        input_tensor = tensorFromSentence(input_lang, sentence)
        input_length = input_tensor.size()[0]
        encoder_hidden = encoder.initHidden()

        encoder_outputs = torch.zeros(max_length, encoder.hidden_size,
                                      device=device)

        for ei in range(input_length):
            encoder_output, encoder_hidden = encoder(input_tensor[ei],
                                                     encoder_hidden)
            encoder_outputs[ei] += encoder_output[0, 0]

        decoder_input = torch.tensor([[SOS_token]], device=device)   #SOS

        decoder_hidden = encoder_hidden

        decoded_words = []
        decoder_attentions = torch.zeros(max_length, max_length)

        for di in range(max_length):
            decoder_output, decoder_hidden, decoder_attention = decoder(
                decoder_input, decoder_hidden, encoder_outputs)
            decoder_attentions[di] = decoder_attention.data
            topv, topi = decoder_output.data.topk(1)
```

```
            if topi.item() == EOS_token:
                decoded_words.append('<EOS>')
                break
            else:
                decoded_words.append(output_lang.index2word[topi.item()])

            decoder_input = topi.squeeze().detach()

        return decoded_words, decoder_attentions[:di + 1]
```

编写 evaluateRandomly 函数，实现随机评估功能。可以从训练集中评估随机句子，并输出输入、目标和输出，以做出对应的主观质量判断。其对应的实现代码如下：

```
def evaluateRandomly(encoder, decoder, n=10):
    for i in range(n):
        pair = random.choice(pairs)
        print('>', pair[0])
        print('=', pair[1])
        output_words, attentions = evaluate(encoder, decoder, pair[0])
        output_sentence = ' '.join(output_words)
        print('<', output_sentence)
        print('')
```

7.3.6　训练和评估

有了前面介绍的功能函数，现在可以初始化网络并进行训练工作。注意，输入语句已被大量过滤。该数据集可以使用具有 256 个隐藏节点和单个 GRU 层的相对较小的网络。程序在作者的 MacBook CPU 上运行约 40 min 后，会得到一些合理的结果。创建一个编码器（encoder1）和一个带注意力机制的解码器（attn_decoder1），并调用 trainIters 函数进行训练。在训练过程中，trainIters 函数会迭代执行训练步骤，更新编码器和解码器的参数，计算损失并输出训练进度。在每个输出间隔（print_every），会输出当前训练的时间、完成的迭代次数百分比和平均损失。其对应的实现代码如下：

```
hidden_size = 256
encoder1 = EncoderRNN(input_lang.n_words, hidden_size).to(device)
attn_decoder1 = AttnDecoderRNN(hidden_size, output_lang.n_words,
  dropout_p=0.1).to(device)

trainIters(encoder1, attn_decoder1, 75000, print_every=5000)
```

当运行上述代码进行训练工作后，可以随时中断内核进行评估，并可以在以后继续训练。注释编码器和解码器已初始化的行，再次运行 trainIters 函数。执行上述代码，会输出如下训练进度的日志信息，并在训练完成后绘制损失函数随迭代次数变化的折线图，如图7-17所示。

```
2m 6s (- 29m 28s) (5000 6%) 2.8538
4m 7s (- 26m 49s) (10000 13%) 2.3035
6m 10s (- 24m 40s) (15000 20%) 1.9812
8m 13s (- 22m 37s) (20000 26%) 1.7083
10m 15s (- 20m 31s) (25000 33%) 1.5199
12m 17s (- 18m 26s) (30000 40%) 1.3580
14m 18s (- 16m 20s) (35000 46%) 1.2002
16m 18s (- 14m 16s) (40000 53%) 1.0832
18m 21s (- 12m 14s) (45000 60%) 0.9719
20m 22s (- 10m 11s) (50000 66%) 0.8879
22m 23s (- 8m 8s) (55000 73%) 0.8130
24m 25s (- 6m 6s) (60000 80%) 0.7509
26m 27s (- 4m 4s) (65000 86%) 0.6524
28m 27s (- 2m 1s) (70000 93%) 0.6007
30m 30s (- 0m 0s) (75000 100%) 0.5699
```

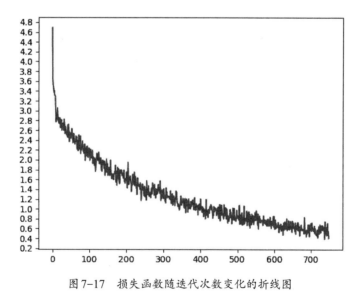

图7-17　损失函数随迭代次数变化的折线图

运行如下代码，调用evaluateRandomly函数，在训练完成后对模型进行随机评估。该函数会从数据集中随机选择一条输入句子，并使用训练好的编码器（encoder1）和解码器（attn_decoder1）对该句子进行翻译；输出原始输入句子、目标输出句子和模型生成的翻译结果。

```
evaluateRandomly(encoder1, attn_decoder1)
```

执行上述代码，输出如下翻译结果：

```
> nous sommes desolees .
= we re sorry .
```

```
< we re sorry . <EOS>


> tu plaisantes bien sur .
= you re joking of course .
< you re joking of course . <EOS>


> vous etes trop stupide pour vivre .
= you re too stupid to live .
< you re too stupid to live . <EOS>


> c est un scientifique de niveau international .
= he s a world class scientist .
< he is a successful person . <EOS>


> j agis pour mon pere .
= i am acting for my father .
< i m trying to my father . <EOS>


> ils courent maintenant .
= they are running now .
< they are running now . <EOS>


> je suis tres heureux d etre ici .
= i m very happy to be here .
< i m very happy to be here . <EOS>


> vous etes bonne .
= you re good .
< you re good . <EOS>


> il a peur de la mort .
= he is afraid of death .
< he is afraid of death . <EOS>


> je suis determine a devenir un scientifique .
= i am determined to be a scientist .
< i m ready to make a cold . <EOS>
```

7.3.7　注意力的可视化

注意力机制的一个有用特性是其高度可解释的输出。因为注意力机制用于加权输入序列的特定编码器输出，所以可以想象一下在每个时间步长上网络最关注的位置。

（1）本实例中，可以简单地运行plt.matshow(attentions)，将注意力输出显示为矩阵，其中列为输入步骤，行为输出步骤。其对应的实现代码如下：

```
output_words, attentions = evaluate(
    encoder1, attn_decoder1, "je suis trop froid .")
plt.matshow(attentions.numpy())
```

上述代码执行效果如图7-18所示。

（2）为了获得更好的观看体验，可以考虑为可视化图添加轴和标签。编写showAttention函数，用于显示注意力权重的可视化结果。该函数接收3个参数：input_sentence是输入句子，output_words是解码器生成的输出单词序列，attentions是注意力权重矩阵。在函数内部创建了一个新的图形（fig）和子图（ax），并使用matshow函数在子图上绘制注意力权重矩阵。颜色映射选用bone，这是一种灰度色图。showAttention函

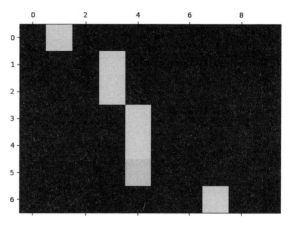

图7-18　注意力矩阵图

数设置横轴和纵轴的刻度标签，横轴刻度包括输入句子的单词和特殊符号<EOS>，纵轴刻度包括输出单词序列。该函数还确保在每个刻度上都显示标签。通过调用plt.show函数，显示绘制的图形，展示注意力权重的可视化结果。其对应的实现代码如下：

```
def showAttention(input_sentence, output_words, attentions):
    # 设置带有颜色条的图形
    fig = plt.figure()
    ax = fig.add_subplot(111)
    cax = ax.matshow(attentions.numpy(), cmap='bone')
    fig.colorbar(cax)

    # 设置轴
    ax.set_xticklabels([''] + input_sentence.split(' ') +
                        ['<EOS>'], rotation=90)
    ax.set_yticklabels([''] + output_words)

    # 在每个刻度上显示标签
    ax.xaxis.set_major_locator(ticker.MultipleLocator(1))
    ax.yaxis.set_major_locator(ticker.MultipleLocator(1))

    plt.show()
```

（3）创建evaluateAndShowAttention函数，用于评估输入句子的翻译结果，并显示注意力权重的可视化。evaluateAndShowAttention函数首先调用evaluate函数，获取输入句子的翻译结果和注意力权重。然后，输出输入句子和翻译结果，并调用showAttention函数绘制注意力权重的可视化图像。

接着，使用几个示例句子调用evaluateAndShowAttention 函数，以展示不同输入句子的翻译结果和注意力权重的可视化。每个示例句子的翻译结果和注意力权重图像都会被输出。其对应的实现代码如下：

```
def evaluateAndShowAttention(input_sentence):
    output_words, attentions = evaluate(
        encoder1, attn_decoder1, input_sentence)
    print('input =', input_sentence)
    print('output =', ' '.join(output_words))
    showAttention(input_sentence, output_words, attentions)

evaluateAndShowAttention("elle a cinq ans de moins que moi .")

evaluateAndShowAttention("elle est trop petit .")

evaluateAndShowAttention("je ne crains pas de mourir .")

evaluateAndShowAttention("c est un jeune directeur plein de talent .")
```

上述代码调用了4次 evaluateAndShowAttention 函数，并针对不同的输入句子进行评估和可视化。每次调用 evaluateAndShowAttention 函数时都会生成一幅图像，因此总共会生成4幅图像。每幅图像显示了输入句子、翻译结果及对应的注意力权重图，具体说明如下：

（1）"Age Difference"（年龄差异）的可视化结果如图7-19所示，描述了句子 "elle a cinq ans de moins que moi ." 的翻译结果和注意力权重图。

（2）"Size Matters"（尺寸重要）的可视化结果如图7-20所示，描述了句子 "elle est trop petit ." 的翻译结果和注意力权重图。

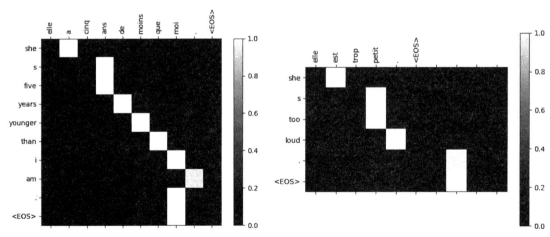

图7-19　"Age Difference" 的可视化结果　　　　图7-20　"Size Matters" 的可视化结果

（3）"Facing Fear"（面对恐惧）的可视化结果如图7-21所示，描述了句子 "je ne crains pas de mourir ." 的翻译结果和注意力权重图。

（4）"Young and Talented"（年轻而有才华）的可视化结果如图7-22所示，描述了句子 "c est un jeune directeur plein de talent ." 的翻译结果和注意力权重图。

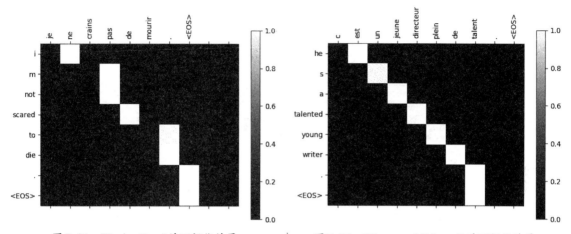

图7-21　"Facing Fear"的可视化结果　　　图7-22　"Young and Talented"的可视化结果

同时，输出文本翻译结果，具体如下：

```
input = elle a cinq ans de moins que moi .
output = she s five years younger than i am . <EOS>
input = elle est trop petit .
output = she s too loud . <EOS>
input = je ne crains pas de mourir .
output = i m not scared to die . <EOS>
input = c est un jeune directeur plein de talent .
output = he s a talented young writer . <EOS>
```

第 8 章
模型训练与调优

本章将深入探讨深度学习模型的训练过程，揭示模型训练的关键细节和策略。本章将从模型训练的核心功能开始，探讨如何将训练数据输入模型、计算损失函数、更新模型权重以逐步优化模型性能。本章内容循序渐进，可为读者步入本书后面知识的学习打下基础。

8.1 模型训练优化

模型训练优化是确保机器学习或深度学习模型在训练过程中能够以高效、稳定和最优的方式学习数据特征，以取得更好性能的一系列技术和方法。

8.1.1 底层优化

在深度学习中，底层优化指的是对模型训练过程中的基本组成部分，如优化算法、激活函数、权重初始化（Weight Initialization）等进行优化，以提高训练速度、稳定性和模型性能。底层优化涉及许多细节，通过调整这些方面，可以显著提升模型的性能和训练效率。在实际应用中，需要根据问题的特点进行选择和调整，不断进行实验和优化。

在 TensorFlow 中，可以使用各种 optimizer（优化）类来直接对问题进行优化，这些 optimizer 类将会自动计算 TensorFlow Graph 中的导数。但是，如果想使用自己写的 optimizer 类，则不能直接使用 TensorFlow 中的 optimizer，此时可以调用 lower-level（底层）函数来实现。在现实应用中，可以在 compile 函数中不使用损失函数，而是自定义设置 train_step 函数和指标。例如，下面是一个使用 TensorFlow 实现的底层优化实例，配置了一个简易的 compile 优化器：

（1）创建 Metric 实例，跟踪损失和 MAE 得分。

（2）创建一个自定义的 train_step 函数，用于更新这些指标的状态（通过调用 update_state 函数实现）；通过 result 函数查询当前指标的平均值；通过进度条显示训练过程中的结果，并将这些结果传递给任何用户定义的回调函数。

实例8-1 **TensorFlow实现底层优化（源码路径：daima/8/fit02.py）**

实例文件 fit02.py 的具体实现代码如下：

```
import tensorflow as tf
from tensorflow import keras
import numpy as np


loss_tracker = keras.metrics.Mean(name="loss")
mae_metric = keras.metrics.MeanAbsoluteError(name="mae")


class CustomModel(keras.Model):
    def train_step(self, data):
        x, y = data

        with tf.GradientTape() as tape:
            y_pred = self(x, training=True)    # 向前传递
            # 计算损失
```

```
        loss = keras.losses.mean_squared_error(y, y_pred)

    # 计算梯度变化函数 gradients
    trainable_vars = self.trainable_variables
    gradients = tape.gradient(loss, trainable_vars)

    # 更新权重
    self.optimizer.apply_gradients(zip(gradients, trainable_vars))

    # 更新指标（包括跟踪损失的指标）
    loss_tracker.update_state(loss)
    mae_metric.update_state(y, y_pred)
    return {"loss": loss_tracker.result(), "mae": mae_metric.result()}

@property
def metrics(self):
    # 返回 Metric 对象，这样就可以在每个 epoch 开始时或 evaluate() 开始时自动调用
      reset_states 函数
    # 如果不实现此属性，则必须调用 reset_states 函数
    return [loss_tracker, mae_metric]


# 构造 CustomModel 的实例
inputs = keras.Input(shape=(32,))
outputs = keras.layers.Dense(1)(inputs)
model = CustomModel(inputs, outputs)

# 不传递损失或指标
model.compile(optimizer="adam")

# 使用 fit 函数，也可以使用回调
x = np.random.random((1000, 32))
y = np.random.random((1000, 1))
model.fit(x, y, epochs=5)
```

在上述代码中，需要使用reset_states函数在每个epoch之间重置状态。否则，result函数将在训练开始后返回平均值，而通常使用的是每个时期的平均值。为了解决这个问题，需要通过metrics在模型的属性中列出要重置的任何指标。在上述实例中，模型将在每个epoch开始时或在evaluate函数开始时调用reset_states函数。执行上述代码，输出结果如下：

```
Epoch 1/5
32/32 [==============================] - 0s 2ms/step - loss: 0.3635 - mae:
0.4892
Epoch 2/5
32/32 [==============================] - 0s 1ms/step - loss: 0.2115 - mae:
```

```
0.3722
Epoch 3/5
32/32 [==============================] - 0s 1ms/step - loss: 0.2051 - mae:
0.3649
Epoch 4/5
32/32 [==============================] - 0s 1ms/step - loss: 0.1999 - mae:
0.3605
Epoch 5/5
32/32 [==============================] - 0s 1ms/step - loss: 0.1945 - mae:
0.3556

<tensorflow.python.keras.callbacks.History at 0x7f624c0a66a0>
```

　　一个常用的 PyTorch 底层优化实例是使用 GPU 加速模型训练，通过将计算工作从 CPU 移动到 GPU 上，可以显著提高训练速度。下面是一个使用 GPU 加速模型训练的实例。

实例8-2　PyTorch使用 GPU 加速模型训练（源码路径：daima/8/pyxun.py）

　　实例文件pyxun.py的具体实现代码如下：

```python
import torch
import torch.nn as nn
import torch.optim as optim

# 定义一个简单的神经网络
class SimpleNet(nn.Module):
    def __init__(self):
        super(SimpleNet, self).__init__()
        self.fc1 = nn.Linear(10, 5)
        self.fc2 = nn.Linear(5, 2)

    def forward(self, x):
        x = self.fc1(x)
        x = self.fc2(x)
        return x

# 创建模型实例
model = SimpleNet()

# 将模型移动到 GPU 上
device = torch.device("cuda" if torch.cuda.is_available() else "cpu")
model.to(device)

# 定义数据和目标
data = torch.randn(16, 10).to(device)
target = torch.randint(0, 2, (16,)).to(device)
```

```
# 定义损失函数和优化器
criterion = nn.CrossEntropyLoss()
optimizer = optim.SGD(model.parameters(), lr=0.01)

# 在 GPU 上进行模型训练
for epoch in range(10):
    optimizer.zero_grad()
    output = model(data)
    loss = criterion(output, target)
    loss.backward()
    optimizer.step()
    print(f"Epoch [{epoch+1}/10], Loss: {loss.item():.4f}")
```

在上述代码中，模型、数据和目标都被移动到了 GPU 上进行计算。这样可以利用 GPU 的并行计算能力，加速模型训练过程。实际上，只需要在模型创建后使用 .to('cuda') 将模型移动到 GPU 上，数据和目标同样也可以使用 .to('cuda') 进行移动。

> **注意**：为了使用 GPU 进行计算，计算机系统必须支持 CUDA，并且需要安装适应于计算机的 GPU 的 CUDA 工具包和 cuDNN 库。在实际应用中，GPU 加速通常可以大幅缩短训练时间，特别是在模型较复杂或数据量较大的情况下。

8.1.2 样本权重和分类权重

1. 分类权重参数 class_weight

在分类模型中经常会遇到如下两类问题：

（1）误分类的代价很高：如对合法用户和非法用户进行分类，我们不希望将合法用户误分类为非法用户，因为这可能会导致合法用户受到不必要的限制或困扰。而将非法用户误分类为合法用户的风险相对较小，因为可以通过其他手段进行进一步的检查和筛选。这时，可以适当提高非法用户的权重class_weight={0:0.9, 1:0.1}。

（2）样本是高度失衡的：如有合法用户和非法用户的二元样本数据10000条，其中合法用户有9995条，非法用户只有5条，如果不考虑权重，则可以将所有的测试集都预测为合法用户，这样预测准确率理论上有99.95%，但是却没有任何意义。

2. 样本权重参数 sample_weight

样本不平衡可能会导致模型预测能力下降，在遇到这种情况时，可以通过调节样本权重来尝试解决这个问题。调节样本权重的方法有两种：①在class_weight中使用balanced；②在调用fit函数时，通过sample_weight自己调节每个样本权重。

在TensorFlow程序中使用fit函数时，可以使用样本权重参数sample_weight和分类权重参数class_weight，使用流程如下：

（1）使用sample_weight从参数data中解包。

（2）将class_weight和sample_weight传递给compiled_loss和compiled_metrics。

下面的实例演示了在fit函数中使用样本权重参数sample_weight的过程。

实例8-3 样本权重参数sample_weight（源码路径：daima/8/fit03.py）

实例文件fit03.py的主要实现代码如下：

```python
class CustomModel(keras.Model):
    def train_step(self, data):
        # 打开 data 数据包，其结构取决于模型和传递给 fit 函数的内容
        if len(data) == 3:
            x, y, sample_weight = data
        else:
            x, y = data
        with tf.GradientTape() as tape:
            y_pred = self(x, training=True)   # 向前传递
            # 计算损失值，在 compile 方法中配置损失函数
            loss = self.compiled_loss(
                y,
                y_pred,
                sample_weight=sample_weight,
                regularization_losses=self.losses,
            )
        # 计算梯度变化函数 gradients
        trainable_vars = self.trainable_variables
        gradients = tape.gradient(loss, trainable_vars)
        # 更新权重
        self.optimizer.apply_gradients(zip(gradients, trainable_vars))
        # 更新 metrics 指标
        # 在 compile 方法中配置 metrics
        self.compiled_metrics.update_state(y, y_pred,
                                           sample_weight=sample_weight)

        # 返回一个 dict 字典，字典值是 metric 的名字
        # 这些值将包括损失（在自身指标）
        return {m.name: m.result() for m in self.metrics}


# 构造并编译 CustomModel 的实例
inputs = keras.Input(shape=(32,))
outputs = keras.layers.Dense(1)(inputs)
model = CustomModel(inputs, outputs)
model.compile(optimizer="adam", loss="mse", metrics=["mae"])

# 现在可以使用样本权重参数 sample_weight
```

```
x = np.random.random((1000, 32))
y = np.random.random((1000, 1))
sw = np.random.random((1000, 1))
model.fit(x, y, sample_weight=sw, epochs=3)
```

上述代码定义了一个自定义的深度学习模型 CustomModel，并重写了其中的 train_step 方法，以实现自定义的训练步骤。对上述代码的具体说明如下：

（1）CustomModel 类继承了 keras.Model 类，表示其是一个自定义的模型。

（2）train_step 方法是重写的训练步骤，在每个训练循环中被调用。train_step 方法接收一个数据包 data，其中包含输入数据和对应的标签。如果数据包含3个部分，则代表输入、标签和样本权重；否则，只有输入和标签2个部分。

（3）在 GradientTape 上下文中对输入数据进行前向传播，得到预测结果 y_pred。

（4）使用 compiled_loss 函数计算损失，该损失函数在 compile 方法中进行了配置。

（5）计算损失相对于可训练变量的梯度。

（6）使用优化器更新模型的可训练变量。

（7）更新模型的指标（metrics），包括在 compile 方法中配置的指标和损失。

（8）返回一个字典，其中包含各个指标的名字及其计算结果。

（9）在代码的后半部分创建一个 CustomModel 实例，并使用 compile 方法配置优化器、损失函数和指标。

（10）使用样本权重参数 sample_weight 调用 model.fit 方法进行模型训练。

这段代码演示了如何通过自定义模型的训练步骤，实现对训练过程的精细控制，包括损失函数、梯度计算和模型权重的更新。

执行上述代码，输出结果如下：

```
Epoch 1/3
32/32 [==============================] - 0s 2ms/step - loss: 0.4626 - mae: 0.8329
Epoch 2/3
32/32 [==============================] - 0s 2ms/step - loss: 0.2033 - mae: 0.5283
Epoch 3/3
32/32 [==============================] - 0s 2ms/step - loss: 0.1421 - mae: 0.4378

<tensorflow.python.keras.callbacks.History at 0x7f62401c6198>
```

在 PyTorch 中，可以使用 torch.utils.data.WeightedRandomSampler 来创建带有样本权重的数据采样器。首先，计算每个类别的权重，通常可以使用逆类别出现频率来设置权重。然后，将这些权重传递给采样器，其将在每个批次中按照权重抽取样本。另外，在 PyTorch 中，可以通过在损失函数中使用权重来实现分类权重优化。例如，在交叉熵损失函数中，可以使用 weight 参数指定不同类别的权重。

当涉及样本权重和分类权重优化的 PyTorch 模型训练时，可以考虑一个图像分类任务，其中数据集存在类别不平衡，并且某些类别比其他类别更重要。下面是一个完整的实例，演示了如何在训练过程中应用样本权重和分类权重优化。假设有一个数据集，其中有3个类别（猫、狗、鸟），其中猫的样本较少，需要应用样本权重来平衡，同时鸟类在任务中被认为更重要，因此需要应用分类权重优化。

实例8-4 **PyTorch使用样本权重和分类权重优化训练图像分类模型（源码路径：daima/8/pyquan.py）**

实例文件pyquan.py的主要实现代码如下：

```python
import torch
import torch.nn as nn
import torch.optim as optim
from torch.utils.data import Dataset, DataLoader, WeightedRandomSampler

# 示例数据集类
class CustomDataset(Dataset):
    def __init__(self, num_samples):
        # 随机生成图像数据，实际应用中填充实际数据
        self.data = torch.randn(num_samples, 3, 32, 32)
        # 随机生成标签，实际应用中填充实际标签
        self.targets = torch.randint(0, 3, (num_samples,))

    def __len__(self):
        return len(self.data)

    def __getitem__(self, idx):
        return self.data[idx], self.targets[idx]

# 构建示例数据集
dataset = CustomDataset(num_samples=1000)    # 创建包含1000个样本的数据集

# 计算类别权重
class_weights = [0.5, 1.0, 2.0]    # 分别对应猫、狗、鸟的权重

# 创建带有样本权重的采样器
sampler = WeightedRandomSampler(class_weights, num_samples=len(dataset),
    replacement=True)

# 创建数据加载器
data_loader = DataLoader(dataset, batch_size=32, sampler=sampler)

# 定义模型
class Net(nn.Module):
    def __init__(self):
        super(Net, self).__init__()
```

```
        self.fc = nn.Linear(in_features=3*32*32, out_features=3)

    def forward(self, x):
        x = x.view(x.size(0), -1)
        return self.fc(x)

model = Net()

# 使用带有权重的交叉熵损失函数
criterion = nn.CrossEntropyLoss(weight=torch.tensor(class_weights))

# 定义优化器
optimizer = optim.SGD(model.parameters(), lr=0.001, momentum=0.9)

# 训练模型
num_epochs = 10
for epoch in range(num_epochs):
    for inputs, labels in data_loader:
        optimizer.zero_grad()
        outputs = model(inputs)
        loss = criterion(outputs, labels)
        loss.backward()
        optimizer.step()
    print(f"Epoch [{epoch+1}/{num_epochs}] - Loss: {loss.item():.4f}")

print("Training complete!")
```

本实例演示了如何使用样本权重和分类权重优化训练一个简单的图像分类模型。注意，本实例没有直接提供完整的数据集和样本，只是创建了一个虚拟的示例数据集和样本，以便可以在用户的环境中运行代码并理解如何应用样本权重和分类权重优化。

8.2 损失函数和优化算法

损失函数和优化算法是在机器学习和深度学习中非常重要的概念，它们共同用于模型训练，使模型能够逐渐逼近或达到最佳状态。

8.2.1 损失函数和优化算法的概念

1. 损失函数

损失函数是一个衡量模型预测与实际目标之间差异的函数。在监督学习任务中，模型的目标是尽量减小损失函数的值，以便使其预测结果与实际标签尽量接近。损失函数的选择取决于任务类型，常见的损失函数包括均方误差（Mean Squared Error，MSE）、交叉熵、对数似然损失（Log-Likelihood Loss）等。不同的任务可能需要不同的损失函数来确保模型学习到正确的目标。

2. 优化算法

优化算法用于更新模型的参数，使损失函数逐渐减小，从而使模型更好地拟合数据。训练过程可以被看作在参数空间中寻找损失函数的最小值。常见的优化算法包括梯度下降、随机梯度下降（Stochastic Gradient Descent，SGD）、动量法（Momentum）、Adagrad（Adapt Gradient Algorithm，自适应梯度算法）、RMSProp（Root Mean Square Propagation，均方根传递）、Adam（Adaptive Moment Estimation，自适应矩估计）等。这些算法以不同的方式利用损失函数的梯度信息更新模型参数，使其朝着损失函数的最小值移动。

综合起来，训练一个机器学习模型的过程通常涉及选择适当的损失函数来衡量模型的性能，使用适合任务特性的优化算法来调整模型参数，使其最小化损失函数。该过程是迭代的，模型参数会在训练数据上多次调整，直到达到某个停止条件，如预定的训练轮数或损失函数值收敛。

8.2.2　TensorFlow 损失函数和优化算法

TensorFlow是一个流行的开源深度学习框架，提供了许多内置的损失函数，适用于不同类型的任务。

1. TensorFlow 损失函数

下面列出了一些常用的 TensorFlow 损失函数：

（1）均方误差：用于回归任务，衡量预测值与真实标签之间的平均平方差。在 TensorFlow 中，可以使用 tf.losses.mean_squared_error 或 tf.keras.losses.MeanSquaredError 来计算均方误差。

（2）交叉熵：用于分类任务，测量预测分布与真实分布之间的差异。在 TensorFlow 中，交叉熵的计算可以使用 tf.losses.categorical_crossentropy 或 tf.keras.losses.CategoricalCrossentropy（多类别分类）及 tf.losses.sparse_categorical_crossentropy 或 tf.keras.losses.SparseCategoricalCrossentropy（单类别分类）。

（3）对数似然损失：用于概率分布估计或最大似然估计任务。在 TensorFlow 中，可以通过使用适当的概率分布函数和 tf.reduce_mean 来计算对数似然损失。

（4）Hinge Loss：适用于支持向量机（SVM）等分类任务。在 TensorFlow 中，可以使用 tf.losses.hinge_loss 来计算 Hinge Loss。

（5）Huber Loss：一种平衡了均方误差和绝对误差的损失函数，对离群值不敏感。在 TensorFlow 中，可以使用 tf.losses.huber_loss 或 tf.keras.losses.Huber 来计算 Huber Loss。

（6）KL 散度（Kullback-Leibler Divergence）：用于测量两个概率分布之间的差异。在 TensorFlow 中，可以使用 tf.losses.kullback_leibler_divergence 来计算 KL 散度。

（7）自定义损失函数：如果上述内置损失函数不能满足需求，则可以在 TensorFlow 中定义自己的损失函数。其方法为创建一个函数，接收模型预测和真实标签作为输入，并返回损失值。

> **注意**：上面列出的只是一小部分 TensorFlow 中可用的损失函数，读者可以根据任务需求和模型类型选择合适的损失函数。在使用损失函数时，需要注意检查 TensorFlow 文档以了解所用函数的参数和用法。

下面是一个完整的 TensorFlow 实例，演示了创建一个简单的神经网络模型并使用均方误差作为损失函数来进行训练的过程。

实例8-5 TensorFlow使用均方误差作为损失函数来训练模型（源码路径：daima/8/sun.py）

实例文件 sun.py 的主要实现代码如下：

```python
import tensorflow as tf
import numpy as np

# 生成一些示例数据
num_samples = 1000
input_dim = 1
output_dim = 1

X = np.random.rand(num_samples, input_dim)
y = 3 * X + 2 + np.random.randn(num_samples, output_dim) * 0.1
# 模拟带噪声的线性关系

# 构建神经网络模型
model = tf.keras.Sequential([
    tf.keras.layers.Input(shape=(input_dim,)),
    tf.keras.layers.Dense(1)    # 单个输出神经元
])

# 编译模型
model.compile(optimizer='adam', loss='mean_squared_error')

# 输出模型概述
model.summary()

# 将 NumPy 数组转换为 TensorFlow Dataset
dataset = tf.data.Dataset.from_tensor_slices((X, y)).batch(32)

# 训练模型
num_epochs = 50

for epoch in range(num_epochs):
    for batch_X, batch_y in dataset:
        loss = model.train_on_batch(batch_X, batch_y)
```

```
    if (epoch + 1) % 10 == 0:
        print(f'Epoch [{epoch+1}/{num_epochs}], Loss: {loss:.4f}')

# 使用训练好的模型进行预测
new_X = np.array([[0.2], [0.5], [0.8]])
predictions = model.predict(new_X)
print("Predictions:")
print(predictions)
```

对上述代码的具体说明如下：

（1）创建一个简单的神经网络模型，其包含一个输入层和一个输出层。

（2）使用均方误差作为损失函数，并使用 Adam 优化器进行模型训练。

（3）构建一个使用随机数据的 TensorFlow Dataset，以批量方式进行训练。

（4）训练模型一定数量的轮次，并在每个轮次结束后输出损失。

（5）使用训练好的模型进行新数据的预测。

该实例展示了如何使用 TensorFlow 创建一个完整的神经网络模型，定义损失函数，训练模型并进行预测。

执行上述代码，输出结果如下：

```
Model: "sequential"

Layer (type)                Output Shape              Param #
=================================================================
dense (Dense)               (None, 1)                 2
=================================================================
Total params: 2
Trainable params: 2
Non-trainable params: 0
```

2. TensorFlow 损失函数的优化算法

在 TensorFlow 程序中，损失函数通常与优化算法一起使用来训练模型。下面列出了一些常用的优化算法，它们可以与 TensorFlow 中的损失函数一起使用。

（1）SGD：非常简单的优化算法之一，在每个训练步骤中使用单个样本或一个小批次样本来计算梯度并更新模型参数。在 TensorFlow 中，可以使用 tf.keras.optimizers.SGD 来创建 SGD 优化器。

（2）动量法：通过引入动量项来加速 SGD 的收敛，有助于克服梯度方向变化较大的问题。在 TensorFlow 中，可以使用 tf.keras.optimizers.SGD 并设置 momentum 参数来实现。

（3）Adagrad：适应性梯度算法，根据每个参数的历史梯度来调整学习率，适用于稀疏数据。在 TensorFlow 中，可以使用 tf.keras.optimizers.Adagrad 来实现。

（4）RMSProp：通过计算梯度平方的指数加权移动平均数来调整学习率，以解决 Adagrad 中学习率递减过快的问题。在 TensorFlow 中，可以使用 tf.keras.optimizers.RMSprop 来实现。

（5）Adam：结合了动量法和 RMSProp，适用于很多问题。Adam 通过维护梯度的一阶矩估计和二阶矩估计来自适应地调整学习率。在 TensorFlow 中，可以使用 tf.keras.optimizers.Adam 来实现。

（6）Adadelta：与 Adagrad 类似，但使用梯度变化的移动平均来调整学习率。在 TensorFlow 中，可以使用 tf.keras.optimizers.Adadelta 来实现。

（7）FTRL（Follow-The-Regularized-Leader）-Proximal：适用于稀疏数据，结合了 L1 和 L2 正则化。在 TensorFlow 中，可以使用 tf.keras.optimizers.Ftrl 来实现。

> **注意**：上面列出的只是一些常见的优化算法示例，在 TensorFlow 中，可以使用 tf.keras.optimizers 模块来创建和配置这些优化器。不同的优化算法在不同的任务和数据集上表现可能不同，因此可以尝试不同的算法来找到适合问题的最佳优化策略。

下面是一个 TensorFlow 使用动量法优化模型的实例，包括模型创建、训练和优化功能。

实例8-6 **TensorFlow使用动量法优化模型（源码路径：daima/8/dong.py）**

实例文件 dong.py 的主要实现代码如下：

```python
import tensorflow as tf
import numpy as np

# 生成一些示例数据
num_samples = 1000
input_dim = 1
output_dim = 1

X = np.random.rand(num_samples, input_dim)
y = 3 * X + 2 + np.random.randn(num_samples, output_dim) * 0.1
# 模拟带噪声的线性关系

# 创建 TensorFlow Dataset
dataset = tf.data.Dataset.from_tensor_slices((X, y)).batch(32)

# 构建神经网络模型
model = tf.keras.Sequential([
    tf.keras.layers.Input(shape=(input_dim,)),
    tf.keras.layers.Dense(1)   # 单个输出神经元
])

# 编译模型
model.compile(optimizer=tf.keras.optimizers.SGD(learning_rate=0.01,
momentum=0.9), loss='mean_squared_error')

# 输出模型概述
model.summary()
```

```
# 训练模型
num_epochs = 50

for epoch in range(num_epochs):
    for batch_X, batch_y in dataset:
        loss = model.train_on_batch(batch_X, batch_y)

    if (epoch + 1) % 10 == 0:
        print(f'Epoch [{epoch+1}/{num_epochs}], Loss: {loss:.4f}')

# 使用训练好的模型进行预测
new_X = np.array([[0.2], [0.5], [0.8]])
predictions = model.predict(new_X)
print("Predictions:")
print(predictions)
```

对上述代码的具体说明如下：

（1）生成示例数据，并创建一个神经网络模型。

（2）使用动量法优化算法（通过 tf.keras.optimizers.SGD）编译模型。

（3）使用 TensorFlow Dataset 进行训练。

（4）输出训练过程中的损失。

（5）使用训练好的模型进行新数据的预测。

动量法通过 momentum 参数来设置动量的大小，该参数可以控制之前梯度方向的影响程度。在训练过程中，模型将根据批次数据计算梯度并应用动量更新参数，以更快地收敛到损失函数的最小值。

执行上述代码，输出结果如下：

```
Model: "sequential"
_____
Layer (type)                 Output Shape              Param #
=================================================================
dense (Dense)                (None, 1)                 2
=================================================================
Total params: 2
Trainable params: 2
Non-trainable params: 0
_____
```

8.2.3 PyTorch 损失函数和优化算法

PyTorch 提供了多种损失函数和优化算法，用于在训练神经网络时计算模型预测与真实标签之间的差异。

1. PyTorch 损失函数

下面是一些常用的PyTorch损失函数。

（1）均方误差损失（Mean Squared Error Loss）：用于解决回归问题，衡量模型预测与真实值之间的平均平方差。例如：

```
criterion = nn.MSELoss()
```

（2）交叉熵损失（Cross-Entropy Loss）：用于分类问题，计算模型预测分布与真实标签之间的交叉熵。例如：

```
criterion = nn.CrossEntropyLoss()
```

（3）二进制交叉熵损失（Binary Cross-Entropy Loss）：用于二分类问题，计算模型预测与真实二进制标签之间的交叉熵。例如：

```
criterion = nn.BCELoss()
```

（4）带权重的交叉熵损失（Weighted Cross-Entropy Loss）：用于处理类别不平衡问题，允许为不同类别设置不同的权重。例如：

```
criterion = nn.CrossEntropyLoss(weight=weights)
```

（5）KLDiv损失（Kullback-Leibler Divergence Loss）：用于衡量两个概率分布之间的差异，常用于生成模型的训练。例如：

```
criterion = nn.KLDivLoss()
```

（6）Huber损失：与均方误差损失类似，但在损失值较小的情况下采用线性变化，可降低离群值的影响。例如：

```
criterion = nn.SmoothL1Loss()
```

（7）三角形余弦损失（Triplet Margin Loss）：用于训练嵌入向量，通过最小化正样本与负样本之间的距离，最大化正样本与负样本之间的距离。例如：

```
criterion = nn.TripletMarginLoss()
```

（8）绝对值损失（L1 Loss）：与均方误差损失类似，但其衡量模型预测与真实值之间的绝对差异。例如：

```
criterion = nn.L1Loss()
```

（9）余弦相似度损失（Cosine Similarity Loss）：衡量模型预测向量与真实向量之间的余弦相似度。例如：

```
criterion = nn.CosineSimilarityLoss()
```

　　在使用上述PyTorch中的常见损失函数时，可以根据问题类型和需求选择适当的损失函数，并根据需要对其参数进行调整。下面实例的功能是使用CIFAR-10数据集进行图像分类，并使用交叉熵损失函数进行训练。

实例8-7 PyTorch使用交叉熵损失函数训练模型（源码路径：daima/8/pyjiao.py）

　　实例文件pyjiao.py的主要实现代码如下：

```python
# 数据预处理
transform = transforms.Compose([
    transforms.Resize((32, 32)),
    transforms.ToTensor(),
    transforms.Normalize((0.5, 0.5, 0.5), (0.5, 0.5, 0.5))    # 图像归一化
])

# 加载 CIFAR-10 数据集
train_dataset = datasets.CIFAR10(root='./data', train=True,
transform=transform, download=True)
train_loader = DataLoader(train_dataset, batch_size=32, shuffle=True)

# 定义模型
class Net(nn.Module):
    def __init__(self):
        super(Net, self).__init__()
        self.conv1 = nn.Conv2d(3, 64, kernel_size=3, padding=1)
        self.pool = nn.MaxPool2d(kernel_size=2, stride=2)
        self.fc1 = nn.Linear(64 * 16 * 16, 256)
        self.fc2 = nn.Linear(256, 10)   #10 个类别

    def forward(self, x):
        x = self.pool(nn.functional.relu(self.conv1(x)))
        x = x.view(x.size(0), -1)
        x = nn.functional.relu(self.fc1(x))
        x = self.fc2(x)
        return x

model = Net()

# 定义损失函数
criterion = nn.CrossEntropyLoss()    # 交叉熵损失函数

# 定义优化器
optimizer = optim.Adam(model.parameters(), lr=0.001)

# 训练模型
```

```
num_epochs = 10
for epoch in range(num_epochs):
    for inputs, labels in train_loader:
        optimizer.zero_grad()
        outputs = model(inputs)
        loss = criterion(outputs, labels)
        loss.backward()
        optimizer.step()
    print(f"Epoch [{epoch+1}/{num_epochs}] - Loss: {loss.item():.4f}")

print("Training complete!")
```

2. PyTorch 损失函数的优化算法

在PyTorch中，可以使用不同的优化算法来更新模型参数，从而使损失函数减小。下面是一些常用的优化算法。

（1）SGD：基本的优化算法之一，每次更新使用小批量样本的梯度估计。例如：

```
optimizer = optim.SGD(model.parameters(), lr=learning_rate)
```

（2）Adam：自适应学习率优化算法，结合了动量和自适应学习率机制。例如：

```
optimizer = optim.Adam(model.parameters(), lr=learning_rate)
```

（3）RMSprop：自适应学习率算法，适用于处理梯度更新过大或过小的情况。例如：

```
optimizer = optim.RMSprop(model.parameters(), lr=learning_rate)
```

（4）Adagrad：自适应学习率算法，根据参数的历史梯度信息进行调整。例如：

```
optimizer = optim.Adagrad(model.parameters(), lr=learning_rate)
```

（5）AdamW：Adam的一种变体，添加了L2正则化项以稳定训练。例如：

```
optimizer = optim.AdamW(model.parameters(), lr=learning_rate)
```

（6）LBFGS（Limited-memory Broyden–Fletcher–Goldfarb–Shanno）：拟牛顿法，用于解决无约束优化问题。例如：

```
optimizer = optim.LBFGS(model.parameters(), lr=learning_rate)
```

这些是PyTorch中一些常用的优化算法。在训练循环中，将使用优化器进行参数更新，最小化损失函数的值。不同的优化算法可能适用于不同的问题和模型结构，可以根据实际情况进行选择和调整。下面的实例使用CIFAR-10数据集进行图像分类，并使用交叉熵损失函数和Adam优化算法进行训练。

实例8-8　PyTorch使用交叉熵损失函数和Adam优化算法训练模型（源码路径：daima/8/pyyou.py）

实例文件pyyou.py的主要实现代码如下：

```python
# 数据预处理
transform = transforms.Compose([
    transforms.Resize((32, 32)),
    transforms.ToTensor(),
    transforms.Normalize((0.5, 0.5, 0.5), (0.5, 0.5, 0.5))    # 图像归一化
])

# 加载 CIFAR-10 数据集
train_dataset = datasets.CIFAR10(root='./data', train=True,
transform=transform, download=True)
train_loader = DataLoader(train_dataset, batch_size=32, shuffle=True)

# 定义模型
class Net(nn.Module):
    def __init__(self):
        super(Net, self).__init__()
        self.conv1 = nn.Conv2d(3, 64, kernel_size=3, padding=1)
        self.pool = nn.MaxPool2d(kernel_size=2, stride=2)
        self.fc1 = nn.Linear(64 * 16 * 16, 256)
        self.fc2 = nn.Linear(256, 10)    #10 个类别

    def forward(self, x):
        x = self.pool(nn.functional.relu(self.conv1(x)))
        x = x.view(x.size(0), -1)
        x = nn.functional.relu(self.fc1(x))
        x = self.fc2(x)
        return x

model = Net()

# 定义损失函数和优化器
criterion = nn.CrossEntropyLoss()    # 交叉熵损失函数
optimizer = optim.Adam(model.parameters(), lr=0.001)    #Adam 优化算法

# 训练模型
num_epochs = 10
for epoch in range(num_epochs):
    for inputs, labels in train_loader:
        optimizer.zero_grad()
        outputs = model(inputs)
        loss = criterion(outputs, labels)
```

```
        loss.backward()
        optimizer.step()
    print(f"Epoch [{epoch+1}/{num_epochs}] - Loss: {loss.item():.4f}")

print("Training complete!")
```

该实例加载了CIFAR-10数据集，定义了一个卷积神经网络模型，并使用交叉熵损失函数和
Adam优化算法对模型进行训练。在每个训练迭代中计算损失，并使用优化器更新模型参数，以最
小化损失函数的值。

8.3　批量训练和随机训练

批量训练（Batch Training）和随机训练（Stochastic Training）是深度学习中两种不同的训练策略。

8.3.1　批量训练和随机训练的概念

1. 批量训练

批量训练是指在每一次参数更新时，将整个训练数据集分成多个批次（小部分数据），使用每
个批次的数据来计算梯度并更新模型参数。批量训练可以更好地利用硬件加速，如GPU，因为其可
以充分利用向量化和并行计算。

在批量训练中，每次更新参数都基于整个批次数据的平均梯度，这可以降低梯度的方差，从而
使训练过程更稳定。然而，由于每次参数更新都需要处理整个批次的数据，因此批量训练可能会导
致内存和计算资源的需求较高，特别是在大规模数据集上。

2. 随机训练

随机训练是指在每一次参数更新时，从训练数据集中随机选择一个样本或一个小批次样本来计
算梯度并更新模型参数。随机训练可以更快地进行参数更新，因为每次更新只涉及一个样本或一个
小批次样本。

随机训练有助于逃离局部最小值，因为在每次更新时，模型在不同的样本间跳动，有更大的机
会找到全局最小值。然而，由于梯度的随机性，随机训练过程可能会不稳定，导致训练过程的震荡
和变化。

3. 小批量训练

小批量训练（Mini-Batch Training）是批量训练和随机训练的折中方法，其将训练数据集划分为
多个小批次，并在每个批次上计算梯度和更新参数。小批量训练结合了批量训练和随机训练的优点，
可以在合理的内存和计算资源下更稳定地进行训练。

在 TensorFlow 中，可以使用 tf.data.Dataset 创建小批量训练数据集，并在训练过程中选择不同的优化器（如 SGD、动量法等）来决定使用批量训练、随机训练还是小批量训练。

实例8-9 TensorFlow实现模型的批量训练、随机训练和小批量训练（源码路径: daima/8/xiao.py）

实例文件 xiao.py 的主要实现代码如下：

```python
import tensorflow as tf
import numpy as np

# 生成示例数据
num_samples = 1000
input_dim = 1
output_dim = 1

X = np.random.rand(num_samples, input_dim)
y = 3 * X + 2 + np.random.randn(num_samples, output_dim) * 0.1
# 模拟带噪声的线性关系

# 创建 TensorFlow Dataset
batch_size = 32
dataset = tf.data.Dataset.from_tensor_slices((X, y)).shuffle(num_samples).
batch(batch_size)

# 构建神经网络模型
model = tf.keras.Sequential([
    tf.keras.layers.Input(shape=(input_dim,)),
    tf.keras.layers.Dense(1)    # 单个输出神经元
])

# 定义不同的优化器
sgd_optimizer = tf.keras.optimizers.SGD(learning_rate=0.01)
momentum_optimizer = tf.keras.optimizers.SGD(learning_rate=0.01, momentum=0.9)
adam_optimizer = tf.keras.optimizers.Adam()

# 训练函数
def train(optimizer, name):
    model.compile(optimizer=optimizer, loss='mean_squared_error')

    num_epochs = 50

    for epoch in range(num_epochs):
        total_loss = 0
        for batch_X, batch_y in dataset:
```

```
        loss = model.train_on_batch(batch_X, batch_y)
        total_loss += loss

    average_loss = total_loss / (num_samples // batch_size)
    print(f'{name} - Epoch [{epoch+1}/{num_epochs}], Average Loss:
        {average_loss:.4f}')

# 批量训练
train(sgd_optimizer, 'Batch Training')

# 随机训练
train(momentum_optimizer, 'Stochastic Training')

# 小批量训练
train(adam_optimizer, 'Mini-Batch Training')
```

对上述代码的具体说明如下：

（1）使用 tf.data.Dataset 创建小批量训练数据集，并将数据打乱。

（2）构建一个简单的神经网络模型。

（3）分别定义不同的优化器：sgd_optimizer（随机梯度下降）、momentum_optimizer（动量法）和 adam_optimizer（Adam）。

（4）定义一个训练函数 train，其接收一个优化器和名称作为参数，并在训练过程中输出平均损失。

（5）分别使用不同的优化器调用 train 函数，实现不同类型的训练策略。

下面的实例演示了 PyTorch 使用内置数据集 torchvision.datasets.CIFAR10 实现模型的批量训练、随机训练和小批量训练。

实例8-10 PyTorch实现模型的批量训练、随机训练和小批量训练（源码路径：daima/8/pyxiao.py）

实例文件 pyxiao.py 的主要实现代码如下：

```
# 数据预处理
transform = transforms.Compose([
    transforms.Resize((32, 32)),
    transforms.ToTensor(),
    transforms.Normalize((0.5, 0.5, 0.5), (0.5, 0.5, 0.5))    # 图像归一化
])

# 加载 CIFAR-10 数据集
train_dataset = datasets.CIFAR10(root='./data', train=True,
transform=transform, download=True)
batch_size = 32
```

```
num_samples = len(train_dataset)

# 划分数据集为批量、随机和小批量
batch_loader = DataLoader(train_dataset, batch_size=batch_size, shuffle=False)
random_loader = DataLoader(train_dataset, batch_size=batch_size, shuffle=True)
mini_batch_loader = DataLoader(train_dataset, batch_size=1, shuffle=True)

# 定义模型
class Net(nn.Module):
    def __init__(self):
        super(Net, self).__init__()
        self.conv1 = nn.Conv2d(3, 64, kernel_size=3, padding=1)
        self.fc1 = nn.Linear(64 * 32 * 32, 10)   #10 个类别

    def forward(self, x):
        x = nn.functional.relu(self.conv1(x))
        x = x.view(x.size(0), -1)
        x = self.fc1(x)
        return x

model = Net()

# 定义损失函数和优化器
criterion = nn.CrossEntropyLoss()   # 交叉熵损失函数
optimizer = optim.Adam(model.parameters(), lr=0.001)   #Adam 优化算法

# 批量训练
print("Batch Training:")
for inputs, labels in batch_loader:
    optimizer.zero_grad()
    outputs = model(inputs)
    loss = criterion(outputs, labels)
    loss.backward()
    optimizer.step()

# 随机训练
print("Random Training:")
for inputs, labels in random_loader:
    optimizer.zero_grad()
    outputs = model(inputs)
    loss = criterion(outputs, labels)
    loss.backward()
    optimizer.step()

# 小批量训练
print("Mini-Batch Training:")
```

```
for inputs, labels in mini_batch_loader:
    optimizer.zero_grad()
    outputs = model(inputs)
    loss = criterion(outputs, labels)
    loss.backward()
    optimizer.step()

print("Training complete!")
```

该实例展示了如何使用CIFAR-10数据集进行批量训练、随机训练和小批量训练。根据不同的数据加载器，训练过程将以不同的方式处理数据，从而实现不同的训练方式。

8.3.2　小批量随机梯度下降

小批量随机梯度下降（Mini-Batch Stochastic Gradient Descent，MB-SGD）是深度学习中常用的一种优化算法，其结合了SGD和小批量训练的优点。MB-SGD在每次参数更新时，从训练数据集中随机选择一个小批量样本来计算梯度并更新模型参数，从而在一定程度上平衡了训练速度和参数收敛的稳定性。下面是一个使用TensorFlow实现小批量随机梯度下降的实例。

实例8-11　**TensorFlow使用小批量随机梯度下降算法优化模型（源码路径：daima/8/xiaopi.py）**

实例文件xiaopi.py的主要实现代码如下：

```
import tensorflow as tf
import numpy as np

# 生成示例数据
num_samples = 1000
input_dim = 1
output_dim = 1

X = np.random.rand(num_samples, input_dim)
y = 3 * X + 2 + np.random.randn(num_samples, output_dim) * 0.1
# 模拟带噪声的线性关系

# 创建 TensorFlow Dataset
batch_size = 32
dataset = tf.data.Dataset.from_tensor_slices((X, y)).shuffle(num_samples).
batch(batch_size)

# 构建神经网络模型
model = tf.keras.Sequential([
    tf.keras.layers.Input(shape=(input_dim,)),
```

```
        tf.keras.layers.Dense(1)    # 单个输出神经元
])

# 定义优化器（MB-SGD）
optimizer = tf.keras.optimizers.SGD(learning_rate=0.01)

# 训练函数
def train():
    model.compile(optimizer=optimizer, loss='mean_squared_error')

    num_epochs = 50

    for epoch in range(num_epochs):
        total_loss = 0
        for batch_X, batch_y in dataset:
            loss = model.train_on_batch(batch_X, batch_y)
            total_loss += loss

        average_loss = total_loss / (num_samples // batch_size)
        print(f'Epoch [{epoch+1}/{num_epochs}], Average Loss: {average_
loss:.4f}')

# 执行 MB-SGD 训练
train()
```

本实例演示了使用 MB-SGD 算法在 TensorFlow 训练模型的方法。MB-SGD 通常能够在训练速度和参数收敛之间找到一个平衡点，适用于中等大小的数据集。用户可以根据需要调整批量大小和其他参数，以适应不同的问题和模型。对上述代码的具体说明如下：

（1）使用 tf.data.Dataset 创建小批量训练数据集，并将数据打乱。

（2）构建一个简单的神经网络模型。

（3）使用 MB-SGD 优化器，即 tf.keras.optimizers.SGD，来定义优化器。

（4）定义训练函数 train，在每个 epoch 中使用 MB-SGD 更新模型参数。

（5）调用 train 函数执行训练过程。

在 PyTorch 应用中，当涉及使用 MB-SGD 算法优化模型时，可以考虑一个简单的线性回归问题。在该问题中，将使用随机生成的数据训练一个线性模型，并使用 MB-SGD 算法优化模型参数。下面是一个完整的实例，演示了使用 PyTorch 进行 MB-SGD 算法优化模型的过程。

实例8-12 **PyTorch使用MB-SGD算法优化模型（源码路径：daima/8/pyxiaopi.py）**

实例文件 pyxiaopi.py 的主要实现代码如下：

```
# 生成随机数据
torch.manual_seed(42)
```

```
num_samples = 1000
num_features = 1
true_weights = torch.tensor([[3.0]])
true_bias = torch.tensor([1.0])
X = torch.randn(num_samples, num_features)
y = torch.mm(X, true_weights) + true_bias + 0.1 * torch.randn(num_samples, 1)

# 构建数据加载器
batch_size = 32
dataset = torch.utils.data.TensorDataset(X, y)
data_loader = torch.utils.data.DataLoader(dataset, batch_size=batch_size,
    shuffle=True)

# 定义线性模型
class LinearModel(nn.Module):
    def __init__(self):
        super(LinearModel, self).__init__()
        self.linear = nn.Linear(num_features, 1)

    def forward(self, x):
        return self.linear(x)

model = LinearModel()

# 定义损失函数和优化器
criterion = nn.MSELoss()    # 均方误差损失函数
optimizer = optim.SGD(model.parameters(), lr=0.01)    #MB-SGD算法

# 训练模型
num_epochs = 100
for epoch in range(num_epochs):
    for inputs, labels in data_loader:
        optimizer.zero_grad()
        outputs = model(inputs)
        loss = criterion(outputs, labels)
        loss.backward()
        optimizer.step()
    print(f"Epoch [{epoch+1}/{num_epochs}] - Loss: {loss.item():.4f}")

print("Training complete!")
```

　　该实例生成了随机数据并创建了一个包含一个线性层的线性模型，使用均方误差损失函数和MB-SGD算法来优化模型参数。在每个训练迭代中，计算损失并更新模型参数，以减小损失函数的值。该过程使模型的预测值逐渐接近真实标签。

8.3.3 批量归一化

批量归一化（Batch Normalization，BN）是一种在深度学习神经网络中用于加速训练过程、提高模型收敛速度和稳定性的技术。批量归一化通过在每一层的输入数据上进行归一化，将其标准化为均值为0、方差为1的分布，从而有助于缓解梯度消失问题、加速收敛，以及使模型更容易进行超参数调整。

批量归一化的主要思想是在网络每一层的激活函数之前或之后，对输入数据进行标准化处理，使其保持在一个稳定的分布范围内。具体来说，对于每个小批量数据，批量归一化对其进行如下操作：

（1）计算小批量数据的均值和方差。

（2）根据计算得到的均值和方差对小批量数据进行标准化。

（3）将标准化后的数据进行缩放和平移，以适应不同的问题和学习目标。

（4）将缩放和平移后的数据作为输入，传递给下一层的激活函数。

通过以上操作，批量归一化可以有效地调整网络各层的激活值分布，防止它们出现过于偏斜的情况，从而减少梯度消失问题，提高网络训练的稳定性和速度。

在 TensorFlow 中，可以通过 tf.keras.layers.BatchNormalization 层来实现批量归一化操作，下面的实例演示了这一用法。

实例8-13 **TensorFlow在模型中实现批量归一化操作（源码路径：daima/8/pigui.py）**

实例文件pigui.py的主要实现代码如下：

```python
import tensorflow as tf
import numpy as np
from sklearn.model_selection import train_test_split

# 生成示例数据
num_samples = 1000
input_dim = 10
output_dim = 1

X = np.random.rand(num_samples, input_dim)
y = 3 * X.sum(axis=1, keepdims=True) + 2 + np.random.randn(num_samples,
  output_dim) * 0.1  # 模拟线性关系

# 划分训练集和验证集
X_train, X_val, y_train, y_val = train_test_split(X, y, test_size=0.2,
  random_state=42)

# 构建带有批量归一化的神经网络模型
model = tf.keras.Sequential([
```

```
    tf.keras.layers.Input(shape=(input_dim,)),
    tf.keras.layers.Dense(32),
    tf.keras.layers.BatchNormalization(),    # 添加批量归一化层
    tf.keras.layers.Activation('relu'),
    tf.keras.layers.Dense(64),
    tf.keras.layers.BatchNormalization(),
    tf.keras.layers.Activation('relu'),
    tf.keras.layers.Dense(output_dim)
])

# 编译模型
model.compile(optimizer='adam', loss='mean_squared_error', metrics=['mae'])

# 训练模型
batch_size = 32
num_epochs = 50

history = model.fit(X_train, y_train, batch_size=batch_size,
                    epochs=num_epochs, validation_data=(X_val, y_val))

# 绘制训练过程中的损失和验证损失曲线
import matplotlib.pyplot as plt

plt.plot(history.history['loss'], label='Training Loss')
plt.plot(history.history['val_loss'], label='Validation Loss')
plt.xlabel('Epoch')
plt.ylabel('Loss')
plt.title('Training and Validation Loss')
plt.legend()
plt.show()
```

对上述代码的具体说明如下：

（1）生成示例数据并划分训练集和验证集。

（2）使用 tf.keras.Sequential 创建神经网络模型，其中包含两个隐藏层，每个隐藏层后面都添加了 tf.keras.layers.BatchNormalization 层和激活函数。

（3）编译模型，并指定优化器、损失函数和评价指标。

（4）使用 model.fit 方法进行模型训练，传入训练数据、批量大小、迭代次数和验证数据。

（5）绘制训练过程中的损失和验证损失曲线，以便观察模型的训练效果。

运行上述代码，将看到类似以下的输出结果：

```
Epoch 1/50
25/25 [==============================] - 1s 6ms/step - loss: 13.7545 - mae: 2.9713
 - val_loss: 9.2109 - val_mae: 2.3182
Epoch 2/50
```

```
25/25 [==============================] - 0s 2ms/step - loss: 8.3990 - mae: 2.0667
  - val_loss: 8.1096 - val_mae: 1.9402
...
Epoch 50/50
25/25 [==============================] - 0s 2ms/step - loss: 0.0101 - mae: 0.0820
  - val_loss: 0.0141 - val_mae: 0.0929
```

另外，运行本实例后还会绘制训练过程中的损失和验证损失曲线，显示训练损失和验证损失随着训练的进行而变化的情况，如图8-1所示。这些曲线有助于用户判断模型的训练情况和是否出现了过拟合或欠拟合等问题。

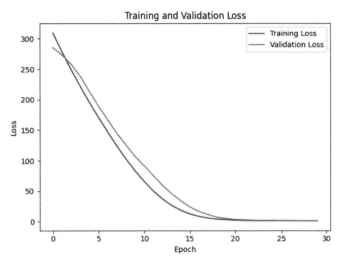

图8-1　训练过程中的损失和验证损失曲线

在PyTorch中，可以使用torch.nn.BatchNorm2d类来实现批量归一化操作。下面的实例演示了在PyTorch模型中使用批量归一化操作的过程。

实例8-14　PyTorch在模型中实现批量归一化操作（源码路径：daima/8/pypigui.py）

实例文件pypigui.py的主要实现代码如下：

```python
import torch
import torch.nn as nn

# 定义带有批量归一化的卷积神经网络
class NetWithBatchNorm(nn.Module):
    def __init__(self):
        super(NetWithBatchNorm, self).__init__()
        self.conv1 = nn.Conv2d(in_channels=3, out_channels=32, kernel_size=3,
                               padding=1)
        self.bn1 = nn.BatchNorm2d(32)    # 批量归一化层
        self.pool = nn.MaxPool2d(kernel_size=2, stride=2)
```

```
        self.fc1 = nn.Linear(32 * 16 * 16, 256)
        self.fc2 = nn.Linear(256, 10)

    def forward(self, x):
        x = self.pool(nn.functional.relu(self.bn1(self.conv1(x))))
        x = x.view(x.size(0), -1)
        x = nn.functional.relu(self.fc1(x))
        x = self.fc2(x)
        return x

# 创建模型实例
model_with_bn = NetWithBatchNorm()

# 输出模型结构，查看批量归一化层的位置
print(model_with_bn)
```

该实例定义了一个包含批量归一化层的卷积神经网络。批量归一化层在卷积层之后、激活函数之前被应用，用于规范激活值的分布。在模型的 forward 方法中，首先应用卷积操作，然后通过批量归一化层，最后应用激活函数。

执行上述代码，输出结果如下：

```
NetWithBatchNorm(
  (conv1): Conv2d(3, 32, kernel_size=(3, 3), stride=(1, 1), padding=(1, 1))
(bn1) : BatchNorm2d(32, eps=1e-05, momentum=0.1, affine=True,
                track_running_stats=True)
  (pool): MaxPool2d(kernel_size=2, stride=2, padding=0, dilation=1,
                ceil_mode=False)
  (fc1) : Linear(in_features=8192, out_features=256, bias=True)
  (fc2) : Linear(in_features=256, out_features=10, bias=True)
)
```

8.3.4　丢弃

丢弃（Dropout）是一种常用的正则化技术，用于减少神经网络模型的过拟合。在训练过程中，丢弃随机地将一部分神经元的输出置为零，从而减少神经元之间的依赖关系，以及网络对特定特征的过度适应。

具体来说，在每个训练批次中，对于每个神经元，以一定的概率（通常为 0.2～0.5）将其输出值设置为零。该概率可以视为丢弃率，用来控制丢弃的比例。在测试和推理阶段，丢弃操作被关闭，所有神经元的输出被保留，但需要对每个神经元的输出值进行缩放，以保持期望的输出值。

在 TensorFlow 中，可以使用 tf.keras.layers.Dropout 层来实现丢弃处理。下面是一个丢弃实例，演示了如何在模型中通过使用丢弃来减少过拟合的过程。

实例8-15 TensorFlow在模型中使用丢弃来减少过拟合（源码路径：daima/8/diu.py）

实例文件diu.py的主要实现代码如下：

```python
import tensorflow as tf
import numpy as np
from sklearn.model_selection import train_test_split

# 生成示例数据
num_samples = 1000
input_dim = 10
output_dim = 1

X = np.random.rand(num_samples, input_dim)
y = 3 * X.sum(axis=1, keepdims=True) + 2 + np.random.randn(num_samples,
  output_dim) * 0.1   # 模拟线性关系

# 划分训练集和验证集
X_train, X_val, y_train, y_val = train_test_split(X, y, test_size=0.2,
                                                  random_state=42)

# 构建带有丢弃层的神经网络模型
model = tf.keras.Sequential([
    tf.keras.layers.Input(shape=(input_dim,)),
    tf.keras.layers.Dense(32, activation='relu'),
    tf.keras.layers.Dropout(0.5),   # 添加丢弃层，丢弃率为0.5
    tf.keras.layers.Dense(64, activation='relu'),
    tf.keras.layers.Dropout(0.5),
    tf.keras.layers.Dense(output_dim)
])

# 编译模型
model.compile(optimizer='adam', loss='mean_squared_error', metrics=['mae'])

# 训练模型
batch_size = 32
num_epochs = 50

history = model.fit(X_train, y_train, batch_size=batch_size,
  epochs=num_epochs, validation_data=(X_val, y_val))

# 绘制训练过程中的损失和验证损失曲线
import matplotlib.pyplot as plt

plt.plot(history.history['loss'], label='Training Loss')
plt.plot(history.history['val_loss'], label='Validation Loss')
```

```
plt.xlabel('Epoch')
plt.ylabel('Loss')
plt.title('Training and Validation Loss')
plt.legend()
plt.show()
```

对上述代码的具体说明如下：

（1）生成示例数据并划分训练集和验证集。

（2）使用 tf.keras.Sequential 创建神经网络模型，其中包含两个隐藏层，每个隐藏层后面都添加了 tf.keras.layers.Dropout 层。

（3）编译模型，并指定优化器、损失函数和评价指标。

（4）使用 model.fit 方法进行模型训练，传入训练数据、批量大小、迭代次数和验证数据。

（5）绘制训练过程中的损失和验证损失曲线，以便观察模型的训练效果，如图 8-2 所示。

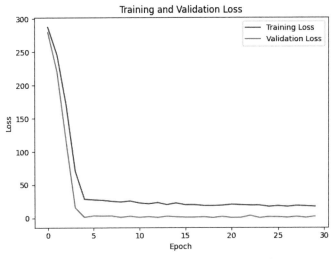

图 8-2　训练过程中的损失和验证损失曲线

> **注意**：丢弃层在每个训练批次中都会随机地丢弃一部分神经元的输出，这有助于防止过拟合。但在测试和推理时，丢弃层会被关闭，所有神经元的输出被保留，需要根据丢弃率进行输出值的缩放。

在 PyTorch 中，可以通过 torch.nn.Dropout 类来实现丢弃操作。下面的实例演示了在 PyTorch 模型中使用丢弃来减少过拟合的过程。

实例8-16　PyTorch在模型中使用丢弃来减少过拟合（源码路径：daima/8/pydiu.py）

实例文件 pydiu.py 的主要实现代码如下：

```
import torch
import torch.nn as nn

# 定义带有丢弃层的全连接神经网络
```

```
class NetWithDropout(nn.Module):
    def __init__(self):
        super(NetWithDropout, self).__init__()
        self.fc1 = nn.Linear(in_features=784, out_features=256)
        self.dropout1 = nn.Dropout(p=0.5)    # 丢弃率为 0.5
        self.fc2 = nn.Linear(in_features=256, out_features=128)
        self.dropout2 = nn.Dropout(p=0.5)
        self.fc3 = nn.Linear(in_features=128, out_features=10)

    def forward(self, x):
        x = torch.flatten(x, 1)
        x = nn.functional.relu(self.fc1(x))
        x = self.dropout1(x)
        x = nn.functional.relu(self.fc2(x))
        x = self.dropout2(x)
        x = self.fc3(x)
        return x

# 创建模型实例
model_with_dropout = NetWithDropout()

# 输出模型结构，查看丢弃层的位置
print(model_with_dropout)
```

在该实例中定义了一个带有丢弃层的全连接神经网络。丢弃层在全连接层之后、激活函数之前被应用。在模型的 forward 方法中，首先应用全连接操作，然后通过丢弃层。丢弃操作会随机将一部分神经元的输出设置为零，从而减少不同神经元之间的协同作用，有助于减少过拟合的发生。

执行上述代码，输出结果如下：

```
NetWithDropout(
 (fc1) : Linear(in_features=784, out_features=256, bias=True)
  (dropout1): Dropout(p=0.5, inplace=False)
 (fc2) : Linear(in_features=256, out_features=128, bias=True)
  (dropout2): Dropout(p=0.5, inplace=False)
 (fc3) : Linear(in_features=128, out_features=10, bias=True)
)
```

上述输出结果表明模型的结构已经正确地定义了带有丢弃层的全连接神经网络，每个丢弃层都在全连接层之后、激活函数之前进行了应用。丢弃层的丢弃率为 0.5，这意味着在训练时，每个神经元以 0.5 的概率被随机关闭，以减少模型的过拟合。

通过使用丢弃层，可以在训练过程中随机地关闭一些神经元，从而降低网络对特定神经元的依赖性，减少过拟合的风险。

8.4 模型验证和调优

模型验证和调优是深度学习中非常重要的步骤，旨在评估模型在未见过的数据上的性能，并通过调整超参数和模型结构来提升模型的性能。

8.4.1 训练集、验证集和测试集

在机器学习和深度学习中，数据集通常被分为3个主要部分：训练集（Training Set）、验证集（Validation Set）和测试集（Test Set）。这种划分有助于评估模型的性能并进行调优，以确保模型在未见过的数据上表现良好。

（1）训练集：用于训练模型。模型通过观察训练集中的样本来学习数据的模式和特征。训练集通常是数据量最大的部分，模型根据训练集调整参数，以尽量准确地拟合训练数据。

（2）验证集：用于调优模型的超参数和模型结构。模型在训练过程中可以观察验证集的性能，根据验证集的表现选择最佳的超参数设置，避免过拟合。验证集在训练过程中没有直接参与参数更新，其只用于评估模型在未见过数据上的性能。在模型选择和调优结束后，最终的性能评估应该使用测试集。

（3）测试集：用于最终评估模型在未见过的数据上的性能。由于模型在训练和验证过程中没有接触过测试集，因此测试集可以有效地衡量模型在现实应用中的泛化能力。测试集的目的是模拟模型在实际应用中的表现，以便了解模型是否过拟合或欠拟合，以及在不同数据分布上的性能。

在实际应用中，通常将上述三者（训练集∶验证集∶测试集）的划分比例设置为70%∶15%∶15%或80%∶10%∶10%。在不同的项目中，这些比例可以根据问题的复杂性和数据量的大小进行调整。

在实际应用中，应该遵循以下步骤进行操作：

（1）使用训练集训练模型的参数。

（2）使用验证集选择最佳的超参数设置和模型结构。

（3）使用测试集最终评估模型的性能。

（4）通过合理划分数据集和使用验证集和测试集，可以更好地了解模型的表现，避免过拟合，以及选择最佳的模型和超参数。

下面的实例演示了在 TensorFlow 中划分数据集并进行模型训练、验证和测试的过程。

实例8-17 TensorFlow划分数据集并进行模型训练、验证和测试（源码路径：daima/8/ji.py）

实例文件 ji.py 的主要实现代码如下：

```
import numpy as np
from sklearn.model_selection import train_test_split
from sklearn.metrics import accuracy_score
```

```
import tensorflow as tf
from tensorflow.keras.models import Sequential
from tensorflow.keras.layers import Dense

# 生成示例数据
num_samples = 1000
input_dim = 10
output_dim = 1

X = np.random.rand(num_samples, input_dim)
y = np.random.randint(2, size=(num_samples, output_dim))    # 模拟二分类标签

# 划分数据集：训练集、验证集和测试集
X_train, X_temp, y_train, y_temp = train_test_split(X, y, test_size=0.3,
                                                    random_state=42)
X_val, X_test, y_val, y_test = train_test_split(X_temp, y_temp, test_size=0.5,
                                                random_state=42)

# 构建神经网络模型
model = Sequential([
    Dense(32, activation='relu', input_shape=(input_dim,)),
    Dense(16, activation='relu'),
    Dense(output_dim, activation='sigmoid')
])

# 编译模型
model.compile(optimizer='adam', loss='binary_crossentropy',
metrics=['accuracy'])

# 训练模型
batch_size = 32
num_epochs = 50

model.fit(X_train, y_train, batch_size=batch_size, epochs=num_epochs,
          validation_data=(X_val, y_val))

# 使用验证集评估模型性能
val_loss, val_accuracy = model.evaluate(X_val, y_val)
print(f"Validation Loss: {val_loss:.4f},
      Validation Accuracy: {val_accuracy:.4f}")

# 使用测试集评估模型性能
test_loss, test_accuracy = model.evaluate(X_test, y_test)
print(f"Test Loss: {test_loss:.4f}, Test Accuracy: {test_accuracy:.4f}")
```

对上述代码的具体说明如下：

（1）生成示例数据，并使用 train_test_split 函数将数据划分为训练集、验证集和测试集。

（2）构建一个简单的神经网络模型，包括输入层、隐藏层和输出层。

（3）编译模型，指定优化器、损失函数和评价指标。

（4）使用 model.fit 方法进行模型训练，传入训练数据和验证数据。

（5）使用 model.evaluate 方法分别在验证集和测试集上评估模型的性能，并输出损失和准确率。

执行上述代码，输出结果如下：

```
Epoch 1/30
22/22 [==============================] - 7s 92ms/step - loss: 0.6956 -
accuracy: 0.5129 - val_loss: 0.6955 - val_accuracy: 0.5000
Epoch 2/30
22/22 [==============================] - 0s 12ms/step - loss: 0.6924 -
accuracy: 0.5243 - val_loss: 0.6945 - val_accuracy: 0.4867
Epoch 3/30
......
Epoch 30/30
22/22 [==============================] - 0s 19ms/step - loss: 0.6670 -
accuracy: 0.6000 - val_loss: 0.7166 - val_accuracy: 0.4467
5/5 [==============================] - 0s 13ms/step - loss: 0.7166 - accuracy:
0.4467
Validation Loss: 0.7166, Validation Accuracy: 0.4467
5/5 [==============================] - 0s 5ms/step - loss: 0.7203 - accuracy:
0.4867
Test Loss: 0.7203, Test Accuracy: 0.4867
```

下面的实例演示了在 PyTorch 中划分数据集并进行模型训练、验证和测试的过程。

实例8-18 PyTorch划分数据集并进行模型训练、验证和测试（源码路径：daima/8/pyji.py）

实例文件 pyji.py 的主要实现代码如下：

```python
import torch
import torch.nn as nn
import torch.optim as optim
from torchvision import transforms, datasets
from torch.utils.data import DataLoader, random_split

# 数据预处理
transform = transforms.Compose([
    transforms.Resize((32, 32)),
    transforms.ToTensor(),
    transforms.Normalize((0.5, 0.5, 0.5), (0.5, 0.5, 0.5))    # 图像归一化
])
```

```
# 加载 CIFAR-10 数据集
dataset = datasets.CIFAR10(root='./data', train=True, transform=transform,
                           download=True)
train_size = int(0.8 * len(dataset))
val_size = len(dataset) - train_size
train_dataset, val_dataset = random_split(dataset, [train_size, val_size])

test_dataset = datasets.CIFAR10(root='./data', train=False,
  transform=transform, download=True)

# 定义数据加载器
batch_size = 32
train_loader = DataLoader(train_dataset, batch_size=batch_size, shuffle=True)
val_loader = DataLoader(val_dataset, batch_size=batch_size, shuffle=False)
test_loader = DataLoader(test_dataset, batch_size=batch_size, shuffle=False)

# 定义模型
class Net(nn.Module):
    def __init__(self):
        super(Net, self).__init__()
        self.conv1 = nn.Conv2d(3, 64, kernel_size=3, padding=1)
        self.pool = nn.MaxPool2d(kernel_size=2, stride=2)
        self.fc1 = nn.Linear(64 * 16 * 16, 256)
        self.fc2 = nn.Linear(256, 10)

    def forward(self, x):
        x = self.pool(nn.functional.relu(self.conv1(x)))
        x = x.view(x.size(0), -1)
        x = nn.functional.relu(self.fc1(x))
        x = self.fc2(x)
        return x

model = Net()

# 定义损失函数和优化器
criterion = nn.CrossEntropyLoss()   # 交叉熵损失函数
optimizer = optim.Adam(model.parameters(), lr=0.001)   #Adam 优化算法

# 训练模型
num_epochs = 10
for epoch in range(num_epochs):
    model.train()   # 设置为训练模式
    for inputs, labels in train_loader:
        optimizer.zero_grad()
        outputs = model(inputs)
        loss = criterion(outputs, labels)
```

```
        loss.backward()
        optimizer.step()

    # 在验证集上评估模型
    model.eval()    # 设置为评估模式
    val_loss = 0.0
    correct = 0
    total = 0
    with torch.no_grad():
        for inputs, labels in val_loader:
            outputs = model(inputs)
            val_loss += criterion(outputs, labels).item()
            _, predicted = torch.max(outputs.data, 1)
            total += labels.size(0)
            correct += (predicted == labels).sum().item()

    print(f"Epoch [{epoch+1}/{num_epochs}] - Validation Loss: {val_loss/
      len(val_loader):.4f} - Validation Accuracy: {100*correct/total:.2f}%")

print("Training complete!")

# 在测试集上评估模型
model.eval()
test_loss = 0.0
correct = 0
total = 0
with torch.no_grad():
    for inputs, labels in test_loader:
        outputs = model(inputs)
        test_loss += criterion(outputs, labels).item()
        _, predicted = torch.max(outputs.data, 1)
        total += labels.size(0)
        correct += (predicted == labels).sum().item()

print(f"Test Loss: {test_loss/len(test_loader):.4f} - Test Accuracy:
  {100*correct/total:.2f}%")
```

在该实例中使用了CIFAR-10数据集，并将其划分为训练集、验证集和测试集。首先，定义一个卷积神经网络模型，并使用训练集进行模型训练；其次，在每个训练迭代后，在验证集上评估模型性能，以便在训练过程中进行监控和调优；最后，在测试集上对训练好的模型进行性能评估。

8.4.2 交叉验证优化

交叉验证是一种用于评估模型性能的技术，其可在有限的数据集上更准确地估计模型的性能，并帮助选择最佳的模型和超参数。交叉验证通过将数据集划分为多个子集，轮流使用其中一个子集作为验证集，其余子集作为训练集，从而多次训练和验证模型。

最常见的交叉验证方法是 K-Fold（K 折）交叉验证。在 K-Fold 交叉验证中，数据集被均匀地划分为 K 个子集，每次使用其中一个子集作为验证集，其他 K-1 个子集作为训练集，重复进行 K 次。每次训练和验证都会得到一个性能评价指标，如准确率或均方误差。最终，将 K 次评价指标的平均值作为模型在整个数据集上的性能估计。下面是一个使用 K-Fold 交叉验证实现交叉验证的实例，演示了在 TensorFlow 中使用交叉验证创建和训练模型的过程。

实例8-19　TensorFlow使用K-Fold交叉验证创建和训练模型（源码路径：daima/8/jiao.py）

实例文件 jiao.py 的主要实现代码如下：

```python
import numpy as np
from sklearn.model_selection import KFold
import tensorflow as tf
from tensorflow.keras.models import Sequential
from tensorflow.keras.layers import Dense

# 生成示例数据
num_samples = 1000
input_dim = 10
output_dim = 1

X = np.random.rand(num_samples, input_dim)
y = np.random.randint(2, size=(num_samples, output_dim))   # 模拟二分类标签

# 设置 K-Fold 参数
num_folds = 5
kf = KFold(n_splits=num_folds, shuffle=True, random_state=42)

# 创建神经网络模型
def create_model():
    model = Sequential([
        Dense(32, activation='relu', input_shape=(input_dim,)),
        Dense(16, activation='relu'),
        Dense(output_dim, activation='sigmoid')
    ])
    model.compile(optimizer='adam', loss='binary_crossentropy',
      metrics=['accuracy'])
    return model

# 进行 K-Fold 交叉验证
fold = 1
```

```
for train_idx, val_idx in kf.split(X):
    print(f"Fold {fold}")
    X_train, X_val = X[train_idx], X[val_idx]
    y_train, y_val = y[train_idx], y[val_idx]

    model = create_model()
    model.fit(X_train, y_train, batch_size=32, epochs=50, validation_data=(X_
        val, y_val))

    val_loss, val_accuracy = model.evaluate(X_val, y_val)
    print(f"Validation Loss: {val_loss:.4f}, Validation Accuracy: {val_
        accuracy:.4f}")

    fold += 1
```

对上述代码的具体说明如下：

（1）生成示例数据。

（2）使用 KFold 类进行 K-Fold 交叉验证的设置，其中 n_splits 参数表示将数据集分成几个子集。

（3）创建一个函数 create_model，以构建神经网络模型。

（4）使用交叉验证迭代进行训练和验证。在每个折叠中，根据训练索引和验证索引划分数据集，创建模型并进行训练和验证。同时，还计算了每个折叠的验证集性能指标。

> **注意**：该实例展示了如何使用 K-Fold 交叉验证来评估神经网络模型的性能，并且对每个折叠的性能进行了输出。K-Fold 交叉验证可以更好地了解模型的性能稳定性和泛化能力。但是需要注意，虽然交叉验证可以更好地评估模型的性能，并提供对模型的稳定性和泛化能力的更准确估计，但交叉验证需要多次训练和验证模型，因此在计算资源有限的情况下，可能会消耗大量的时间和计算资源。另外，在大规模数据集上执行交叉验证可能会非常耗时，并且可能并不是必要的。在这些情况下，使用单独的验证集和测试集进行评估可能更实际。

在 PyTorch 中，可以使用 Scikit-learn 库中的 KFold 类来实现交叉验证功能。下面的实例展示了使用交叉验证创建、训练和优化模型的过程。

实例8-20 PyTorch使用交叉验证创建、训练、优化模型（源码路径：daima/8/pyjiao1.py）

实例文件 pyjiao1.py 的主要实现代码如下：

```
import torch
import torch.nn as nn
import torch.optim as optim
from sklearn.model_selection import KFold
from torchvision import transforms, datasets
from torch.utils.data import DataLoader, Subset

# 数据预处理
transform = transforms.Compose([
```

```
    transforms.Resize((32, 32)),
    transforms.ToTensor(),
    transforms.Normalize((0.5, 0.5, 0.5), (0.5, 0.5, 0.5))    # 图像归一化
])

# 加载 CIFAR-10 数据集
dataset = datasets.CIFAR10(root='./data', train=True, transform=transform,
                            download=True)

# 定义模型
class Net(nn.Module):
    def __init__(self):
        super(Net, self).__init__()
        self.conv1 = nn.Conv2d(3, 64, kernel_size=3, padding=1)
        self.pool = nn.MaxPool2d(kernel_size=2, stride=2)
        self.fc1 = nn.Linear(64 * 16 * 16, 256)
        self.fc2 = nn.Linear(256, 10)

    def forward(self, x):
        x = self.pool(nn.functional.relu(self.conv1(x)))
        x = x.view(x.size(0), -1)
        x = nn.functional.relu(self.fc1(x))
        x = self.fc2(x)
        return x

# 定义交叉验证
num_splits = 5
kf = KFold(n_splits=num_splits, shuffle=True)

# 定义损失函数和优化器
criterion = nn.CrossEntropyLoss()    # 交叉熵损失函数

# 执行交叉验证
for fold, (train_indices, val_indices) in enumerate(kf.split(dataset)):
    print(f"Fold {fold+1}/{num_splits}")

    # 划分训练集和验证集
    train_subset = Subset(dataset, train_indices)
    val_subset = Subset(dataset, val_indices)

    # 定义数据加载器
    batch_size = 32
    train_loader = DataLoader(train_subset, batch_size=batch_size, shuffle=True)
    val_loader = DataLoader(val_subset, batch_size=batch_size, shuffle=False)

    # 创建模型实例
```

```
model = Net()

# 定义优化器
optimizer = optim.Adam(model.parameters(), lr=0.001)    #Adam 优化算法

# 训练模型
num_epochs = 10
for epoch in range(num_epochs):
    model.train()    # 设置为训练模式
    for inputs, labels in train_loader:
        optimizer.zero_grad()
        outputs = model(inputs)
        loss = criterion(outputs, labels)
        loss.backward()
        optimizer.step()

# 在验证集上评估模型
model.eval()    # 设置为评估模式
val_loss = 0.0
correct = 0
total = 0
with torch.no_grad():
    for inputs, labels in val_loader:
        outputs = model(inputs)
        val_loss += criterion(outputs, labels).item()
        _, predicted = torch.max(outputs.data, 1)
        total += labels.size(0)
        correct += (predicted == labels).sum().item()

print(f"Validation Loss: {val_loss/len(val_loader):.4f} -
    Validation Accuracy: {100*correct/total:.2f}%")
```

该实例使用KFold类进行交叉验证。在每个交叉验证折叠中，分别划分了训练集和验证集，并在训练集上训练模型，在验证集上评估模型性能。在完成所有折叠后，可以得到模型在不同验证集上的性能评估结果，从而更全面地了解模型的表现。

8.4.3 超参数调优

超参数调优是指在机器学习和深度学习中，通过尝试不同的超参数组合来找到模型的最佳性能配置。超参数是在模型训练之前需要手动设置的参数，如学习率、批量大小、隐藏层神经元数量、正则化系数等。调整这些超参数，可以影响模型的训练过程和性能。

超参数调优的目标是找到一个使模型在验证集上表现最佳的超参数组合，从而使模型在未见过的数据上具有更好的泛化能力。以下是一些超参数调优的方法和技巧。

（1）网格搜索（Grid Search）：在预定义的超参数空间中，穷举尝试不同的超参数组合，通过验证集上的性能指标来选择最佳组合。这种方法虽然简单，但在超参数空间较大时会变得非常耗时。

（2）随机搜索（Random Search）：不同于网格搜索，随机搜索在超参数空间中随机采样一组超参数，通过验证集评估性能。这种方法通常比网格搜索更高效，因为其可以跳过那些可能不太重要的超参数。

（3）贝叶斯优化（Bayesian Optimization）：使用贝叶斯优化算法，根据先前的尝试和性能结果，自适应地选择下一个超参数组合进行尝试，以尽量减少尝试次数。这种方法在高维超参数空间中表现良好。

（4）学习率调整（Learning Rate Scheduling）：在训练过程中逐步降低学习率，使模型在初始训练时能够更快地收敛，在后期减小学习率，提高模型稳定性。

（5）使用验证集：使用独立于训练集的验证集来评估不同超参数配置的性能，避免在训练过程中泄露信息。

（6）早停策略（Early Stopping）：在训练过程中监控验证集的性能，一旦性能不再提升，就停止训练，防止过拟合。

（7）交叉验证：可以更准确地评估超参数的性能，避免过度依赖单个验证集的性能评估。

（8）自动调参工具：如 Hyperopt、Optuna、Keras Tuner 等，可以自动搜索超参数空间中的最佳组合。

超参数调优是一个迭代和耗时的过程，需要根据问题的性质和数据的特点进行反复尝试和调整。其最终目标是找到一个在验证集上表现良好的模型，以便在测试集上获得良好的泛化性能。

下面是一个使用 TensorFlow 进行超参数调优的简单实例，涵盖了模型的创建、训练、优化及超参数的搜索过程。在该实例中，将使用 Keras Tuner 自动搜索最佳的学习率。注意，在编码前需要确保已经安装了 Keras Tuner。如果没有安装 Keras Tuner，可以使用以下命令进行安装：

```
pip install keras-tuner
```

实例8-21 **TensorFlow使用超参数调优优化模型的性能（源码路径：daima/8/chao.py）**

实例文件 chao.py 的主要实现代码如下：

```
import numpy as np
import tensorflow as tf
from tensorflow.keras.models import Sequential
from tensorflow.keras.layers import Dense
from tensorflow.keras.optimizers import Adam
from kerastuner.tuners import RandomSearch

# 生成示例数据
num_samples = 1000
input_dim = 10
```

```
output_dim = 1

X = np.random.rand(num_samples, input_dim)
y = np.random.randint(2, size=(num_samples, output_dim))    #模拟二分类标签

# 创建神经网络模型
def build_model(hp):
    model = Sequential()
    model.add(Dense(units=hp.Int('units', min_value=32, max_value=128,
        step=16), activation='relu', input_dim=input_dim))
    model.add(Dense(units=hp.Int('units', min_value=16, max_value=64, step=16),
        activation='relu'))
    model.add(Dense(output_dim, activation='sigmoid'))
    model.compile(optimizer=Adam(hp.Float('learning_rate', min_value=1e-4,
        max_value=1e-2, sampling='LOG')),
                    loss='binary_crossentropy',
                    metrics=['accuracy'])
    return model

# 定义 Keras Tuner 随机搜索
tuner = RandomSearch(
    build_model,
    objective='val_accuracy',     # 最大化验证集的准确率
    max_trials=5,                  # 尝试的超参数组合次数
    directory='tuner_results',     # 保存结果的目录
    project_name='my_tuner'        # 项目名称
)

# 开始超参数搜索
tuner.search(X, y, epochs=10, validation_split=0.2)

# 获得最佳超参数组合
best_hyperparameters = tuner.get_best_hyperparameters(num_trials=1)[0]
best_model = tuner.hypermodel.build(best_hyperparameters)

# 在完整数据集上训练模型
best_model.fit(X, y, epochs=50, validation_split=0.2)
```

对上述代码的具体说明如下：

（1）生成示例数据。

（2）创建一个简单的神经网络模型，其中使用了 kerastuner.tuners.RandomSearch 进行超参数搜索。这里设置了搜索的超参数范围，如隐藏层神经元数量和学习率。

（3）使用搜索器进行超参数搜索，尝试不同的超参数组合，并在每次尝试中使用验证集进行评估。

（4）获得最佳超参数组合，并用这些超参数构建最佳模型。

（5）在完整数据集上使用最佳超参数进行训练。

执行上述代码，会输出一系列信息，包括每个尝试的超参数组合、模型的训练过程及最佳超参数组合的结果。下面是可能的输出示例：

```
Trial 1 Complete [00h 00m 06s]
val_accuracy: 0.5100000202655792

Trial 2 Complete [00h 00m 04s]
val_accuracy: 0.49000000953674316

Trial 3 Complete [00h 00m 05s]
val_accuracy: 0.4950000047683716

Trial 4 Complete [00h 00m 03s]
val_accuracy: 0.48500001430511475

Trial 5 Complete [00h 00m 03s]
val_accuracy: 0.5250000357627869

Best trial:
  Trial 5 Complete [00h 00m 03s]
  val_accuracy: 0.5250000357627869
{'units': 112, 'learning_rate': 0.0004450848994232242}

Epoch 1/50
25/25 [==============================] - 1s 12ms/step - loss: 0.7032 -
accuracy: 0.4996 - val_loss: 0.6934 - val_accuracy: 0.5250
...
Epoch 50/50
25/25 [==============================] - 0s 3ms/step - loss: 0.6915 -
accuracy: 0.5421 - val_loss: 0.6934 - val_accuracy: 0.5250
```

在上述输出结果中会看到每个尝试的超参数组合的结果，包括验证集的准确率。首先，会显示最佳的尝试（最高验证集准确率）以及最佳超参数组合的具体值。然后，模型会使用最佳超参数在完整的数据集上进行训练，显示每个训练周期的损失和准确率。

在 PyTorch 中，可以使用各种库（如 Hyperopt、Optuna 等）来执行超参数调优。下面的实例展示了使用 Optuna 库进行超参数调优的方法，同时还包括模型的训练和性能可视化。

实例8-22 **PyTorch使用超参数调优优化模型的性能（源码路径：daima/8/pychao.py）**

（1）安装 Optuna。Optuna 是一个开源的超参数优化（Hyperparameter Optimization）框架，用于在机器学习和深度学习中进行超参数的自动优化。Optuna 能够帮助用户自动搜索合适的超参数组合，以达到最佳的模型性能。Optuna提供了多种搜索算法和并行化支持，使超参数调优变得更加高效。要想使用Optuna，需要先安装Optuna库。可以使用以下命令安装Optuna：

```
pip install optuna
```

安装Optuna之后，可以在机器学习项目中进行超参数调优。通过Optuna，用户可以定义一个目标函数，该函数会在每次试验中训练和验证模型，并返回一个指标（如验证集上的损失），Optuna会自动搜索合适的超参数组合来最小化或最大化该指标。

（2）实例文件pychao.py的主要实现代码如下：

```python
import torch
import torch.nn as nn
import torch.optim as optim
from torchvision import transforms, datasets
from torch.utils.data import DataLoader, random_split
import optuna
import matplotlib.pyplot as plt

# 数据预处理
transform = transforms.Compose([
    transforms.Resize((32, 32)),
    transforms.ToTensor(),
    transforms.Normalize((0.5, 0.5, 0.5), (0.5, 0.5, 0.5))    # 图像归一化
])

# 加载 CIFAR-10 数据集
dataset = datasets.CIFAR10(root='./data', train=True, transform=transform,
  download=True)
train_size = int(0.8 * len(dataset))
val_size = len(dataset) - train_size
train_dataset, val_dataset = random_split(dataset, [train_size, val_size])

# 定义数据加载器
batch_size = 32
train_loader = DataLoader(train_dataset, batch_size=batch_size, shuffle=True)
val_loader = DataLoader(val_dataset, batch_size=batch_size, shuffle=False)

# 定义神经网络模型
class Net(nn.Module):
    def __init__(self, hidden_size, dropout_rate):
        super(Net, self).__init__()
        self.fc1 = nn.Linear(32 * 32 * 3, hidden_size)
        self.dropout = nn.Dropout(p=dropout_rate)
        self.fc2 = nn.Linear(hidden_size, 10)
```

```
    def forward(self, x):
        x = torch.flatten(x, 1)
        x = nn.functional.relu(self.fc1(x))
        x = self.dropout(x)
        x = self.fc2(x)
        return x

# 定义超参数调优目标函数
def objective(trial):
    hidden_size = trial.suggest_int("hidden_size", 32, 512)
    dropout_rate = trial.suggest_float("dropout_rate", 0.0, 0.5)

    model = Net(hidden_size, dropout_rate)

    criterion = nn.CrossEntropyLoss()
    optimizer = optim.Adam(model.parameters(), lr=0.001)

    num_epochs = 10
    for epoch in range(num_epochs):
        model.train()
        for inputs, labels in train_loader:
            optimizer.zero_grad()
            outputs = model(inputs)
            loss = criterion(outputs, labels)
            loss.backward()
            optimizer.step()

    model.eval()
    val_loss = 0.0
    correct = 0
    total = 0
    with torch.no_grad():
        for inputs, labels in val_loader:
            outputs = model(inputs)
            val_loss += criterion(outputs, labels).item()
            _, predicted = torch.max(outputs.data, 1)
            total += labels.size(0)
            correct += (predicted == labels).sum().item()

    return val_loss / len(val_loader)

# 执行超参数调优
study = optuna.create_study(direction="minimize")
study.optimize(objective, n_trials=50)

# 输出超参数调优结果
```

```
print("Number of finished trials:", len(study.trials))
print("Best trial:")
trial = study.best_trial
print("  Value: {}".format(trial.value))
print("  Params: ")
for key, value in trial.params.items():
    print("    {}: {}".format(key, value))

# 绘制超参数调优过程可视化图
optuna.visualization.plot_optimization_history(study).show()
```

在上述代码中，使用Optuna库执行了超参数调优。我们定义了一个包含两个全连接层的模型，并优化了隐藏层大小和丢弃率两个超参数。目标函数objective定义了模型的训练、验证过程，并返回在验证集上的损失。上述代码的实现流程如下：

（1）定义数据预处理的步骤，包括将图像大小调整为32×32、转换为张量，并进行归一化处理。

（2）使用datasets.CIFAR10加载CIFAR-10数据集，并将其分为训练集和验证集（80%训练，20%验证）。

（3）创建数据加载器，用于从数据集中加载批量数据，同时指定批量大小和是否随机打乱数据。

（4）定义一个简单的神经网络模型Net，其中包含一个全连接层和一个丢弃层。

（5）定义超参数调优的目标函数objective，该函数是Optuna优化的核心。objective函数接收一个trial对象，用于生成超参数样本。在该函数中，通过suggest_int和suggest_float来定义需要优化的超参数。

（6）在目标函数中，根据超参数样本创建一个神经网络模型，并定义损失函数和优化器。使用训练集进行模型训练，迭代指定次数。

（7）在每个训练迭代结束后，使用验证集进行模型性能评估，计算验证集上的损失。

（8）目标函数返回验证集上的平均损失。

（9）创建一个Optuna的Study对象，用于执行超参数调优。direction参数指定了优化方向，"minimize"表示要最小化验证集上的损失。

（10）使用study.optimize方法执行超参数调优，指定要优化的目标函数和试验次数。

（11）输出超参数调优结果，包括已完成的试验次数和最佳试验结果。

（12）获取最佳试验的超参数配置，输出最佳试验的损失值及超参数的取值。

（13）使用Optuna提供的可视化函数，绘制超参数调优过程的优化历史图。

该实例演示了如何使用Optuna在PyTorch中进行超参数调优，并可视化调优过程。运行上述代码，将看到每个试验的超参数值及最佳试验结果；另外，还会生成一个超参数调优过程的可视化图，显示每个试验的损失值。

第 9 章
模型推理和评估

模型推理（Inference）是指在训练完成后，使用训练好的模型对新数据进行预测或生成的过程。模型评估（Evaluation）则是衡量模型在特定任务上的性能的过程。本章详细讲解模型推理和评估的知识，为读者步入本书后面知识的学习打下基础。

9.1 **模型推理**

模型推理是指使用经过训练的机器学习或深度学习模型对新数据进行预测、分类、生成等的过程。在模型训练完成后，模型需要应用到实际场景中以产生有用的结果。该过程涉及将模型应用于新数据，并从模型中获取输出，以便做出决策、提供建议或生成内容。

9.1.1 模型推理的步骤

实现模型推理的基本步骤如下：

（1）加载模型。将已训练的模型加载到内存中，这通常涉及加载模型的权重、架构和其他必要的参数。

（2）预处理输入数据。与训练阶段类似，需要对新数据进行预处理，以便使其适合模型的输入。这可能包括数据的归一化、标准化、编码或其他转换操作，以确保数据格式与模型期望的输入格式一致。

（3）模型推理。将预处理后的数据输入已加载的模型中。模型将通过前向传播计算，将输入数据传递给网络层并生成相应的输出。

（4）解释输出。根据任务类型，模型的输出可能是不同的。例如，对于图像分类，输出可能是表示类别的概率分布；对于自然语言生成，输出可能是生成的文本。根据输出的含义，可以解释模型的预测结果。

（5）后处理输出数据。在某些情况下，模型的原始输出可能需要经过后处理才能得到最终的结果。例如，可能需要将概率分布转换为最可能的类别标签，或者对生成的文本进行一些修正。

（6）应用结果。可以将推理结果用于实际应用中，这可能涉及将分类结果展示给用户、将生成的内容发布到网站上，或者根据预测结果做出自动化的决策。

在模型推理过程中，需要考虑的因素包括数据预处理、计算资源、推理速度和准确性。模型推理通常比模型训练更快，因为其不涉及反向传播和参数更新等复杂操作。因此，有效的模型推理对于实际应用的成功至关重要。

9.1.2 前向传播和输出计算的过程

模型推理涉及两个主要步骤：前向传播和输出计算。这两个步骤是神经网络模型进行推理的核心。

1. 前向传播

前向传播是神经网络模型中信息从输入层流向输出层的过程。在该过程中，输入数据通过网络的各个层，逐层地进行加权、激活函数处理和转换。实现前向传播的一般步骤如下：

（1）输入数据。将预处理后的输入数据传递给模型。

（2）权重和偏差计算。对于每一层，将输入数据与相应的权重矩阵相乘，再加上偏差（bias）向量，这会产生一个加权和。

（3）激活函数。将加权和输入激活函数中，生成该层的激活值。常用的激活函数包括ReLU、Sigmoid、Tanh等。

（4）重复执行步骤（2）和步骤（3）。将每一层的激活值作为下一层的输入，逐层向前传递。

（5）输出层。最后一层的输出通常是模型的预测结果，如分类问题中的类别概率或回归问题中的数值预测。

2. 输出计算

输出计算是在前向传播的基础上得到模型的最终输出。在前向传播完成后，通常会对最后一层的激活值进行适当的处理，以获得实际的输出结果。实现输出计算的一般步骤如下：

（1）处理输出层激活值。根据任务类型，可能需要对输出层的激活值进行进一步处理。例如，对于分类问题，可能会使用Softmax函数将激活值转换为类别概率分布。

（2）解释输出。根据任务的特点，解释模型输出。例如，如果模型用于图像分类，则解释输出可能涉及将最高概率对应的类别标签作为最终预测结果。

（3）后处理。在某些情况下，输出可能需要经过后处理才能得到最终的结果。这可能包括将类别标签映射到人类可读的标签，或者将数值预测转换为实际的物理量。

总之，模型推理的核心是前向传播过程，其将输入数据通过网络的层级结构，逐步进行加权、激活函数处理，最终得到模型的输出。输出计算阶段在前向传播的基础上对输出进行必要的处理，以便获得最终的预测结果或生成内容。

9.1.3　模型推理的优化和加速

模型推理的优化和加速是为了在保持模型性能的同时，降低推理过程的计算成本和时间。下面列出了一些常见的模型推理的优化和加速方法。

1. 硬件加速

使用专门的硬件加速器［如GPU和TPU（Tensor Processing Unit，张量处理单元）］可以显著提高模型推理速度。这些硬件针对矩阵运算等计算密集型任务进行了优化，适用于深度学习模型的前向传播过程。

2. 模型剪枝

模型剪枝是一种减少模型中冗余参数的方法，可以减小推理时的计算负担。通过剪枝（Pruning），可以删除不必要的权重，从而使模型变得更加轻量化。

3. 量化

模型量化是将模型的权重和激活值从高精度浮点数转换为低精度表示，如整数。这可以减少模型存储需求和计算开销，从而加速推理。

4. 模型蒸馏

模型蒸馏是一种将复杂的大模型（教师模型）的知识传递给简化的小模型（学生模型）的方法。这可以在保持相近性能的情况下加速推理，因为较小的模型通常计算更快。

5. 分布式推理

将模型的计算任务分布到多个设备或计算节点上，以并行执行推理操作，这在处理大批量数据时特别有用。

6. 缓存

缓存中间计算结果可以避免重复计算，从而加速推理。特别是对于多次重复的推理过程，缓存可以显著提升性能。

7. 小批量推理

将输入数据分成小批量进行推理，而不是一次性推理所有数据，这有助于更好地利用硬件加速器的并行计算能力。

8. 模型并行和数据并行

在大模型上，可以将模型参数分割到多个设备上进行计算［模型并行（Model Parallelism）］或将数据分成多份并在不同设备上同时计算［数据并行（Data Parallelism）］。

9. 减少层级

在某些情况下，可以考虑减少模型的层级结构，以降低模型复杂性，从而加速推理。

10. 基于硬件的优化库和工具

许多硬件制造商提供针对其硬件的优化库和工具，这些优化库和工具可以显著提升在特定硬件上的推理性能。

综合考虑以上方法，通常需要在模型性能和推理速度之间进行权衡。选择适合特定应用和资源预算的优化方法，可以帮助人们在实际应用中获得最佳的模型推理效果。例如，剪枝是一种用于减小神经网络模型尺寸和提高计算效率的技术。TensorFlow提供了剪枝的API，使用户可以通过减少权重参数数量来精简模型，从而在不牺牲太多性能的情况下减小模型的存储需求和计算开销。下面是一个使用TensorFlow Pruning API的实例。

实例9-1 ■ **使用TensorFlow对神经网络模型进行剪枝操作（源码路径：daima/9/jian.py）**

实例文件jian.py的具体实现流程如下所示。

（1）使用TensorFlow Model Optimization库对模型进行剪枝和压缩操作，代码如下：

```
import tensorflow as tf
import numpy as np
import tensorflow_model_optimization as tfmot
```

```
%load_ext tensorboard

import tempfile

input_shape = [20]
x_train = np.random.randn(1, 20).astype(np.float32)
y_train = tf.keras.utils.to_categorical(np.random.randn(1), num_classes=20)

def setup_model():
  model = tf.keras.Sequential([
      tf.keras.layers.Dense(20, input_shape=input_shape),
      tf.keras.layers.Flatten()
  ])
  return model

def setup_pretrained_weights():
  model = setup_model()

  model.compile(
      loss=tf.keras.losses.categorical_crossentropy,
      optimizer='adam',
      metrics=['accuracy']
  )

  model.fit(x_train, y_train)

  _, pretrained_weights = tempfile.mkstemp('.tf')

  model.save_weights(pretrained_weights)

  return pretrained_weights

def get_gzipped_model_size(model):
  #Returns size of gzipped model, in bytes.
  import os
  import zipfile

  _, keras_file = tempfile.mkstemp('.h5')
  model.save(keras_file, include_optimizer=False)

  _, zipped_file = tempfile.mkstemp('.zip')
  with zipfile.ZipFile(zipped_file, 'w', compression=zipfile.ZIP_DEFLATED) as f:
    f. write(keras_file)

  return os.path.getsize(zipped_file)
```

```
setup_model()
pretrained_weights = setup_pretrained_weights()
```

（2）定义模型。剪枝整个模型（顺序模型和函数式API），采取以下方法可以提高模型准确性：

①尝试"剪枝一些层"，跳过那些最影响准确性的层。

②通常情况下，与从头开始训练相比，使用微调方式进行剪枝会更好。

要使整个模型在剪枝的情况下进行训练，应将 tfmot.sparsity.keras.prune_low_magnitude 应用于模型，代码如下：

```
base_model = setup_model()
base_model.load_weights(pretrained_weights)  # 可选操作，但推荐使用。使用后可以提高模
                                                型准确性
model_for_pruning = tfmot.sparsity.keras.prune_low_magnitude(base_model)
model_for_pruning.summary()
```

执行上述代码，输出结果如下：

```
Layer (type)                    Output Shape            Param #
=================================================================
prune_low_magnitude_dense_      (None, 20)              822
2 (PruneLowMagnitude)

prune_low_magnitude_flatte      (None, 20)              1
n_2 (PruneLowMagnitude)


=================================================================
Total params: 823 (3.22 KB)
Trainable params: 420 (1.64 KB)
Non-trainable params: 403 (1.58 KB)
```

（3）剪枝部分层（顺序模型和函数式API）。对模型进行剪枝可能会对准确性产生负面影响，为此可以有选择地剪枝模型的层，以在准确性、速度和模型大小之间探索权衡。通常而言，与从头开始训练相比，使用微调方式进行剪枝会更好。应该尽量尝试剪枝后面的层，而不是前面的层。另外，还需要避免剪枝关键层（如注意力机制）。在下面的代码中，只对Dense层进行剪枝：

```
# 创建一个基本模型
base_model = setup_model()
base_model.load_weights(pretrained_weights)    # 可选操作，但推荐使用。使用后可以提高
                                                  模型准确性

# 辅助函数使用 prune_low_magnitude 仅对 Dense 层应用剪枝训练
def apply_pruning_to_dense(layer):
    if isinstance(layer, tf.keras.layers.Dense):
```

```
        return tfmot.sparsity.keras.prune_low_magnitude(layer)
    return layer

# 使用 `tf.keras.models.clone_model` 应用 `apply_pruning_to_dense` 到模型的各层
model_for_pruning = tf.keras.models.clone_model(
    base_model,
    clone_function=apply_pruning_to_dense,
)

model_for_pruning.summary()
```

这样将得到一个仅在 Dense 层应用剪枝的模型 model_for_pruning，有助于探索在模型准确性、速度和模型大小之间的权衡。

此时执行上述代码，输出结果如下：

```
Model: "sequential_3"

_____
 Layer (type)              Output Shape            Param #
===============================================================
 prune_low_magnitude_dense_  (None, 20)              822
 3 (PruneLowMagnitude)

 flatten_3 (Flatten)       (None, 20)              0

===============================================================
Total params: 822 (3.21 KB)
Trainable params: 420 (1.64 KB)
Non-trainable params: 402 (1.57 KB)
_____
```

虽然此示例使用层的类型来决定要剪枝的内容，但剪枝特定层的最简单方法是设置其名称属性，然后在 clone_function 中查找该名称。此时执行上述代码，输出结果如下：

```
dense_3
```

此时的代码虽然更易读，但有可能降低模型准确性，这与使用剪枝进行微调不兼容，这就是其可能比前面支持微调的示例准确性较低的原因。虽然 prune_low_magnitude 可以在定义初始模型时应用，但在之后加载权重是不适用于下面的示例的：

```
i = tf.keras.Input(shape=(20,))
x = tfmot.sparsity.keras.prune_low_magnitude(tf.keras.layers.Dense(10))(i)
o = tf.keras.layers.Flatten()(x)
model_for_pruning = tf.keras.Model(inputs=i, outputs=o)

model_for_pruning.summary()
```

此时执行上述代码，输出结果如下：

```
Model: "model"


Layer (type)                    Output Shape            Param #
=================================================================
input_1 (InputLayer)            [(None, 20)]              0

prune_low_magnitude_dense_      (None, 10)               412
4 (PruneLowMagnitude)

flatten_4 (Flatten)             (None, 10)                0


=================================================================
Total params: 412 (1.61 KB)
Trainable params: 210 (840.00 Byte)
Non-trainable params: 202 (812.00 Byte)
```

函数式 API 的示例代码如下：

```
model_for_pruning = tf.keras.Sequential([
  tfmot.sparsity.keras.prune_low_magnitude(tf.keras.layers.Dense(20,
                                    input_shape=input_shape)),
  tf.keras.layers.Flatten()
])

model_for_pruning.summary()
```

此时执行上述代码，输出结果如下：

```
Model: "sequential_4"


Layer (type)                    Output Shape            Param #
=================================================================
prune_low_magnitude_dense_      (None, 20)               822
5 (PruneLowMagnitude)

flatten_5 (Flatten)             (None, 20)                0


=================================================================
Total params: 822 (3.21 KB)
Trainable params: 420 (1.64 KB)
Non-trainable params: 402 (1.57 KB)
```

（4）当使用剪枝自定义 Keras 层或修改部分层以进行剪枝操作时，一个常见的错误是剪枝偏置，因为这通常会严重损害模型的准确性。这时候 tfmot.sparsity.keras.PrunableLayer 便派上了用场，它适用于两种情形：

①剪枝自定义Keras层。

②修改内置Keras层的部分以进行剪枝。

例如，在默认情况下，API仅剪枝 Dense 层的内核。下面的示例还会剪枝偏置：

```python
class MyDenseLayer(tf.keras.layers.Dense, tfmot.sparsity.keras.PrunableLayer):

  def get_prunable_weights(self):
    # 使用剪枝偏置
    return [self.kernel, self.bias]

# 使用 `prune_low_magnitude` 来使 `MyDenseLayer` 层进行带剪枝的训练
model_for_pruning = tf.keras.Sequential([
  tfmot.sparsity.keras.prune_low_magnitude(MyDenseLayer(20,
    input_shape=input_shape)),
  tf.keras.layers.Flatten()
])

model_for_pruning.summary()
```

此时执行上述代码，输出结果如下：

```
Model: "sequential_5"
_____
 Layer (type)                Output Shape              Param #
=================================================================
 prune_low_magnitude_my_den  (None, 20)                843
 se_layer (PruneLowMagnitud
 e)

 flatten_6 (Flatten)         (None, 20)                0

=================================================================
Total params: 843 (3.30 KB)
Trainable params: 420 (1.64 KB)
Non-trainable params: 423 (1.66 KB)
_____
```

（5）训练模型。使用 Model.fit方法训练模型，为了帮助调试训练过程，在训练过程中调用 tfmot.sparsity.keras.UpdatePruningStep 回调函数。其代码如下：

```python
# 定义模型
base_model = setup_model()
base_model.load_weights(pretrained_weights) # 用于提高模型准确性（可选）
model_for_pruning = tfmot.sparsity.keras.prune_low_magnitude(base_model)
```

```
log_dir = tempfile.mkdtemp()
callbacks = [
    tfmot.sparsity.keras.UpdatePruningStep(),
    # 在 Tensorboard 中记录稀疏性和其他指标
    tfmot.sparsity.keras.PruningSummaries(log_dir=log_dir)
]

model_for_pruning.compile(
    loss=tf.keras.losses.categorical_crossentropy,
    optimizer='adam',
    metrics=['accuracy']
)

model_for_pruning.fit(
    x_train,
    y_train,
    callbacks=callbacks,
    epochs=2,
)
```

（6）自定义训练循环。为了帮助调试训练过程，在训练过程中调用 tfmot.sparsity.keras.
UpdatePruningStep 回调函数。其代码如下：

```
# 定义模型
base_model = setup_model()
base_model.load_weights(pretrained_weights)    # 可选操作，但推荐使用。使用后可以提高
                                                 模型准确性
model_for_pruning = tfmot.sparsity.keras.prune_low_magnitude(base_model)

# 常规设置
loss = tf.keras.losses.categorical_crossentropy
optimizer = tf.keras.optimizers.Adam()
log_dir = tempfile.mkdtemp()
unused_arg = -1
epochs = 2
batches = 1    # 在本示例中批次数量是硬编码的，无法通过修改代码来更改批次数量1

# 非常规设置
model_for_pruning.optimizer = optimizer
step_callback = tfmot.sparsity.keras.UpdatePruningStep()
step_callback.set_model(model_for_pruning)
# 在 Tensorboard 中记录稀疏性和其他指标
log_callback = tfmot.sparsity.keras.PruningSummaries(log_dir=log_dir)
log_callback.set_model(model_for_pruning)
```

```
step_callback.on_train_begin()    # 运行剪枝回调
for _ in range(epochs):
    log_callback.on_epoch_begin(epoch=unused_arg)    # 运行剪枝回调
    for _ in range(batches):
        step_callback.on_train_batch_begin(batch=unused_arg)    # 运行剪枝回调

        with tf.GradientTape() as tape:
            logits = model_for_pruning(x_train, training=True)
            loss_value = loss(y_train, logits)
            grads = tape.gradient(loss_value,
                                  model_for_pruning.trainable_variables)
            optimizer.apply_gradients(zip(grads,
                                      model_for_pruning.trainable_variables))

    step_callback.on_epoch_end(batch=unused_arg)    # 运行剪枝回调
```

上述代码的功能是在训练过程中使用剪枝技术。首先定义了一个基础模型，加载预训练的权重，对模型应用低幅度剪枝。接着设置常规参数，如损失函数和优化器。随后，通过运行剪枝回调来配置剪枝步骤。在训练循环中，运行了多个剪枝回调来控制模型的剪枝进程。最后，使用 TensorBoard 可视化剪枝过程中的稀疏性和其他指标。

为了提高剪枝模型的准确性，可查看 tfmot.sparsity.keras.prune_low_magnitude API 文档，以了解剪枝计划（pruning schedule）的概念和每种类型的剪枝计划的数学原理。

> **注意：**
> ①在模型剪枝时，选择一个既不过高也不过低的学习率。将剪枝计划视为一个超参数。
> ②作为快速测试，尝试在训练开始时使用 tfmot.sparsity.keras.ConstantSparsity 计划，并将 begin_step 设置为 0，将模型剪枝到最终稀疏度。
> ③避免过于频繁地进行剪枝，以便模型有时间进行恢复。剪枝计划提供了一个合理的默认频率。

（7）检查点和反序列化。在检查点期间，必须保留优化器的步骤。这意味着虽然可以使用 Keras HDF5 模型进行检查点，但不能使用 Keras HDF5 权重。

在下面的代码中，使用 Keras HDF5 进行检查点操作。其代码如下：

```
# 定义模型
base_model = setup_model()
base_model.load_weights(pretrained_weights)    # 可选操作，但推荐使用。使用后可以提高
                                               #             模型准确性
model_for_pruning = tfmot.sparsity.keras.prune_low_magnitude(base_model)

_, keras_model_file = tempfile.mkstemp('.h5')

# 检查点：保存优化器是必要的（include_optimizer=True 是默认选项）
model_for_pruning.save(keras_model_file, include_optimizer=True)
```

上述代码的功能是首先定义一个模型，并将其进行剪枝；然后，创建一个临时的HDF5文件（.h5格式），将剪枝后的模型及其优化器保存在该文件中。在检查点期间，保存优化器状态对于恢复模型训练至关重要。

下面的代码仅适用于HDF5模型格式（不适用于HDF5权重和其他格式）：

```
with tfmot.sparsity.keras.prune_scope():
  loaded_model = tf.keras.models.load_model(keras_model_file)

loaded_model.summary()
```

此时执行上述代码，输出结果如下：

```
Model: "sequential_6"

Layer (type)                    Output Shape              Param #
=================================================================
prune_low_magnitude_dense_      (None, 20)                822
6 (PruneLowMagnitude)

prune_low_magnitude_flatte      (None, 20)                1
n_7 (PruneLowMagnitude)

=================================================================
Total params: 823 (3.22 KB)
Trainable params: 420 (1.64 KB)
Non-trainable params: 403 (1.58 KB)
```

（8）部署剪枝模型。使用大小压缩导出模型，定义一个模型，将其剪枝，并展示剪枝后的模型进行大小压缩的效果。首先，模型被剪枝；然后，剥离剪枝信息，以便导出；接着，显示剪枝后的模型的摘要信息，并比较未剪枝和剪枝模型的压缩大小，这有助于展示剪枝对模型大小的压缩效益。其代码如下：

```
# 定义模型
base_model = setup_model()
base_model.load_weights(pretrained_weights)    # 可选操作，但推荐使用。使用后可以提高
                                                       模型准确性
model_for_pruning = tfmot.sparsity.keras.prune_low_magnitude(base_model)

# 通常在此处训练模型

model_for_export = tfmot.sparsity.keras.strip_pruning(model_for_pruning)

print("final model")
model_for_export.summary()
```

```
print("\n")
print("Size of gzipped pruned model without stripping: %.2f bytes" % (get_
    gzipped_model_size(model_for_pruning)))
print("Size of gzipped pruned model with stripping: %.2f bytes" % (get_
    gzipped_model_size(model_for_export)))
```

此时执行上述代码，输出结果如下：

```
Model: "sequential_7"

_____
Layer (type)                 Output Shape              Param #
=================================================================
dense_7 (Dense)              (None, 20)                420

flatten_8 (Flatten)         (None, 20)                0

=================================================================
Total params: 420 (1.64 KB)
Trainable params: 420 (1.64 KB)
Non-trainable params: 0 (0.00 Byte)
_____


WARNING:tensorflow:Compiled the loaded model, but the compiled metrics have
    yet to be built. `model.compile_metrics` will be empty until you train or
    evaluate the model.
Size of gzipped pruned model without stripping: 3498.00 bytes
WARNING:tensorflow:Compiled the loaded model, but the compiled metrics have
    yet to be built. `model.compile_metrics` will be empty until you train or
    evaluate the model.
Size of gzipped pruned model with stripping: 2958.00 bytes
```

（9）特定硬件的优化。一旦不同的后端启用剪枝以改善延迟，使用块稀疏性可以提高特定硬件的延迟性能。增加块大小会降低能够在目标模型准确性下实现的峰值稀疏度，尽管如此，仍然可以提高延迟性能。其代码如下：

```
base_model = setup_model()

# 对于使用 128 位寄存器和 8 位量化权重的 CPU，使用 1×16 的块大小比较好
# 因为块大小恰好适合寄存器
pruning_params = {'block_size': [1, 16]}
model_for_pruning = tfmot.sparsity.keras.prune_low_magnitude(base_model,
    **pruning_params)

model_for_pruning.summary()
```

上述代码块的功能是定义一个模型，并在使用特定硬件进行优化时，使用块稀疏性进行剪枝。在此示例中，使用1×16的块大小，以适应128位寄存器和8位量化权重的CPU。在执行上述代码块

后，将展示剪枝后的模型的摘要信息。

此时执行上述代码，输出结果如下：

```
Model: "sequential_8"

_____
Layer (type)                 Output Shape              Param #
=================================================================
prune_low_magnitude_dense_   (None, 20)                822
8 (PruneLowMagnitude)

prune_low_magnitude_flatte   (None, 20)                1
n_9 (PruneLowMagnitude)


=================================================================
Total params: 823 (3.22 KB)
Trainable params: 420 (1.64 KB)
Non-trainable params: 403 (1.58 KB)
```

当涉及神经网络模型剪枝操作时，通过使用PyTorch提供的工具和库，可使该过程变得相对容易。下面是一个使用PyTorch进行神经网络模型剪枝操作的实例，对一个简单的全连接神经网络进行了剪枝操作。

实例9-2 使用PyTorch对神经网络模型进行剪枝操作（源码路径：daima/9/pyjian.py）

实例文件pyjian.py的具体实现流程如下：

```python
# 定义简单的全连接神经网络
class SimpleNet(nn.Module):
    def __init__(self):
        super(SimpleNet, self).__init__()
        self.fc1 = nn.Linear(784, 256)
        self.fc2 = nn.Linear(256, 128)
        self.fc3 = nn.Linear(128, 10)

    def forward(self, x):
        x = torch.flatten(x, 1)
        x = self.fc1(x)
        x = self.fc2(x)
        x = self.fc3(x)
        return x

# 加载 MNIST 数据集
transform = transforms.Compose([transforms.ToTensor(), transforms.
  Normalize((0.5,), (0.5,))])
trainset = torchvision.datasets.MNIST(root='./data', train=True,
```

```
    download=True, transform=transform)
trainloader = torch.utils.data.DataLoader(trainset, batch_size=64,
    shuffle=True)

# 创建模型实例
model = SimpleNet()

# 定义损失函数和优化器
criterion = nn.CrossEntropyLoss()
optimizer = optim.Adam(model.parameters(), lr=0.001)

# 训练原始模型
def train(epoch):
    model.train()
    for batch_idx, (inputs, targets) in enumerate(trainloader):
        optimizer.zero_grad()
        outputs = model(inputs)
        loss = criterion(outputs, targets)
        loss.backward()
        optimizer.step()
        if batch_idx % 100 == 0:
            print(f"Epoch {epoch}, Batch {batch_idx}, Loss: {loss.
item():.4f}")

# 运行几个 epoch 以训练原始模型
for epoch in range(3):
    train(epoch)

# 执行剪枝操作
parameters_to_prune = (
    (model.fc1, 'weight'),
    (model.fc2, 'weight'),
    (model.fc3, 'weight')
)

prune.global_unstructured(
    parameters_to_prune,
    pruning_method=prune.L1Unstructured,
    amount=0.2
)

# 重新定义优化器，只对剪枝后的参数进行优化
optimizer = optim.Adam(model.parameters(), lr=0.001)

# 重新训练剪枝后的模型
def retrain(epoch):
    model.train()
```

```
    for batch_idx, (inputs, targets) in enumerate(trainloader):
        optimizer.zero_grad()
        outputs = model(inputs)
        loss = criterion(outputs, targets)
        loss.backward()
        optimizer.step()
        if batch_idx % 100 == 0:
            print(f"Epoch {epoch}, Batch {batch_idx}, Loss: {loss.
item():.4f}")

# 重新训练剪枝后的模型
for epoch in range(3):
    retrain(epoch)

# 在测试集上评估剪枝后的模型性能
testset = torchvision.datasets.MNIST(root='./data', train=False,
  download=True, transform=transform)
testloader = torch.utils.data.DataLoader(testset, batch_size=64,
  shuffle=False)

def test():
    model.eval()
    correct = 0
    total = 0
    with torch.no_grad():
        for inputs, targets in testloader:
            outputs = model(inputs)
            _, predicted = outputs.max(1)
            total += targets.size(0)
            correct += predicted.eq(targets).sum().item()
    print(f"Test Accuracy: {100 * correct / total:.2f}%")

test()
```

在该实例中，首先定义一个名为 SimpleNet 的简单全连接神经网络；然后加载 MNIST 数据集，训练原始的全连接神经网络模型，进行剪枝操作；接着重新定义优化器，只对剪枝后的参数进行优化，并对模型进行重新训练；最后，在测试集上评估剪枝后的模型性能。

> **注意**：剪枝只是一个开始，可能还需要重新训练剪枝后的模型，以调整并恢复模型的性能。在实际应用中，剪枝的细节和调整可能会因问题而异，需要进一步研究和实验来获得最佳结果。

9.2 模型评估

模型评估是指对训练完成的机器学习或深度学习模型进行性能分析和测试，以确定模型在新数据上的表现如何。

9.2.1　模型评估的方法和指标

在模型评估过程中，选择适当的指标取决于问题类型和数据特点。通常，应当综合考虑多个指标，以便全面了解模型的性能和优缺点。下面是一些常见的模型评估方法和指标：

（1）测试集评估：在训练和验证过程中，通常会将数据集分为训练集和验证集。测试集是模型从未见过的数据，用于评估其在真实场景中的性能。将测试集输入模型，根据预测结果与真实标签进行比较，可以计算出测试集上的准确性、精确度、召回率等指标。

（2）准确性（Accuracy）：模型正确预测的样本数量与总样本数量之比。对于二分类问题，准确性计算公式为(TP + TN) / (TP + TN + FP + FN)，其中TP表示真正例（True Positive），TN表示真负例（True Negative），FP表示假正例（False Positive），FN表示假负例（False Negative）。

（3）精确度（Precision）和召回率（Recall）：在不平衡类别数据集中，精确度和召回率是重要的指标。精确度是正确预测为正类的样本数与所有预测为正类的样本数之比，计算公式为TP / (TP + FP)；召回率是正确预测为正类的样本数与真实正类的样本数之比，计算公式为TP / (TP + FN)。

（4）F1-Score：综合考虑了精确度和召回率，是一个平衡指标，特别适用于不平衡类别问题。其计算公式为2 × (精确度 × 召回率) / (精确度 + 召回率)。

（5）混淆矩阵：一个表格，展示了模型的分类结果与真实标签之间的对应关系。混淆矩阵将预测结果分为真正例、真负例、假正例和假负例4类情况。

（6）ROC曲线（Receiver Operating Characteristic Curve）和AUC（Area Under the Curve）：ROC曲线是一个用于评估二分类模型性能的工具，其以假正例率（False Positive Rate, FPR）为横轴，真正例率（True Positive Rate, TPR）为纵轴，展示了不同阈值下模型的性能。AUC是ROC曲线下的面积，通常用于比较不同模型的性能。

（7）平均绝对误差（Mean Absolute Error，MAE）和均方误差：在回归问题中，平均绝对误差计算预测值与真实值之间的绝对差值的平均值，均方误差计算预测值与真实值之间的差值的平方的平均值。

（8）交叉验证：将数据集分为多个子集，多次训练和测试模型，以便更好地估计模型的性能。常见的交叉验证方法包括K-Fold交叉验证。

（9）泛化误差：模型在新数据上的误差，反映了模型的泛化能力。评估模型的泛化误差可以帮助判断模型是否过拟合或欠拟合。

下面是一个TensorFlow使用ROC曲线评估一个二分类模型的性能的实例。在该实例中，将使用TensorFlow和Scikit-learn库构建和评估一个简单的二分类模型，并绘制ROC曲线。

实例9-3　TensorFlow使用ROC曲线评估一个二分类模型的性能（源码路径：daima\9\roc.py）

实例文件roc.py的具体实现代码如下：

```
import tensorflow as tf
```

```python
from tensorflow.keras.models import Sequential
from tensorflow.keras.layers import Dense
from tensorflow.keras.optimizers import Adam
from sklearn.model_selection import train_test_split
from sklearn.metrics import roc_curve, auc
import matplotlib.pyplot as plt
import numpy as np

# 生成示例数据
np.random.seed(0)
X = np.random.rand(1000, 10)
y = np.random.randint(2, size=1000)

# 划分训练集和测试集
X_train, X_test, y_train, y_test = train_test_split(X, y, test_size=0.3,
                                                    random_state=42)

# 构建简单的二分类模型
model = Sequential([
    Dense(16, activation='relu', input_shape=(10,)),
    Dense(1, activation='sigmoid')
])

model.compile(loss='binary_crossentropy', optimizer=Adam(lr=0.001),
              metrics=['accuracy'])

# 训练模型
model.fit(X_train, y_train, epochs=10, batch_size=32,
          validation_data=(X_test, y_test))

# 获取模型在测试集上的预测概率
y_pred_prob = model.predict(X_test)

# 计算 ROC 曲线
fpr, tpr, thresholds = roc_curve(y_test, y_pred_prob)
roc_auc = auc(fpr, tpr)

# 绘制 ROC 曲线
plt.figure()
plt.plot(fpr, tpr, color='darkorange', lw=2, label='ROC curve (area = %0.2f)'
         % roc_auc)
plt.plot([0, 1], [0, 1], color='navy', lw=2, linestyle='--')
plt.xlim([0.0, 1.0])
plt.ylim([0.0, 1.05])
plt.xlabel('False Positive Rate')
plt.ylabel('True Positive Rate')
```

```
plt.title('Receiver Operating Characteristic')
plt.legend(loc="lower right")
plt.show()
```

在上述代码中，首先生成一个随机的二分类数据集，然后构建一个包含一个隐藏层的简单神经网络模型。在模型训练完成后，使用predict方法获取模型在测试集上的预测概率，然后使用roc_curve函数计算FPR和TPR，最后使用Matplotlib绘制ROC曲线，如图9-1所示。

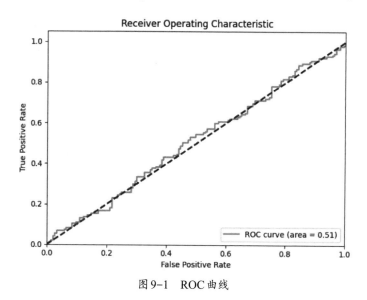

图9-1　ROC曲线

下面是一个使用PyTorch进行模型评估并绘制ROC曲线的实例。在该实例中，将使用PyTorch和Scikit-learn库构建和评估一个二分类模型，并绘制ROC曲线。

实例9-4　**PyTorch使用ROC曲线评估一个二分类模型的性能（源码路径：daima\9\ pyroc.py）**

实例文件pyroc.py的具体实现代码如下：

```
import torch
import torch.nn as nn
import torch.optim as optim
from sklearn.metrics import roc_curve, auc
import matplotlib.pyplot as plt
import numpy as np

# 生成示例数据
np.random.seed(0)
X = np.random.rand(1000, 10)
y = np.random.randint(2, size=1000)

# 划分训练集和测试集
```

```
X_train, X_test = X[:700], X[700:]
y_train, y_test = y[:700], y[700:]

# 定义简单的神经网络模型
class SimpleNet(nn.Module):
    def __init__(self):
        super(SimpleNet, self).__init__()
        self.fc1 = nn.Linear(10, 16)
        self.fc2 = nn.Linear(16, 1)
        self.sigmoid = nn.Sigmoid()

    def forward(self, x):
        x = torch.relu(self.fc1(x))
        x = self.fc2(x)
        x = self.sigmoid(x)
        return x

# 创建模型实例
model = SimpleNet()

# 定义损失函数和优化器
criterion = nn.BCELoss()
optimizer = optim.Adam(model.parameters(), lr=0.001)

# 将数据转换为 PyTorch 张量
X_train_tensor = torch.FloatTensor(X_train)
y_train_tensor = torch.FloatTensor(y_train)
X_test_tensor = torch.FloatTensor(X_test)

# 训练模型
for epoch in range(50):
    optimizer.zero_grad()
    outputs = model(X_train_tensor)
    loss = criterion(outputs, y_train_tensor.view(-1, 1))
    loss.backward()
    optimizer.step()

# 获取模型在测试集上的预测概率
model.eval()
with torch.no_grad():
    y_pred_prob = model(X_test_tensor).numpy()

# 计算 ROC 曲线
fpr, tpr, thresholds = roc_curve(y_test, y_pred_prob)
roc_auc = auc(fpr, tpr)
```

```
# 绘制 ROC 曲线
plt.figure()
plt.plot(fpr, tpr, color='darkorange', lw=2, label='ROC curve (area = %0.2f)'
    % roc_auc)
plt.plot([0, 1], [0, 1], color='navy', lw=2, linestyle='--')
plt.xlim([0.0, 1.0])
plt.ylim([0.0, 1.05])
plt.xlabel('False Positive Rate')
plt.ylabel('True Positive Rate')
plt.title('Receiver Operating Characteristic')
plt.legend(loc="lower right")
plt.show()
```

在该实例中，首先定义一个简单的神经网络模型 SimpleNet，然后通过 PyTorch 进行模型训练。在训练完成后，使用模型在测试集上的预测概率，并使用 Scikit-learn 的 roc_curve 和 auc 函数计算和绘制 ROC 曲线，如图 9-2 所示。

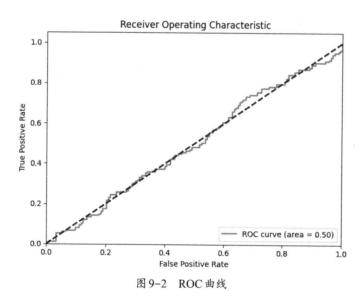

图 9-2　ROC 曲线

9.2.2　交叉验证和统计显著性测试的应用

交叉验证和统计显著性测试是在机器学习和统计学中常用的两种技术，用于评估模型性能和确定结果的可靠性。它们在模型评估和比较、特征选择和超参数调优等方面都有广泛的应用。

1. 交叉验证的应用

交叉验证是一种通过多次划分训练集和验证集的方法来评估模型性能和提高泛化能力的技术。常见的交叉验证方法包括 K-Fold 交叉验证、留一交叉验证等。交叉验证的应用包括：

（1）模型性能评估：在训练和验证过程中，将数据分为多个子集，多次训练和验证模型，得到平均性能,更准确地评估模型的泛化能力。

(2)模型选择:通过交叉验证,可以比较不同模型的性能,选择最优模型。选择过程不仅考虑训练集上的性能,还考虑验证集上的性能,避免过拟合。

(3)超参数调优:交叉验证可用于选择最优的超参数,如学习率、正则化参数等。通过在不同的训练集和验证集上训练模型,找到在验证集上性能最佳的超参数组合。

2. 统计显著性测试的应用

统计显著性测试用于确定实验结果是否具有统计上的显著性,即结果是否因随机性而产生,在模型比较、特征选择和实验结果的解释方面有广泛应用。常见的显著性测试包括t检验、ANOVA、卡方检验等。统计显著性测试的应用包括:

(1)模型比较:当比较两个或多个模型时,可以使用显著性测试来判断它们之间的性能差异是否显著。例如,通过比较模型的准确性是否显著不同来确定哪个模型更好。

(2)特征选择:在特征选择过程中,可以使用显著性测试来判断特征与目标变量之间的关系是否显著,从而选择对目标变量有显著影响的特征。

(3)实验结果解释:在实验设计中,显著性测试可以判断实验结果是否因为干预而产生,还是因为随机性而产生。这有助于解释实验结果的可靠性。

需要注意的是,统计显著性测试并不是万能的,其在设计和执行上都需要遵循严格的原则。同时,显著性测试的结果需要综合考虑,不应孤立地用于做决策。在应用这些技术时,理解其原理和局限性非常重要。

下面是一个使用Scikit-learn对支持向量机模型进行交叉验证和统计显著性测试的实例。

实例9-5 **Scikit-learn对支持向量机模型进行交叉验证和统计显著性测试(源码路径:daima\9\jiaoxian.py)**

实例文件jiaoxian.py的具体实现代码如下:

```python
from sklearn.datasets import load_iris
from sklearn.model_selection import cross_val_score
from sklearn.svm import SVC
from scipy.stats import ttest_rel

# 加载鸢尾花数据集
data = load_iris()
X = data.data
y = data.target

# 创建支持向量机模型
model_A = SVC(kernel='linear', C=1.0)
model_B = SVC(kernel='rbf', C=1.0)

# 进行交叉验证
```

```
results = []
models = [model_A, model_B]
for model in models:
    model_results = cross_val_score(model, X, y, cv=5, scoring='accuracy')
    results.append(model_results)

# 输出交叉验证结果
for i, model_results in enumerate(results):
    print(f"Model {i+1} Cross-Validation Accuracies: {model_results}")
    print(f"Mean Accuracy: {model_results.mean():.4f}")

# 进行配对 t 检验
t_statistic, p_value = ttest_rel(results[0], results[1])

# 输出显著性测试结果
print(f"T-Statistic: {t_statistic:.4f}")
print(f"P-Value: {p_value:.4f}")

# 判断显著性
alpha = 0.05
if p_value < alpha:
    print("There is a significant difference between the models.")
else:
    print("There is no significant difference between the models.")
```

在上述代码中，首先加载鸢尾花数据集，并创建两个支持向量机模型：一个使用线性核（model_A），另一个使用径向基函数（Radial Basis Function，RBF）核（model_B）。然后，使用cross_val_score函数对这两个模型进行交叉验证，计算每个模型在不同交叉验证折叠上的准确性。最后，使用配对t检验进行统计显著性测试，以确定这两个模型的性能是否存在显著差异。

执行上述代码，输出结果如下：

```
Model 1 Cross-Validation Accuracies: [0.96666667 1.          0.96666667 0.96666667
1.         ]
Mean Accuracy: 0.9800
Model 2 Cross-Validation Accuracies: [0.96666667 0.96666667 0.96666667 0.93333333
1.         ]
Mean Accuracy: 0.9667
T-Statistic: 1.6330
P-Value: 0.1778
There is no significant difference between the models.
```

由上述输出结果可以看出，两个支持向量机模型的平均准确性在不同的交叉验证折叠上略有不同，但通过配对t检验得出的p-value大于显著性水平0.05，因此得出结论：这两个模型之间没有显著差异。

使用TensorFlow进行交叉验证和统计显著性测试时，情况会稍微复杂一些，因为TensorFlow不像Scikit-learn那样有现成的交叉验证函数，此时可以考虑使用类似的方法进行操作。下面的实例使用TensorFlow训练神经网络，并使用Scikit-learn进行交叉验证和统计显著性测试。

实例9-6 　在TensorFlow中实现交叉验证和统计显著性测试（源码路径：daima\9\tfjiao.py）

实例文件tfjiao.py的具体实现代码如下：

```
import numpy as np
import tensorflow as tf
from sklearn.model_selection import cross_val_score
from sklearn.model_selection import StratifiedKFold
from scipy.stats import ttest_ind

# 创建一个简单的神经网络模型
def create_neural_network():
    model = tf.keras.Sequential([
        tf.keras.layers.Dense(64, activation='relu', input_shape=(4,)),
        tf.keras.layers.Dense(3, activation='softmax')
    ])
    model.compile(optimizer='adam', loss='sparse_categorical_crossentropy',
      metrics=['accuracy'])
    return model

# 加载鸢尾花数据集
from sklearn.datasets import load_iris
data = load_iris()
X = data.data
y = data.target

# 创建神经网络模型
model = create_neural_network()

# 使用分层 K-Fold 交叉验证进行训练和评估
num_folds = 5
kfold = StratifiedKFold(n_splits=num_folds, shuffle=True, random_state=42)
results = []

for train_idx, test_idx in kfold.split(X, y):
    X_train, X_test = X[train_idx], X[test_idx]
    y_train, y_test = y[train_idx], y[test_idx]

    model.fit(X_train, y_train, epochs=10, batch_size=32, verbose=0)
    _, accuracy = model.evaluate(X_test, y_test, verbose=0)
    results.append(accuracy)
```

```
# 输出交叉验证结果
for i, accuracy in enumerate(results):
    print(f"Fold {i+1} Accuracy: {accuracy:.4f}")
print(f"Mean Accuracy: {np.mean(results):.4f}")

# 进行独立样本 t 检验
midpoint = len(results) // 2
first_half_results = results[:midpoint]
second_half_results = results[midpoint:]

t_statistic, p_value = ttest_ind(first_half_results, second_half_results)

# 输出显著性测试结果
print(f"T-Statistic: {t_statistic:.4f}")
print(f"P-Value: {p_value:.4f}")

# 判断显著性
alpha = 0.05
if p_value < alpha:
    print("There is a significant difference between the folds.")
else:
    print("There is no significant difference between the folds.")
```

上述代码的实现流程如下：

（1）定义一个简单的神经网络模型 create_neural_network()，该模型由两个密集层组成，其中一个使用ReLU激活函数，另一个使用Softmax激活函数。该模型使用Adam优化器和稀疏分类交叉熵损失函数进行编译。

（2）加载鸢尾花数据集，并将特征数据（X）和目标标签（y）分别赋值给变量。

（3）调用 create_neural_network 函数，创建神经网络模型 model。

（4）使用分层K-Fold交叉验证 StratifiedKFold 对数据进行划分和交叉验证，其中num_folds 变量定义了折叠的数量。在每个折叠中，训练数据和测试数据会被划分，并使用神经网络模型在训练数据上进行训练，在测试数据上评估准确性。评估结果会被存储在 results 列表中。

（5）输出每个折叠的准确性和平均准确性。

（6）将 results 列表分成两个子集，分别代表交叉验证的前半部分和后半部分。

（7）使用 ttest_ind 函数进行独立样本t检验，比较两个子集的结果，计算得到t统计值和p值。

（8）输出t检验的统计值和p值。

（9）根据显著性水平alpha（通常设置为0.05）判断是否存在显著性差异。如果p值小于alpha，说明有显著性差异；否则说明两组数据之间没有显著性差异。

执行上述代码，输出如下结果。根据输出结果可知，显著性测试的p值略高于显著性水平0.05，这意味着不能拒绝"两组折叠之间没有显著差异"的原假设。

```
Fold 1 Accuracy: 0.6667
Fold 2 Accuracy: 0.7667
Fold 3 Accuracy: 0.8333
Fold 4 Accuracy: 0.9000
Fold 5 Accuracy: 0.9667
Mean Accuracy: 0.8267
T-Statistic: -2.9516
P-Value: 0.0599
There is no significant difference between the folds.
```

当涉及使用PyTorch进行交叉验证和统计显著性测试时，也会采用和TensorFlow类似的方法。下面的实例首先使用PyTorch训练神经网络，然后使用Scikit-learn进行交叉验证和统计显著性测试功能。

实例9-7 在PyTorch中实现交叉验证和统计显著性测试（源码路径：daima\9\pyjiao.py）

实例文件pyjiao.py的具体实现代码如下：

```python
import numpy as np
import torch
import torch.nn as nn
import torch.optim as optim
from sklearn.model_selection import cross_val_score
from sklearn.model_selection import StratifiedKFold
from scipy.stats import ttest_ind

# 创建一个简单的神经网络模型
class SimpleNN(nn.Module):
    def __init__(self):
        super(SimpleNN, self).__init__()
        self.fc1 = nn.Linear(4, 64)
        self.fc2 = nn.Linear(64, 3)

    def forward(self, x):
        x = torch.relu(self.fc1(x))
        x = self.fc2(x)
        return x

# 加载鸢尾花数据集
from sklearn.datasets import load_iris
data = load_iris()
X = data.data
y = data.target

# 转换为 PyTorch 的 Tensor
X_tensor = torch.tensor(X, dtype=torch.float32)
```

```
y_tensor = torch.tensor(y, dtype=torch.long)

# 创建神经网络模型
model = SimpleNN()

# 使用分层 K-Fold 交叉验证进行训练和评估
num_folds = 5
kfold = StratifiedKFold(n_splits=num_folds, shuffle=True, random_state=42)
results = []

for train_idx, test_idx in kfold.split(X, y):
    X_train, X_test = X_tensor[train_idx], X_tensor[test_idx]
    y_train, y_test = y_tensor[train_idx], y_tensor[test_idx]

    optimizer = optim.Adam(model.parameters(), lr=0.001)
    criterion = nn.CrossEntropyLoss()

    for epoch in range(10):
        optimizer.zero_grad()
        outputs = model(X_train)
        loss = criterion(outputs, y_train)
        loss.backward()
        optimizer.step()

    with torch.no_grad():
        outputs = model(X_test)
        _, predicted = torch.max(outputs, 1)
        accuracy = (predicted == y_test).sum().item() / y_test.size(0)
        results.append(accuracy)

# 输出交叉验证结果
for i, accuracy in enumerate(results):
    print(f"Fold {i+1} Accuracy: {accuracy:.4f}")
print(f"Mean Accuracy: {np.mean(results):.4f}")

# 进行独立样本 t 检验
midpoint = len(results) // 2
first_half_results = results[:midpoint]
second_half_results = results[midpoint:]

t_statistic, p_value = ttest_ind(first_half_results, second_half_results)

# 输出显著性测试结果
print(f"T-Statistic: {t_statistic:.4f}")
print(f"P-Value: {p_value:.4f}")
```

```
# 判断显著性
alpha = 0.05
if p_value < alpha:
    print("There is a significant difference between the folds.")
else:
    print("There is no significant difference between the folds.")
```

在上述代码中，首先定义一个简单的神经网络模型 SimpleNN，使用 PyTorch 的张量将鸢尾花数据集转换为模型所需的格式；然后，使用分层 K-Fold 交叉验证训练和评估模型，每个折叠都会计算准确性并存储在 results 列表中；接着，使用 ttest_ind 函数进行独立样本 t 检验，比较交叉验证的前半部分和后半部分的结果，计算得到 t 统计值和 p 值；最后，根据显著性水平 alpha 判断是否存在显著性差异。

执行上述代码，输出结果如下：

```
Fold 1 Accuracy: 0.6667
Fold 2 Accuracy: 0.6667
Fold 3 Accuracy: 0.7333
Fold 4 Accuracy: 0.7667
Fold 5 Accuracy: 0.9333
Mean Accuracy: 0.7533
T-Statistic: -1.8086
P-Value: 0.1682
There is no significant difference between the folds.
```

第 10 章
大模型优化算法和技术

　　"大模型优化算法"是一个相对较为广泛的概念，指的是用于优化大模型的一系列算法和技术。在机器学习和深度学习领域，大模型通常指的是参数数量众多、层数深厚的神经网络等复杂模型。这些模型的训练和优化需要考虑到计算和内存资源的限制，以及有效地解决梯度消失、梯度爆炸等问题。本章详细讲解大模型优化算法和技术的知识，为读者步入本书后面知识的学习打下基础。

10.1 常见的大模型优化算法和技术

常见的用于优化大模型的算法和技术如下。

（1）梯度下降：优化神经网络的基础方法。大模型优化中，梯度下降常用的变种包括SGD、小批量梯度下降（Mini-Batch GD）、动量法、自适应学习率方法（如Adam、Adagrad、RMSProp）等。

（2）分布式训练：将大型模型的训练任务分布到多台机器或设备上，加快训练速度。常见的分布式训练框架包括TensorFlow的分布式策略和PyTorch的分布式包。

（3）模型并行和数据并行：对于特别大的模型，可以将模型拆分成多个部分，分别在不同设备上训练，最后进行整合；数据并行则是将相同模型的多个副本分别应用于不同的数据批次。

（4）学习率调度（Learning Rate Scheduling）：在训练过程中动态地调整学习率，以便更好地适应训练的进展。这有助于避免梯度震荡或陷入局部最优。

（5）权重初始化策略：合适的权重初始化可以加速收敛和防止梯度消失/爆炸问题。常见的初始化方法包括Xavier初始化和He初始化。

（6）正则化：为了防止模型过拟合，可以使用L1正则化、L2正则化、Dropout等方法。

（7）梯度裁剪（Gradient Clipping）：在训练过程中限制梯度的大小，以防止梯度爆炸问题。

（8）混合精度训练（Mixed Precision Training）：利用半精度浮点数加速训练，并减少显存占用。

（9）超参数优化：自动搜索合适的超参数组合，以达到更好的性能。

（10）迁移学习：从预训练的大模型开始，通过微调等方式进行优化。

（11）量化和剪枝（Quantization and Pruning）：减少模型的存储和计算需求，从而优化大模型。

在实际应用中，通常会结合使用上述优化算法和技术，根据具体问题和模型的特点进行调整和优化。大模型的优化是一个复杂的领域，不同的问题可能需要不同的策略和技术。

10.2 梯度下降法

梯度下降法是一种用于优化函数的迭代优化算法，广泛应用于机器学习和深度学习中，用于调整模型参数，以最小化损失函数。梯度下降法的核心思想是沿着损失函数下降最快的方向逐步迭代地更新参数，直到达到或接近损失函数的最小值。

10.2.1 梯度下降法简介

梯度下降法的核心思想是沿着损失函数的负梯度方向进行迭代，因为梯度指向了函数增长最快的方向。通过反复迭代，可以逐步接近损失函数的局部最小值。以下是梯度下降法的基本步骤：

（1）选择初始参数：为模型的参数选择一个初始值，这些参数是待优化的变量，如神经网络的权重和偏差。

（2）计算梯度：在每次迭代中，计算损失函数对于参数的梯度。梯度是一个向量，其每个元素表示损失函数在对应参数上的变化率。这告诉用户应该朝哪个方向移动参数以减少损失。

（3）更新参数：使用计算得到的梯度，按照一个称为学习率的因子，对每个参数进行更新。学习率决定了每次迭代中参数更新的步长。较小的学习率可以使算法更稳定，但可能导致收敛速度较慢；而较大的学习率可能导致震荡和发散。

（4）连续迭代：重复执行步骤（2）和步骤（3），直到满足停止条件。停止条件可以是达到预定的迭代次数、梯度接近于零，或者损失函数的变化很小。

需要注意的是，梯度下降法有不同的变种，包括批量梯度下降、SGD 和小批量梯度下降，每种变种在计算效率和参数更新稳定性方面都有不同的权衡。此外，调整学习率和选择合适的初始参数也会对算法的性能产生影响。

虽然梯度下降法是一个强大的优化工具，但其并不总是能够保证找到全局最优解，特别是在复杂的非凸函数中。因此，研究人员也在探索其他优化算法和技术，以改善模型训练的效果。

10.2.2 TensorFlow 梯度下降法优化实践

TensorFlow 是一个广泛应用于构建和训练机器学习模型的开源深度学习框架，提供了丰富的工具和函数来实现梯度下降法及其变种，用于优化模型参数。下面是一个 TensorFlow 使用梯度下降法优化线性回归模型的实例。

实例10-1 TensorFlow使用梯度下降法优化线性回归模型（源码路径：daima/10/tidu.py）

实例文件 tidu.py 的具体实现代码如下：

```python
import tensorflow as tf
import numpy as np
import matplotlib.pyplot as plt

# 生成一些随机数据作为示例
np.random.seed(0)
X = np.random.rand(100, 1)
y = 3 * X + 2 + np.random.randn(100, 1) * 0.1

# 构建线性回归模型
class LinearRegression:
    def __init__(self):
        self.W = tf.Variable(np.random.randn(), name="weight")
        self.b = tf.Variable(np.random.randn(), name="bias")
```

```
    def __call__(self, x):
        return self.W * x + self.b

# 定义损失函数
def mean_squared_error(y_true, y_pred):
    return tf.reduce_mean(tf.square(y_true - y_pred))

# 创建模型和优化器
model = LinearRegression()
learning_rate = 0.1
optimizer = tf.optimizers.SGD(learning_rate)

# 迭代优化
num_epochs = 1000
for epoch in range(num_epochs):
    with tf.GradientTape() as tape:
        y_pred = model(X)
        loss = mean_squared_error(y, y_pred)
    gradients = tape.gradient(loss, [model.W, model.b])
    optimizer.apply_gradients(zip(gradients, [model.W, model.b]))

    if (epoch + 1) % 100 == 0:
        print(f"Epoch [{epoch+1}/{num_epochs}], Loss: {loss.numpy()}")

# 绘制拟合结果
plt.scatter(X, y, label="Original data")
plt.plot(X, model.W * X + model.b, color='red', label='Fitted line')
plt.legend()
plt.show()
```

在上述代码中，使用 TensorFlow 创建了一个简单的线性回归模型，并使用梯度下降法进行优化。用户可以根据项目需要对数据、模型和优化器进行调整，以适应实际问题。

执行上述代码，输出的结果如下，这表示模型的损失在迭代中逐渐减小，表明模型正在逐渐逼近最佳拟合。在迭代的最后，应该会看到拟合的直线经过数据点附近，与数据趋势相匹配。

```
Epoch [100/1000], Loss: 0.019662203267216682
Epoch [200/1000], Loss: 0.01057867519557476
Epoch [300/1000], Loss: 0.00996834971010685
Epoch [400/1000], Loss: 0.009927341714501381
Epoch [500/1000], Loss: 0.00992458313703537
Epoch [600/1000], Loss: 0.009924403391778469
Epoch [700/1000], Loss: 0.009924384765326977
Epoch [800/1000], Loss: 0.0099243875592947
Epoch [900/1000], Loss: 0.00992438942193985
Epoch [1000/1000], Loss: 0.00992438942193985
```

10.2.3 PyTorch 梯度下降法优化实践

PyTorch是一个流行的深度学习框架，提供了自动微分机制，使使用梯度下降法优化模型变得非常简便。下面是一个使用PyTorch进行梯度下降优化的线性回归模型实例。

实例10-2 PyTorch使用梯度下降法优化线性回归模型（源码路径：daima/10/pytidu.py）

实例文件pytidu.py的具体实现代码如下：

```python
import torch
import torch.nn as nn
import torch.optim as optim
import numpy as np

# 生成随机数据
np.random.seed(42)
X = np.random.rand(100, 1)
y = 2 * X + 1 + 0.1 * np.random.randn(100, 1)

# 转换数据为 PyTorch 张量
X_tensor = torch.tensor(X, dtype=torch.float32)
y_tensor = torch.tensor(y, dtype=torch.float32)

# 定义线性回归模型
class LinearRegression(nn.Module):
    def __init__(self):
        super(LinearRegression, self).__init__()
        self.linear = nn.Linear(1, 1)

    def forward(self, x):
        return self.linear(x)

model = LinearRegression()

# 定义损失函数和优化器
criterion = nn.MSELoss()
optimizer = optim.SGD(model.parameters(), lr=0.01)

# 进行模型训练
num_epochs = 1000
for epoch in range(num_epochs):
    optimizer.zero_grad()    # 清零梯度
    outputs = model(X_tensor)
    loss = criterion(outputs, y_tensor)
```

```
    loss.backward()    # 反向传播计算梯度
    optimizer.step()    # 更新参数

    if (epoch+1) % 100 == 0:
        print(f'Epoch [{epoch+1}/{num_epochs}], Loss: {loss.item():.4f}')

# 输出最终的模型参数
print('Final model parameters:')
for name, param in model.named_parameters():
    if param.requires_grad:
        print(name, param.data)
```

在该实例中，首先生成一些随机数据，并使用 PyTorch 创建一个简单的线性回归模型；然后使用均方误差作为损失函数，使用 SGD 作为优化器来更新模型的参数；最后，经过训练，模型的参数会逐渐调整，以便更好地拟合数据。

10.3 模型并行和数据并行

模型并行和数据并行是在训练大型深度学习模型时常用的两种并行计算策略。它们旨在通过分布式计算，加速训练过程并处理大量数据和复杂模型。

10.3.1 模型并行和数据并行的基本概念

模型并行和数据并行是处理大型深度学习模型训练中的两种重要策略，它们可以单独使用，也可以结合起来以更好地利用分布式计算资源，提高训练效率并降低训练时间。选择哪种策略取决于模型的大小、数据量、计算资源和硬件配置等因素。

1. 模型并行

在模型并行中，一个大型的神经网络模型被分割成多个部分，每个部分在不同的设备（如不同的 GPU 或服务器）上运行。每个设备负责计算模型的一部分，并将其结果传递给其他设备，最终合并得到整体的模型输出。模型并行主要用于处理模型太大而无法完全装入单个设备内存的情况。

模型并行的挑战在于有效地分割模型，并管理部分之间的通信。这通常需要精心设计和组织模型的架构，以便合理地分配计算负载和减少通信开销。

2. 数据并行

在数据并行中，多个设备同时处理不同的数据批次，每个设备上的模型参数保持相同。数据并行适用于处理大量数据集的情况，每个设备在不同的数据批次上进行计算，并通过平均梯度来更新共享的模型参数。这有助于加快训练速度，尤其是在大规模数据集上。

数据并行的挑战在于如何高效地在设备之间传输模型参数和梯度，以及确保参数的同步更新。一些优化技术，如梯度累积和异步更新，可以在数据并行中有所帮助。

10.3.2　TensorFlow 模型并行和数据并行实践

在 TensorFlow 中，模型并行和数据并行是用于加速训练大型深度学习模型的两种并行计算策略。

1. 模型并行

在 TensorFlow 中，模型并行是将一个大模型拆分成多个部分，每个部分运行在不同的设备上，如不同的 GPU 或 TPU 核心。这使可以在分布式环境中同时处理多个模型部分，以加速训练。TensorFlow 提供了工具和接口来帮助管理分布式训练和模型分割。

2. 数据并行

在 TensorFlow 中，数据并行是将数据分成多个批次，每个批次在不同的设备上进行计算，并通过梯度平均来更新模型参数。每个设备上的模型参数保持相同，以确保模型的一致性。TensorFlow 提供了分布式训练策略和 API 来实现数据并行。

下面是一个使用 TensorFlow 进行数据并行训练的简单实例，假设有一个简单的多层感知机模型，使用模型并行和数据并行来训练该模型。该实例使用 tf.distribute.Strategy 来实现并行训练。

实例10-3　**使用TensorFlow进行数据并行训练（源码路径：daima/10/bing.py）**

实例文件 bing.py 的具体实现代码如下：

```
import tensorflow as tf
from tensorflow.keras.layers import Input, Dense
from tensorflow.keras.models import Model
from tensorflow.keras.optimizers import Adam

# 构建一个简单的多层感知机模型
def build_mlp_model():
    inputs = Input(shape=(784,))
    x = Dense(256, activation='relu')(inputs)
    x = Dense(128, activation='relu')(x)
    outputs = Dense(10, activation='softmax')(x)
    model = Model(inputs=inputs, outputs=outputs)
    return model

# 加载 MNIST 数据集
mnist = tf.keras.datasets.mnist
(x_train, y_train), _ = mnist.load_data()
x_train, y_train = x_train / 255.0, y_train.astype("int32")

# 创建数据集
```

```
batch_size = 64
train_dataset = tf.data.Dataset.from_tensor_slices((x_train, y_train)).
batch(batch_size)

# 实例化 MirroredStrategy 进行模型并行
strategy = tf.distribute.MirroredStrategy()

print('Number of devices: {}'.format(strategy.num_replicas_in_sync))

# 在策略的范围内创建和编译模型
with strategy.scope():
    model = build_mlp_model()
    model.compile(optimizer=Adam(),
                  loss='sparse_categorical_crossentropy',
                  metrics=['accuracy'])

# 训练模型
epochs = 5
model.fit(train_dataset, epochs=epochs)

print("Training finished!")
```

在该实例中，使用了 tf.distribute.MirroredStrategy 来实现模型并行训练，其中 strategy.num_replicas_in_sync 表示使用的设备数量。本实例简单地编译并拟合了一个多层感知机模型，但实际上可以应用相同的策略来训练更复杂的模型。

执行上述代码，输出结果如下：

```
Number of devices: 5
2023-08-24 11:18:11.213482: W tensorflow/core/grappler/optimizers/data/auto_
  shard.cc:695] AUTO sharding policy will apply DATA sharding policy as it
  failed to apply FILE sharding policy because of the following reason: Found
  an unshardable source dataset: name: "TensorSliceDataset/_2"
op: "TensorSliceDataset"
input: "Placeholder/_0"
input: "Placeholder/_1"
attr {
  key: "Toutput_types"
  value {
    list {
      type: DT_DOUBLE
      type: DT_INT32
    }
  }
}
attr {
```

```
key: "output_shapes"
value {
  list {
    shape {
      dim {
        size: 784
      }
    }
    shape {
    }
  }
}
}

2023-08-24 11:18:11.969737: I tensorflow/compiler/mlir/mlir_graph_
optimization_pass.cc:176] None of the MLIR Optimization Passes are enabled
(registered 2)
Epoch 1/5
938/938 [==============================] - 17s 15ms/step - loss: 0.2451 -
accuracy: 0.9280
Epoch 2/5
938/938 [==============================] - 13s 14ms/step - loss: 0.0996 -
accuracy: 0.9699
Epoch 3/5
938/938 [==============================] - 11s 11ms/step - loss: 0.0626 -
accuracy: 0.9812
Epoch 4/5
938/938 [==============================] - 16s 17ms/step - loss: 0.0424 -
accuracy: 0.9874
Epoch 5/5
938/938 [==============================] - 18s 19ms/step - loss: 0.0301 -
accuracy: 0.9906
Training finished!
```

其中，"Number of devices: 5" 表示使用 5 个设备（通常是 GPU 或 CPU）进行训练工作，这表明正在尝试在多个设备上并行执行模型训练，这就是模型并行和数据并行的一种实现方式。

注意：模型并行训练的过程类似，需要在 strategy.scope 方法内部创建和编译模型，确保模型的每个部分都被正确地放置在预定的设备上。然后，使用适当的数据加载机制来训练模型。通常要求对数据进行分片或分布，以便每个设备获得模型输入数据的一个独立子集。

10.3.3　PyTorch 模型并行和数据并行实践

在 PyTorch 中，模型并行和数据并行是两种常用的分布式训练策略，可以加速训练过程并处理更大规模的模型和数据集。下面是一个简单的PyTorch实例，演示了使用数据并行进行分布式训练的过程。

实例10-4 使用PyTorch进行数据并行训练（源码路径：daima/10/pybing.py）

实例文件pybing.py的具体实现代码如下：

```python
import torch
import torch.nn as nn
import torch.optim as optim
import torch.distributed as dist
import torch.multiprocessing as mp

# 定义模型
class SimpleModel(nn.Module):
    def __init__(self):
        super(SimpleModel, self).__init__()
        self.fc = nn.Linear(784, 10)

    def forward(self, x):
        return self.fc(x)


def train(rank, world_size):
    # 初始化分布式训练
    dist.init_process_group(backend='nccl', init_method='tcp://127.0.0.1:23456',
                            rank=rank, world_size=world_size)

    # 创建模型
    model = SimpleModel()
    model = model.to(rank)
    model = nn.parallel.DistributedDataParallel(model, device_ids=[rank])

    # 定义优化器和损失函数
    optimizer = optim.SGD(model.parameters(), lr=0.01)
    criterion = nn.CrossEntropyLoss()

    # 虚拟数据
    inputs = torch.randn(64, 784).to(rank)
    labels = torch.randint(0, 10, (64,)).to(rank)

    for epoch in range(5):
        optimizer.zero_grad()
        outputs = model(inputs)
        loss = criterion(outputs, labels)
        loss.backward()
        optimizer.step()
```

```
        print(f"Rank {rank}, Epoch {epoch}, Loss: {loss.item()}")

if __name__ == '__main__':
    world_size = 2
    mp.spawn(train, args=(world_size,), nprocs=world_size, join=True)
```

在该实例中，使用torch.multiprocessing模块创建多个进程，每个进程代表一个设备。通过调用nn.parallel.DistributedDataParallel，可以将模型复制到多个设备上，并使用不同的数据批次进行训练。在实际情况中，可以根据需要调整模型并行和数据并行的配置。

10.4　学习率调度

学习率调度是在训练深度学习模型时，动态地调整学习率的策略。适当的学习率调度可以帮助模型更快地收敛并获得更好的性能。

10.4.1　学习率调度的方法

学习率调度的选择取决于模型、数据集和训练任务。通常，可以尝试不同的方法并根据训练效果选择最合适的调度策略。在实际应用中，动态地调整学习率可以帮助模型更好地适应不同的训练阶段和数据分布。常用的学习率调度方法如下。

（1）固定学习率（Fixed Learning Rate）：最简单的方法是使用固定的学习率，不随训练进行而变化。这对于小型数据集和简单模型可能有效，但在训练的后期可能会导致收敛速度变慢。

（2）学习率衰减（Learning Rate Decay）：在训练的每个epoch或一定步数之后，将学习率进行衰减。常见的衰减方式包括按固定比例减小学习率，或者按指数、余弦等方式调整学习率。

（3）Step衰减（Step Decay）：学习率在训练的每个固定步数进行一次衰减，如每隔10个epoch减小一次学习率。

（4）指数衰减（Exponential Decay）：学习率按指数方式衰减，如每个epoch将学习率乘以一个小于1的因子。

（5）余弦退火（Cosine Annealing）：学习率按余弦函数的方式进行周期性调整，这可以帮助模型跳出局部最优并更好地探索搜索空间。

（6）自适应方法（Adaptive Methods）：一些自适应方法，如Adam、Adagrad和RMSProp，可以根据参数的变化动态调整学习率，这也是一种形式的学习率调度。

（7）学习率查找（Learning Rate Finder）：在训练的初期，通过尝试不同的学习率，找到一个初始学习率，并应用其他的学习率调度方法。

（8）One Cycle学习率策略：在训练过程中，先将学习率从一个小值快速增加到一个较大值，再逐渐减小。这有助于快速探索搜索空间并稳定模型训练。

10.4.2 TensorFlow 学习率调度优化实践

在 TensorFlow 中，学习率调度优化是通过调整优化器的学习率参数来实现的。TensorFlow 提供了多种学习率调度方法和优化器，下面是一些常用的学习率调度方法及其使用实例。

（1）学习率衰减：在训练的每个 epoch 或一定步数之后，将学习率进行衰减。tf.keras.optimizers.schedules 模块提供了多种学习率衰减方式，如 tf.keras.optimizers.schedules.ExponentialDecay 和 tf.keras.optimizers.schedules.StepDecay。例如：

```
import tensorflow as tf

initial_learning_rate = 0.1
lr_schedule = tf.keras.optimizers.schedules.ExponentialDecay(
    initial_learning_rate, decay_steps=1000, decay_rate=0.9
)

optimizer = tf.keras.optimizers.SGD(learning_rate=lr_schedule)
```

（2）余弦退火：余弦退火将学习率按余弦函数的方式进行周期性调整。tf.keras.experimental.CosineDecay 可以用于实现这一策略。例如：

```
import tensorflow as tf

initial_learning_rate = 0.1
lr_schedule = tf.keras.experimental.CosineDecay(
    initial_learning_rate, decay_steps=1000
)

optimizer = tf.keras.optimizers.SGD(learning_rate=lr_schedule)
```

（3）自适应方法：TensorFlow 的优化器中，如 Adam、Adagrad 和 RMSProp，会根据参数的变化动态调整学习率，因此可以视为一种学习率调度。例如：

```
import tensorflow as tf
optimizer = tf.keras.optimizers.Adam(learning_rate=0.001)
```

（4）学习率查找：可以通过尝试不同的学习率先找到一个合适的初始学习率，再应用其他的学习率调度方法。例如：

```
import tensorflow as tf
from tensorflow.keras.optimizers.schedules import OneCycleSchedule
class LearningRateFinder(OneCycleSchedule):
    def __init__(self, *args, **kwargs):
        super().__init__(*args, **kwargs)
        self.learning_rates = []
```

```
        def __call__(self, step):
            lr = super().__call__(step)
            self.learning_rates.append(lr)
            return lr

# 创建学习率查找计划
lr_finder_schedule = LearningRateFinder(
    initial_learning_rate=1e-7, max_learning_rate=1e-1, step_size=1000
)
optimizer = tf.keras.optimizers.SGD(learning_rate=lr_finder_schedule)
```

以上实例展示了一些 TensorFlow 中的学习率调度方法。根据自己项目的任务和数据集，读者可以选择适合的学习率调度策略来优化模型的训练过程。下面是一个完整的 TensorFlow 学习率调度优化实例。

实例10-5 **TensorFlow使用学习率衰减调整优化器的学习率（源码路径：daima/10/xue.py）**

实例文件 xue.py 的具体实现代码如下：

```
import tensorflow as tf
from tensorflow.keras import layers, models
from tensorflow.keras.datasets import mnist
from tensorflow.keras.optimizers.schedules import ExponentialDecay
import numpy as np

# 加载并预处理 MNIST 数据集
(train_images, train_labels), (test_images, test_labels) = mnist.load_data()
train_images, test_images = train_images / 255.0, test_images / 255.0

# 构建一个简单的神经网络模型
model = models.Sequential([
    layers.Flatten(input_shape=(28, 28)),
    layers.Dense(128, activation='relu'),
    layers.Dropout(0.2),
    layers.Dense(10, activation='softmax')
])

# 使用指数衰减学习率调度来定义学习率
初始学习率 = 0.1
衰减步数 = len(train_images) // 32
衰减率 = 0.95
学习率调度 = ExponentialDecay(
    初始学习率, decay_steps=衰减步数, decay_rate=衰减率
)
```

```
# 使用学习率调度编译模型的优化器
优化器 = tf.keras.optimizers.SGD(learning_rate=学习率调度)
model.compile(optimizer=优化器,
              loss='sparse_categorical_crossentropy',
              metrics=['accuracy'])

# 训练模型
history = model.fit(train_images, train_labels, epochs=5,
                    validation_data=(test_images, test_labels))

# 评估模型
测试损失, 测试准确率 = model.evaluate(test_images, test_labels, verbose=2)
print("\n测试准确率:", 测试准确率)
```

在上述代码中，首先加载MNIST数据集并构建一个简单的神经网络模型；然后，使用ExponentialDecay学习率调度定义一个衰减的学习率，并将其应用于优化器；最后，通过model.fit训练模型，并使用model.evaluate评估模型的性能。可以根据需要调整学习率衰减的参数，如initial_learning_rate、decay_steps和decay_rate，以获得更好的训练效果。

执行上述代码，输出结果如下：

```
Epoch 1/5
1875/1875 [==============================] - 14s 6ms/step - loss: 0.3305 -
accuracy: 0.9031 - val_loss: 0.1645 - val_accuracy: 0.9538
Epoch 2/5
1875/1875 [==============================] - 11s 6ms/step - loss: 0.1740 -
accuracy: 0.9493 - val_loss: 0.1244 - val_accuracy: 0.9623
Epoch 3/5
1875/1875 [==============================] - 12s 6ms/step - loss: 0.1352 -
accuracy: 0.9603 - val_loss: 0.1039 - val_accuracy: 0.9699
Epoch 4/5
1875/1875 [==============================] - 12s 7ms/step - loss: 0.1145 -
accuracy: 0.9669 - val_loss: 0.0900 - val_accuracy: 0.9724
Epoch 5/5
1875/1875 [==============================] - 15s 8ms/step - loss: 0.0990 -
accuracy: 0.9708 - val_loss: 0.0849 - val_accuracy: 0.9742
313/313 - 1s - loss: 0.0849 - accuracy: 0.9742

Test accuracy: 0.9742000102996826
```

10.4.3 PyTorch 学习率调度优化实践

当使用PyTorch进行深度学习模型训练时，经常需要调整学习率以提高训练效果。PyTorch提供了多种学习率调度器，用于根据训练的进程动态地调整学习率。下面是一个使用PyTorch学习率调度器的实例。

实例10-6　PyTorch使用学习率调度器来调整优化器的学习率（源码路径：daima\10\pyxue.py）

实例文件pyxue.py的具体实现代码如下：

```python
import torch
import torch.nn as nn
import torch.optim as optim
from torch.optim.lr_scheduler import StepLR
import torchvision
import torchvision.transforms as transforms

# 设置随机种子以保证可复现性
torch.manual_seed(42)

# 加载并预处理 CIFAR-10 数据集
transform = transforms.Compose(
    [transforms.ToTensor(), transforms.Normalize((0.5, 0.5, 0.5), (0.5, 0.5,
        0.5))]
)
trainset = torchvision.datasets.CIFAR10(root='./data', train=True,
  download=True, transform=transform)
trainloader = torch.utils.data.DataLoader(trainset, batch_size=64, shuffle=True)

# 定义一个简单的神经网络模型
class Net(nn.Module):
    def __init__(self):
        super(Net, self).__init__()
        self.conv = nn.Sequential(
            nn.Conv2d(3, 6, 5),
            nn.ReLU(),
            nn.MaxPool2d(2, 2),
        )
        self.fc = nn.Sequential(
            nn.Linear(6 * 14 * 14, 120),
            nn.ReLU(),
            nn.Linear(120, 84),
            nn.ReLU(),
            nn.Linear(84, 10),
        )

    def forward(self, x):
        x = self.conv(x)
        x = x.view(-1, 6 * 14 * 14)
        x = self.fc(x)
        return x
```

```
# 实例化模型和损失函数
net = Net()
criterion = nn.CrossEntropyLoss()

# 使用 SGD 优化器
optimizer = optim.SGD(net.parameters(), lr=0.1)

# 使用 StepLR 学习率调度器，在每个指定的 step_size 个 epoch 将学习率降低为 gamma 倍
scheduler = StepLR(optimizer, step_size=30, gamma=0.1)

# 训练模型
for epoch in range(50):
    running_loss = 0.0
    for i, data in enumerate(trainloader, 0):
        inputs, labels = data

        optimizer.zero_grad()
        outputs = net(inputs)
        loss = criterion(outputs, labels)
        loss.backward()
        optimizer.step()

        running_loss += loss.item()

    # 每个 epoch 结束后，使用学习率调度器更新学习率
    scheduler.step()

    print(f"Epoch {epoch+1}, Loss: {running_loss/len(trainloader)}")

print("Finished Training")
```

在上述代码中，定义一个简单的神经网络模型，使用 SGD 优化器进行训练，并使用 StepLR 学习率调度器在每个指定的 step_size 个 epoch 后将学习率降低为 gamma 倍，以帮助模型更好地收敛。

执行上述代码，输出结果如下：

```
Fold 1 Accuracy: 0.6667
```

 10.5 权重初始化策略

权重初始化是神经网络训练的关键部分之一，良好的权重初始化策略可以帮助模型更快地收敛并达到更好的性能。下面列出了一些常见的权重初始化策略及其优化方法。

（1）随机初始化（Random Initialization）：常见的权重初始化策略之一。在这种策略中，权重和偏差通常以较小的随机值初始化。这有助于打破对称性，使网络在训练初期能够获得更好的梯度信息，促进收敛。

（2）Xavier初始化（Glorot Initialization）：为了解决激活函数的输入和输出尺度差异问题而提出的。对于全连接层，权重按照均匀分布在 [−sqrt(6/(n_in + n_out)), sqrt(6/(n_in + n_out))] 范围内初始化，其中n_in是输入尺寸，n_out是输出尺寸。

（3）He初始化（He Initialization）：针对使用ReLU激活函数时的权重初始化策略。对于ReLU，权重按照均匀分布在 [−sqrt(6/n_in), sqrt(6/n_in)] 范围内初始化，其中n_in是输入尺寸。

（4）正交初始化（Orthogonal Initialization）：通过使用正交矩阵初始化权重，有助于避免梯度爆炸或消失问题，特别适用于循环神经网络等架构。

下面是一个使用PyTorch的实例，演示了在自定义神经网络中使用Xavier初始化优化的过程。

```
import torch
import torch.nn as nn
import torch.nn.init as init

class CustomNet(nn.Module):
    def __init__(self):
        super(CustomNet, self).__init__()
        self.fc1 = nn.Linear(784, 256)
        self.fc2 = nn.Linear(256, 128)
        self.fc3 = nn.Linear(128, 10)

        # 使用 Xavier 初始化
        self._init_weights()

    def _init_weights(self):
        for layer in [self.fc1, self.fc2, self.fc3]:
            if isinstance(layer, nn.Linear):
                init.xavier_uniform_(layer.weight)
                if layer.bias is not None:
                    init.constant_(layer.bias, 0.0)

    def forward(self, x):
        x = x.view(x.size(0), -1)
        x = torch.relu(self.fc1(x))
        x = torch.relu(self.fc2(x))
        x = self.fc3(x)
        return x

# 实例化模型
net = CustomNet()
print(net)
```

在该实例中自定义了一个神经网络CustomNet，并在初始化函数中使用Xavier初始化策略来初始化全连接层的权重。通过使用适当的权重初始化策略，可以为模型的训练提供更好的起点，有助于加速收敛和提高性能。

执行上述代码，输出结果如下：

```
CustomNet(
(fc1) : Linear(in_features=784, out_features=256, bias=True)
(fc2) : Linear(in_features=256, out_features=128, bias=True)
(fc3) : Linear(in_features=128, out_features=10, bias=True)
)
```

执行上述代码后输出了自定义的神经网络结构，该网络有3个全连接层，每一层都有指定的输入特征数（in_features）和输出特征数（out_features），以及偏置项（bias=True）。这些信息与定义的模型结构相匹配，说明已成功地在模型中使用了Xavier初始化策略。

TensorFlow提供了多种权重初始化策略，如随机初始化、Xavier初始化等。下面是一个使用TensorFlow实现随机初始化和Xavier初始化策略的实例。

实例10-7 **TensorFlow实现随机初始化和Xavier初始化策略（源码路径：daima/10/thquan.py）**

实例文件thquan.py的具体实现代码如下：

```python
import tensorflow as tf
from tensorflow.keras.layers import Dense
from tensorflow.keras.initializers import RandomNormal, GlorotUniform

# 构建模型
class CustomModel(tf.keras.Model):
    def __init__(self):
        super(CustomModel, self).__init__()
        self.fc1 = Dense(256, activation='relu',
            kernel_initializer=RandomNormal(stddev=0.01))
        self.fc2 = Dense(128, activation='relu', kernel_initializer=
            GlorotUniform())

    def call(self, inputs):
        x = self.fc1(inputs)
        x = self.fc2(x)
        return x

# 创建模型实例
model = CustomModel()
```

```
# 输出模型结构
print(model)
```

在该实例中创建了一个自定义的神经网络模型 CustomModel，其中包含两个全连接层。使用不同的权重初始化策略来初始化这些层的权重：

（1）对于第一个全连接层 fc1，使用了随机正态分布初始化，标准差为0.01（RandomNormal (stddev=0.01)）。

（2）对于第二个全连接层 fc2，使用了 Xavier 初始化策略（GlorotUniform()）。

读者可以根据自己的需求选择适合的权重初始化策略，以便在训练中获得更好的收敛性和性能。

10.6 迁移学习

迁移学习是一种机器学习技术，通过将在一个任务上学到的知识应用于另一个相关任务上，以提高模型性能。通常，原始任务［源任务（Source Task）］的数据丰富，而目标任务（Target Task）的数据相对较少。

10.6.1 迁移学习的基本概念

迁移学习是一种机器学习方法，其核心思想如下：通过利用先前学到的知识，可以加速新任务的学习过程，尤其是当新任务的数据相对较少时。迁移学习的基本概念如下。

（1）源任务：在迁移学习中，已经完成训练的任务。源任务通常有大量数据可供训练，使模型能够学到有用的特征和知识。

（2）目标任务：需要通过迁移学习来改善性能的任务。通常情况下，目标任务的数据量相对较少，或者与源任务有一定差异。

（3）迁移的类型：迁移学习可以分为不同类型，具体如下。

①特征迁移（Feature Transfer）：从源任务中学到的特征或表示被用于目标任务。这可以通过将源任务的预训练模型的一部分或全部应用于目标任务来实现。

②模型迁移（Model Transfer）：不仅是特征，整个源任务的模型都被用于目标任务。然而，在某些情况下，需要对部分模型进行微调以适应目标任务。

③知识迁移（Knowledge Transfer）：这是一种更广泛的迁移方式，不仅迁移模型的参数，还可以迁移模型中的知识、规则、权重等。

（4）迁移层次：迁移可以在不同层次上进行，如底层特征、中层表示和高层抽象。迁移层次的选择可以根据任务的相似性和差异性来决定。

（5）微调（Fine-tuning）：在一些情况下，为了适应目标任务，可以对迁移的模型进行微调。这意味着在目标任务数据上对模型的一部分或全部参数进行训练。

（6）领域适应（Domain Adaptation）：当源任务和目标任务之间存在领域差异时，可以使用领域适应技术减小这些差异，从而提高迁移效果。

迁移学习在许多领域中都得到了广泛的应用，如计算机视觉、自然语言处理和声音识别等。迁移学习不仅可以提高模型性能，还可以减少训练时间和数据需求，从而在实际应用中具有重要价值。迁移学习主要在以下层面进行操作。

①特征提取器的重用：在迁移学习中，可以使用源任务上训练好的模型，如卷积神经网络的前几层，作为目标任务的特征提取器。这些特征提取器可以捕获源任务中的通用特征，并将其应用于目标任务。

②微调：在特征提取器的基础上，可以对一些顶层进行微调，以适应目标任务的特定要求。这通常需要在目标任务的数据上进行一定程度的训练，但不会随机初始化所有权重。

10.6.2　TensorFlow 迁移学习优化实践

TensorFlow中的迁移学习可以通过以下方式进行优化。

（1）特征提取：使用预训练模型，如在大规模图像数据上训练的卷积神经网络，提取图像的特征表示。移除预训练模型的输出层，并在其之上添加一个新的全连接层，仅训练新添加的层来适应目标任务。这种方法特别适用于目标任务数据较少的情况。

（2）微调：在预训练模型的基础上，对一些底层或中层的参数进行微调，以适应目标任务的数据。这样可以充分利用预训练模型在源任务中学到的特征，并在目标任务中进行针对性调整。

（3）迁移学习库：TensorFlow提供了一些迁移学习库，如TensorFlow Hub，可以方便地使用预训练模型，并进行特征提取、微调等操作。

下面是一个使用TensorFlow进行迁移学习的实例，以图像分类任务为例进行迁移学习优化。

实例10-8　**使用TensorFlow进行迁移学习（源码路径：daima/10/qian.py）**

实例文件qian.py的具体实现代码如下：

```
import tensorflow as tf
from tensorflow.keras.applications import MobileNetV2
from tensorflow.keras.layers import Dense, GlobalAveragePooling2D
from tensorflow.keras.models import Model
from tensorflow.keras.datasets import cifar10
from tensorflow.keras.utils import to_categorical

# 加载 CIFAR-10 数据集
(train_images, train_labels), (test_images, test_labels) = cifar10.load_data()
train_images = train_images.astype('float32') / 255.0
test_images = test_images.astype('float32') / 255.0
train_labels = to_categorical(train_labels, 10)
test_labels = to_categorical(test_labels, 10)
```

```
# 加载预训练的 MobileNetV2 模型（不包括顶层）
base_model = MobileNetV2(weights='imagenet', include_top=False)

# 添加自定义顶层分类器
x = base_model.output
x = GlobalAveragePooling2D()(x)
x = Dense(1024, activation='relu')(x)
predictions = Dense(10, activation='softmax')(x)

# 构建新模型
model = Model(inputs=base_model.input, outputs=predictions)

# 在预训练模型基础上微调顶层权重
for layer in base_model.layers:
    layer.trainable = False

# 编译模型
model.compile(optimizer=tf.keras.optimizers.Adam(),
              loss='categorical_crossentropy',
              metrics=['accuracy'])

# 训练模型
model.fit(train_images, train_labels, epochs=10, batch_size=32,
  validation_data=(test_images, test_labels))
```

在该实例中，首先使用预训练的MobileNetV2模型作为特征提取器，然后在其之上添加自定义的分类器来进行微调，从而适应CIFAR-10数据集的图像分类任务。这样的迁移学习方法可以显著提高模型在目标任务上的性能。

10.6.3 PyTorch 迁移学习优化实践

在PyTorch中，使用预训练模型进行迁移学习是一种常见的做法。PyTorch提供了许多流行的预训练模型，如ResNet、VGG、DenseNet等，这些模型在大规模数据集上进行了预训练，可以作为迁移学习的起点。可以通过加载这些预训练模型的权重，微调模型以适应新的任务。下面的实例展示了使用PyTorch进行迁移学习的过程，本实例使用预训练的ResNet模型来识别花朵图像。

实例10-9 　使用PyTorch进行迁移学习（源码路径：daima\10\pyqian.py）

实例文件pyqian.py的具体实现代码如下：

```
import torch
import torch.nn as nn
import torch.optim as optim
```

```
import torchvision.models as models
import torchvision.transforms as transforms
import torchvision.datasets as datasets

# 加载预训练的 ResNet 模型, 不包括全连接层
resnet = models.resnet18(pretrained=True)
for param in resnet.parameters():
    param.requires_grad = False

# 替换最后的全连接层, 以适应新的分类任务（这里以花朵分类为例）
num_classes = 5
resnet.fc = nn.Linear(resnet.fc.in_features, num_classes)

# 定义损失函数和优化器
criterion = nn.CrossEntropyLoss()
optimizer = optim.SGD(resnet.fc.parameters(), lr=0.001, momentum=0.9)

# 数据预处理和加载
transform = transforms.Compose([
    transforms.Resize(256),
    transforms.CenterCrop(224),
    transforms.ToTensor(),
    transforms.Normalize(mean=[0.485, 0.456, 0.406], std=[0.229, 0.224, 0.225])
])

train_dataset = datasets.ImageFolder(root='path_to_train_data',
  transform=transform)
train_loader = torch.utils.data.DataLoader(train_dataset, batch_size=32,
  shuffle=True)

# 训练模型
device = torch.device("cuda" if torch.cuda.is_available() else "cpu")
resnet.to(device)

for epoch in range(10):
    running_loss = 0.0
    for images, labels in train_loader:
        images, labels = images.to(device), labels.to(device)

        optimizer.zero_grad()
        outputs = resnet(images)
        loss = criterion(outputs, labels)
        loss.backward()
        optimizer.step()

        running_loss += loss.item()
```

```
    print(f"Epoch {epoch+1}, Loss: {running_loss / len(train_loader)}")

print("Training finished!")
```

在该实例中使用了预训练的 ResNet 模型，并将其最后的全连接层替换为适用于新的分类任务的结构。然后加载花朵图像数据集，使用 SGD 优化器进行微调训练。

在运行本实例之前，需要在 "data" 文件夹中保存分类图像文件，具体格式如下：

```
data/
    class_1/
        image1.jpg
        image2.jpg
        ...
    class_2/
        image1.jpg
        image2.jpg
        ...
    ...
```

在 "data" 文件夹中，每个 class_x 文件夹代表一个类别，其中包含属于该类别的图像文件。将上述代码的 "path_to_train_data" 修改为实际的数据文件夹路径，并根据数据集调整类别名称和图像文件的格式。例如，如果正在处理花朵数据集，则 "data" 文件夹应该有类似如下的结构：

```
data/
    daisy/
        image1.jpg
        image2.jpg
        ...
    tulip/
        image1.jpg
        image2.jpg
        ...
    ...
```

应确保数据文件夹 "data" 的结构正确，并且包含符合支持的图像文件格式（.jpg、.jpeg、.png、.ppm、.bmp、.pgm、.tif、.tiff、.webp）的图像文件。

10.7　其他大模型优化算法和技术

本章前面的内容已经讲解了几种常用大模型优化算法和技术。其实在实际应用中，还有其他优化算法和技术，本节将详细讲解其他几种常用的优化算法和技术。

10.7.1 分布式训练

分布式训练是一种通过在多台计算设备上同时进行模型训练来加速训练过程的方法，其中包括利用多个GPU、多台机器或更大规模的计算资源进行训练。分布式训练通常用于处理大规模的数据集和复杂的模型，以便更快地收敛并获得更好的性能。

在分布式训练中，数据和模型的参数被分割成多个部分，每个部分分配到不同的设备上。每个设备使用本地数据和参数的子集来计算梯度，并通过同步操作将这些梯度聚合起来，从而更新全局模型参数。这种分布式训练过程可以通过不同的策略和框架来实现，如使用TensorFlow的tf.distribute模块、PyTorch的torch.nn.parallel模块等。

要执行分布式训练，需要考虑以下几个关键因素。

（1）通信：在分布式训练中，设备之间需要进行通信以同步梯度和模型参数。常见的通信方式包括同步梯度聚合和异步通信。

（2）初始化和同步：在分布式训练开始前，需要确保每个设备上的模型参数初始化一致，并且在训练过程中定期进行同步操作以保持模型的一致性。

（3）超参数调整：分布式训练可能需要调整学习率、批大小等超参数，以获得最佳性能。

下面是一个使用TensorFlow进行数据并行分布式训练的实例，使用TensorFlow的MirroredStrategy来实现数据并行分布式训练，这种方式能自动在不同的设备上复制和分配模型及数据，同时确保梯度被同步聚合。

实例10-10 使用TensorFlow进行数据并行分布式训练（源码路径：daima/10/fen.py）

实例文件fen.py的具体实现代码如下：

```python
import tensorflow as tf

# 定义模型
model = tf.keras.models.Sequential([
    tf.keras.layers.Flatten(input_shape=(28, 28)),
    tf.keras.layers.Dense(128, activation='relu'),
    tf.keras.layers.Dense(10, activation='softmax')
])

# 加载数据集
mnist = tf.keras.datasets.mnist
(train_images, train_labels), _ = mnist.load_data()
train_images = train_images / 255.0

# 定义优化器和损失函数
optimizer = tf.keras.optimizers.SGD(learning_rate=0.001)
loss_fn = tf.keras.losses.SparseCategoricalCrossentropy()
```

```
# 定义分布式策略
strategy = tf.distribute.MirroredStrategy()

with strategy.scope():
    # 在分布式策略下创建模型、优化器和损失函数
    model = tf.keras.Sequential([
        tf.keras.layers.Flatten(input_shape=(28, 28)),
        tf.keras.layers.Dense(128, activation='relu'),
        tf.keras.layers.Dense(10, activation='softmax')
    ])
    optimizer = tf.keras.optimizers.SGD(learning_rate=0.001)
    loss_fn = tf.keras.losses.SparseCategoricalCrossentropy()

    # 编译模型
    model.compile(optimizer=optimizer, loss=loss_fn, metrics=['accuracy'])

# 创建数据集
dataset = tf.data.Dataset.from_tensor_slices((train_images, train_labels)).
    batch(64)

# 在分布式策略下进行训练
model.fit(dataset, epochs=5)
```

对上述代码的具体说明如下：

（1）定义模型：定义一个简单的神经网络模型，包括一个输入层、一个隐藏层和一个输出层。该模型将28×28的图像扁平化为长度为784的向量，并通过全连接层进行计算。

（2）加载数据集：加载了MNIST手写数字数据集，并将像素值缩放到0～1之间。

（3）定义优化器和损失函数：选择了SGD作为优化器，交叉熵损失函数作为损失函数。这是一个常见的设置。

（4）定义分布式策略：创建一个MirroredStrategy实例，其会在所有可用的GPU上复制模型，并确保在每个GPU上计算梯度。这样，每个GPU上的模型副本都会使用不同的输入数据进行训练。

（5）在分布式策略下创建模型和编译：使用strategy.scope函数创建模型、优化器和损失函数。在此作用域内，TensorFlow会自动管理分布式训练的细节，包括模型复制和梯度同步等。使用model.compile函数编译模型，为训练过程配置优化器和损失函数。

（6）创建数据集：从原始数据创建一个tf.data.Dataset对象，并通过.batch(64)指定每个批次的大小为64。

（7）在分布式策略下进行训练：使用model.fit函数进行模型训练。在分布式策略的作用下，TensorFlow会自动在每个设备上执行训练步骤，并同步梯度。在训练过程中，模型参数会被不断更新以减少损失，以及最终提高模型的准确度。

当使用TensorFlow进行分布式训练时，通常需要使用tf.distribute.Strategy在多个设备上执行训练。在上述代码中使用了tf.distribute.MirroredStrategy，其是TensorFlow中的一种分布式策略，可以

在多个GPU上进行数据并行训练。

当使用PyTorch进行分布式训练时，通常需要使用torch.nn.parallel.DistributedDataParallel在多个设备上执行训练。下面是一个使用PyTorch实现分布式训练的实例。

实例10-11 使用PyTorch进行数据并行分布式训练（源码路径：daima/10/pyfen.py）

实例文件pyfen.py的具体实现代码如下：

```python
import torch
import torch.nn as nn
import torch.optim as optim
import torchvision
import torchvision.transforms as transforms
import torch.distributed as dist

# 初始化分布式训练
dist.init_process_group(backend='nccl')

# 定义模型
class SimpleNet(nn.Module):
    def __init__(self):
        super(SimpleNet, self).__init__()
        self.fc1 = nn.Linear(784, 256)
        self.fc2 = nn.Linear(256, 128)
        self.fc3 = nn.Linear(128, 10)

    def forward(self, x):
        x = x.view(-1, 784)
        x = torch.relu(self.fc1(x))
        x = torch.relu(self.fc2(x))
        x = self.fc3(x)
        return x

# 创建模型和损失函数
model = SimpleNet()
model = model.to(torch.device('cuda'))     # 将模型移动到GPU上
criterion = nn.CrossEntropyLoss()

# 定义数据转换
transform = transforms.Compose([transforms.ToTensor(),
    transforms.Normalize((0.5,), (0.5,))])

# 加载数据集
train_dataset = torchvision.datasets.MNIST(root='./data', train=True,
    transform=transform, download=True)
```

```
train_sampler = torch.utils.data.distributed.DistributedSampler(train_dataset)
train_loader = torch.utils.data.DataLoader(dataset=train_dataset,
  batch_size=64, shuffle=False, sampler=train_sampler)

# 定义优化器
optimizer = optim.SGD(model.parameters(), lr=0.01)

# 使用 DistributedDataParallel 包装模型
model = nn.parallel.DistributedDataParallel(model)

# 训练模型
for epoch in range(5):
    for images, labels in train_loader:
        images, labels = images.to(torch.device('cuda')),
            labels.to(torch.device('cuda'))
        optimizer.zero_grad()
        outputs = model(images)
        loss = criterion(outputs, labels)
        loss.backward()
        optimizer.step()
    print(f"Epoch [{epoch+1}/5] finished!")

print("Training finished!")
```

在上述代码中,首先使用torch.distributed模块实现初始化分布式训练工作,并使用Distributed DataParallel将模型包装成分布式模型;然后,加载MNIST数据集,使用分布式训练进行模型的训练。在每个训练步骤中,模型在每个GPU上计算梯度,并使用优化器更新模型参数。

10.7.2 正则化

大模型优化中的正则化是一种减小模型过拟合的技术。过拟合是指模型在训练数据上表现得很好,但在未见过的数据上表现较差。正则化的目标是使模型在训练数据上获得较好的性能的同时,也能在新数据上有更好的泛化能力。现实中常见的大模型正则化技术如下:

(1)L1 和 L2 正则化:L1 正则化通过在损失函数中添加权重绝对值的惩罚项来减小权重,从而使一些权重变为零,从而可以用于特征选择;L2 正则化通过在损失函数中添加权重平方的惩罚项来减小权重,并促使权重接近于零,但不会变为零。

(2)Dropout:一种随机正则化技术,其在训练过程中随机丢弃一部分神经元,从而降低不同神经元之间的耦合性,减小过拟合的风险。

(3)批归一化(Batch Normalization):通过在每个批次的输入上进行归一化来减小训练中的内部协变量偏移,从而加速收敛并增强模型的泛化能力。

(4)早停(Early Stopping):一种简单而有效的正则化技术,其在训练过程中监视验证集上的性能，并在性能停止提升时停止训练，以避免在训练数据上过拟合。

（5）数据增强：通过对训练数据进行随机变换来增加数据的多样性，从而减小模型对特定样本的依赖，降低过拟合的风险。

（6）权重衰减（Weight Decay）：在损失函数中添加一个权重的平方项，从而鼓励权重向较小的值靠近，以减小模型的复杂性。

上述正则化技术可以单独使用或结合使用，具体使用哪一种方式取决于问题的特点和模型的需求。在训练大模型时，正则化是一个重要的手段，可以帮助提升模型的泛化能力和性能。

1. TensorFlow 正则化优化

TensorFlow 提供了多种正则化技术，用于优化模型并减小过拟合风险。下面是一些常见的 TensorFlow 正则化技术及示例。

（1）L1 和 L2 正则化。在 TensorFlow 中，可以通过在层的参数上设置 kernel_regularizer 参数来应用 L1 和 L2 正则化。例如：

```
from tensorflow.keras.models import Sequential
from tensorflow.keras.layers import Dense
from tensorflow.keras.regularizers import l1, l2
model = Sequential([
    Dense(64, activation='relu', kernel_regularizer=l2(0.01),
      input_shape=(input_dim,)),
    Dense(32, activation='relu', kernel_regularizer=l1(0.01)),
    Dense(output_dim, activation='softmax')
])
```

（2）Dropout。在 TensorFlow 中，可以通过 Dropout 层来添加 Dropout 正则化。例如：

```
from tensorflow.keras.models import Sequential
from tensorflow.keras.layers import Dense, Dropout
model = Sequential([
    Dense(64, activation='relu', input_shape=(input_dim,)),
    Dropout(0.5),
    Dense(32, activation='relu'),
    Dropout(0.3),
    Dense(output_dim, activation='softmax')
])
```

（3）批归一化。可以直接将批归一化层添加到 TensorFlow 模型的层中，如卷积层和全连接层。例如：

```
from tensorflow.keras.models import Sequential
from tensorflow.keras.layers import Conv2D, BatchNormalization, Flatten, Dense
model = Sequential([
    Conv2D(32, (3, 3), activation='relu', input_shape=(input_shape)),
```

```
      BatchNormalization(),
      Flatten(),
      Dense(128, activation='relu'),
      Dense(output_dim, activation='softmax')
])
```

（4）权重衰减。在 TensorFlow 中，可以通过设置优化器的 kernel_regularizer 参数来应用权重衰减。例如：

```
from tensorflow.keras.optimizers import Adam
from tensorflow.keras.regularizers import l2
optimizer = Adam(learning_rate=0.001, beta_1=0.9, beta_2=0.999, epsilon=1e-07)
model.compile(optimizer=optimizer,
              loss='categorical_crossentropy',
              metrics=['accuracy'],
              kernel_regularizer=l2(0.01))
```

上面列出的是 TensorFlow 中一些常用的正则化技术示例，根据模型的需求和问题的特点，读者可以选择合适的正则化技术来优化模型并减小过拟合风险。

2. PyTorch 正则化优化

PyTorch 提供了多种正则化技术，用于优化模型并减小过拟合风险。以下是一些常见的 PyTorch 正则化技术及示例。

（1）L1 和 L2 正则化。在 PyTorch 中，可以通过在优化器中设置权重衰减参数来应用 L1 和 L2 正则化。例如：

```
import torch
import torch.nn as nn
import torch.optim as optim

class Net(nn.Module):
    def __init__(self):
        super(Net, self).__init__()
        self.fc1 = nn.Linear(in_features, 64)
        self.fc2 = nn.Linear(64, 32)
        self.fc3 = nn.Linear(32, out_features)

    def forward(self, x):
        x = torch.relu(self.fc1(x))
        x = torch.relu(self.fc2(x))
        x = self.fc3(x)
        return x

model = Net()
optimizer = optim.SGD(model.parameters(), lr=0.01, weight_decay=0.001)
```

设置 weight_decay 参数来应用 L2 正则化

（2）Dropout。在 PyTorch 中，可以通过 nn.Dropout 层来添加 Dropout 正则化。例如：

```python
import torch
import torch.nn as nn
class Net(nn.Module):
    def __init__(self):
        super(Net, self).__init__()
        self.fc1 = nn.Linear(in_features, 64)
        self.dropout1 = nn.Dropout(0.5)    # 添加 Dropout 正则化
        self.fc2 = nn.Linear(64, out_features)

    def forward(self, x):
        x = torch.relu(self.fc1(x))
        x = self.dropout1(x)
        x = self.fc2(x)
        return x

model = Net()
```

（3）批归一化。在 PyTorch 中，可以通过 nn.BatchNorm2d 层来添加批归一化。例如：

```python
import torch
import torch.nn as nn

class Net(nn.Module):
    def __init__(self):
        super(Net, self).__init__()
        self.conv1 = nn.Conv2d(in_channels, 32, kernel_size=3)
        self.batchnorm1 = nn.BatchNorm2d(32)    # 添加批归一化
        self.fc1 = nn.Linear(32 * 28 * 28, out_features)

    def forward(self, x):
        x = torch.relu(self.conv1(x))
        x = self.batchnorm1(x)
        x = x.view(x.size(0), -1)
        x = self.fc1(x)
        return x

model = Net()
```

上面列出的是 PyTorch 中一些常见的正则化技术示例，根据模型的需求和问题的特点，读者可以选择合适的正则化技术来优化模型并减小过拟合风险。

10.7.3　梯度裁剪

梯度裁剪是一种用于控制梯度大小的技术，可以帮助稳定训练过程并减少梯度爆炸的问题。在 PyTorch 中，可以通过设置梯度裁剪的阈值来实现梯度裁剪功能。下面是一个在 PyTorch 中使用梯度裁剪的实例，使用 torch.nn.utils.clip_grad_norm_ 函数实现梯度裁剪。

实例10-12　**使用PyTorch实现梯度裁剪（源码路径：daima\10\ti.py）**

实例文件 ti.py 的具体实现代码如下：

```python
import torch
import torch.nn as nn
import torch.optim as optim
from torchvision import datasets, transforms

# 定义一个简单的神经网络模型
class Net(nn.Module):
    def __init__(self):
        super(Net, self).__init__()
        self.fc1 = nn.Linear(784, 256)    #784 是输入特征维度，256 是隐藏层维度
        self.fc2 = nn.Linear(256, 128)    #256 是上一层输出维度，128 是隐藏层维度
        self.fc3 = nn.Linear(128, 10)     #128 是上一层输出维度，10 是输出维度

    def forward(self, x):
        x = torch.relu(self.fc1(x))
        x = torch.relu(self.fc2(x))
        x = self.fc3(x)
        return x

# 创建模型实例
model = Net()

# 定义损失函数和优化器
criterion = nn.CrossEntropyLoss()
optimizer = optim.SGD(model.parameters(), lr=0.01)

# 载入和预处理数据
transform = transforms.Compose([transforms.ToTensor(), transforms.
  Normalize((0.5,), (0.5,))])
train_dataset = datasets.MNIST(root='data', train=True, transform=transform,
  download=True)
train_loader = torch.utils.data.DataLoader(train_dataset, batch_size=64,
  shuffle=True)

# 训练循环
```

```
num_epochs = 5
for epoch in range(num_epochs):
    for batch_idx, (data, target) in enumerate(train_loader):
        optimizer.zero_grad()
        output = model(data.view(-1, 28 * 28))
        loss = criterion(output, target)
        loss.backward()

        # 对梯度进行裁剪
        max_norm = 1.0    # 设置裁剪的阈值
        torch.nn.utils.clip_grad_norm_(model.parameters(), max_norm)

        optimizer.step()

        if (batch_idx + 1) % 100 == 0:
            print(f'Epoch [{epoch + 1}/{num_epochs}], Step [{batch_idx + 1}/
                {len(train_loader)}], Loss: {loss.item():.4f}')

print("Training finished!")
```

上述代码演示了如何使用 PyTorch 进行神经网络训练，并在训练过程中应用梯度裁剪。其具体功能概述如下：

（1）定义神经网络模型。定义一个简单的神经网络模型 Net，其包含 3 个全连接层。

（2）创建模型实例。创建一个模型实例 model，用于后续的训练。

（3）定义损失函数和优化器。使用交叉熵损失函数作为分类问题的损失函数，使用 SGD 优化器来更新模型参数。

（4）载入和预处理数据。使用 torchvision 库加载 MNIST 数据集，并进行数据预处理操作，包括转换为张量和标准化处理。

（5）训练循环。使用循环遍历训练数据集，在每个批次中进行以下操作：

①将梯度置零，以便在每次迭代中计算新的梯度。

②通过模型前向传播获取输出。

③计算预测与真实标签之间的交叉熵损失。

④通过反向传播计算损失相对于模型参数的梯度。

⑤使用梯度裁剪限制梯度的大小，防止梯度爆炸。

⑥使用优化器更新模型参数。

⑦输出训练过程中的损失信息。

（6）训练结束。完成指定的训练周期后，输出"Training finished!"，表示训练完成。

在 TensorFlow 中，梯度裁剪通过限制梯度的大小来确保在反向传播过程中梯度不会变得过大，从而稳定模型的训练。TensorFlow 提供了简单的方法来实现梯度裁剪，下面是一个使用 TensorFlow 进行梯度裁剪的实例。

实例10-13 使用TensorFlow实现梯度裁剪（源码路径：daima\10\tft.py）

实例文件tft.py的具体实现代码如下：

```python
import tensorflow as tf
from tensorflow.keras import layers, losses, optimizers

# 构建简单的神经网络模型
class SimpleModel(tf.keras.Model):
    def __init__(self):
        super(SimpleModel, self).__init__()
        self.flatten = layers.Flatten()
        self.dense1 = layers.Dense(128, activation='relu')
        self.dense2 = layers.Dense(10, activation='softmax')

    def call(self, inputs):
        x = self.flatten(inputs)
        x = self.dense1(x)
        return self.dense2(x)

# 创建模型实例
model = SimpleModel()

# 定义损失函数和优化器
loss_object = losses.SparseCategoricalCrossentropy()
optimizer = optimizers.SGD(learning_rate=0.01)

# 加载数据集（这里使用了随机生成的数据作为示例）
(x_train, y_train), _ = tf.keras.datasets.mnist.load_data()
x_train = x_train / 255.0
x_train = x_train[..., tf.newaxis]

# 构建数据集对象
batch_size = 64
train_dataset = tf.data.Dataset.from_tensor_slices((x_train, y_train)).
  shuffle(len(x_train)).batch(batch_size)

# 定义训练步骤
def train_step(images, labels):
    with tf.GradientTape() as tape:
        predictions = model(images, training=True)
        loss = loss_object(labels, predictions)

    gradients = tape.gradient(loss, model.trainable_variables)
    # 进行梯度裁剪
    clipped_gradients, _ = tf.clip_by_global_norm(gradients, clip_norm=1.0)
```

```
optimizer.apply_gradients(zip(clipped_gradients, model.trainable_
    variables))

return loss

# 进行训练
epochs = 5
for epoch in range(epochs):
    for images, labels in train_dataset:
        loss = train_step(images, labels)
    print(f"Epoch {epoch+1}/{epochs}, Loss: {loss.numpy()}")

print("Training finished!")
```

在上述实例中，tf.clip_by_global_norm 函数用于对梯度进行裁剪，其中参数 clip_norm 指定了梯度的阈值。通过这种方式，可以限制梯度的大小，从而避免梯度爆炸问题。

10.7.4 混合精度训练优化

混合精度训练是一种训练深度神经网络的技术，通过使用低精度的数据类型（通常是半精度浮点数）进行前向传播和梯度计算，以加快训练速度和减少内存使用；在权重更新阶段，使用高精度的数据类型来保持模型的权重精度。混合精度训练技术主要是基于两个假设：前向传播的精度不会显著影响训练过程，而梯度更新的精度会影响最终的收敛性。

1. TensorFlow 混合精度训练

在 TensorFlow 中，可以通过使用 tf.keras.mixed_precision 模块来实现混合精度训练。下面是一个使用 TensorFlow 进行混合精度训练的实例。

实例10-14　使用TensorFlow进行混合精度训练（源码路径：daima/10/hun.py）

实例文件hun.py的具体实现代码如下：

```
import tensorflow as tf
from tensorflow.keras import layers, losses, optimizers
from tensorflow.keras.mixed_precision import experimental as mixed_precision

# 设置混合精度
policy = mixed_precision.Policy('mixed_float16')
mixed_precision.set_policy(policy)

# 构建简单的神经网络模型
class SimpleModel(tf.keras.Model):
    def __init__(self):
        super(SimpleModel, self).__init__()
```

```
        self.flatten = layers.Flatten()
        self.dense1 = layers.Dense(128, activation='relu')
        self.dense2 = layers.Dense(10, activation='softmax')

    def call(self, inputs):
        x = self.flatten(inputs)
        x = self.dense1(x)
        return self.dense2(x)

# 创建模型实例
model = SimpleModel()

# 定义损失函数和优化器
loss_object = losses.SparseCategoricalCrossentropy()
optimizer = optimizers.Adam()

# 加载数据集（这里使用了随机生成的数据作为示例）
(x_train, y_train), _ = tf.keras.datasets.mnist.load_data()
x_train = x_train / 255.0
x_train = x_train[..., tf.newaxis]

# 构建数据集对象
batch_size = 64
train_dataset = tf.data.Dataset.from_tensor_slices((x_train, y_train)).
    shuffle(len(x_train)).batch(batch_size)

# 定义训练步骤
@tf.function
def train_step(images, labels):
    with tf.GradientTape() as tape:
        predictions = model(images, training=True)
        loss = loss_object(labels, predictions)

    scaled_loss = optimizer.get_scaled_loss(loss)
    scaled_gradients = tape.gradient(scaled_loss, model.trainable_variables)
    gradients = optimizer.get_unscaled_gradients(scaled_gradients)
    optimizer.apply_gradients(zip(gradients, model.trainable_variables))

    return loss

# 进行训练
epochs = 5
for epoch in range(epochs):
    for images, labels in train_dataset:
        loss = train_step(images, labels)
    print(f"Epoch {epoch+1}/{epochs}, Loss: {loss.numpy()}")
```

```
print("Training finished!")
```

上述代码实现了使用 TensorFlow 进行混合精度训练的过程。混合精度训练是一种优化技术，可以加速模型训练并减少内存占用。上述代码的实现流程如下：

（1）导入所需的 TensorFlow 模块和类，包括层、损失函数、优化器等。

（2）设置混合精度策略。通过 mixed_precision.Policy 创建一个混合精度策略对象，并使用 set_policy 方法将策略应用于 TensorFlow 运行环境。

（3）定义一个简单的神经网络模型 SimpleModel，该模型包含一个展平层、一个全连接隐藏层和一个全连接输出层。

（4）创建模型实例 model。

（5）定义损失函数和优化器。使用 SparseCategoricalCrossentropy 作为损失函数，使用 Adam 作为优化器。

（6）加载数据集（这里使用 MNIST 数据集的一部分作为示例），对图像数据进行归一化和维度扩展。

（7）构建数据集对象 train_dataset，将数据划分为批次并进行随机打乱。

（8）定义训练步骤函数 train_step，使用 @tf.function 装饰器将该函数转化为 TensorFlow 的计算图。在该函数中，使用 tf.GradientTape 计算损失关于模型参数的梯度，并通过优化器的 apply_gradients 方法更新模型参数。

（9）进行训练循环，遍历数据集的每个批次，调用 train_step 函数执行训练，输出每个 epoch 的损失。

（10）完成训练后，输出 "Training finished!"。

总之，上述代码演示了如何使用 TensorFlow 进行混合精度训练的基本流程，通过使用低精度的梯度进行权重更新，从而提高训练速度并降低内存消耗。

2. PyTorch 混合精度训练

在 PyTorch 中，混合精度训练通过使用半精度浮点数（float16）来加速模型的训练过程，减少内存使用，同时保持足够的数值精度。混合精度训练通常与 NVIDIA 的自动混合精度（Automatic Mixed Precision, AMP）一起使用，其会自动选择合适的精度，同时调整梯度的缩放因子来防止梯度下溢。下面是一个 PyTorch 混合精度训练的实例，其使用了 MNIST 手写数字数据集。

实例10-15 使用PyTorch进行混合精度训练（源码路径：daima/10/pyhun.py）

实例文件 pyhun.py 的具体实现代码如下：

```
import torch
import torch.nn as nn
import torch.optim as optim
import torchvision
```

```
import torchvision.transforms as transforms
from torch.cuda.amp import autocast, GradScaler

# 定义一个简单的模型
class Net(nn.Module):
    def __init__(self):
        super(Net, self).__init__()
        self.fc1 = nn.Linear(784, 128)
        self.fc2 = nn.Linear(128, 10)

    def forward(self, x):
        x = torch.relu(self.fc1(x))
        x = self.fc2(x)
        return x

# 创建模型、损失函数和优化器
model = Net()
criterion = nn.CrossEntropyLoss()
optimizer = optim.SGD(model.parameters(), lr=0.001)

# 创建 GradScaler 对象来处理梯度缩放
scaler = GradScaler()

# 加载数据集
transform = transforms.Compose([transforms.ToTensor(), transforms.
  Normalize((0.5,), (0.5,))])
train_dataset = torchvision.datasets.MNIST(root='./data', train=True,
  transform=transform, download=True)
train_loader = torch.utils.data.DataLoader(train_dataset, batch_size=64,
  shuffle=True)

# 训练过程
num_epochs = 5
total_steps = len(train_loader)
for epoch in range(num_epochs):
    for i, (inputs, labels) in enumerate(train_loader):
        optimizer.zero_grad()

        # 使用 autocast 上下文启用混合精度
        with autocast():
            inputs = inputs.view(-1, 784)
            outputs = model(inputs)
            loss = criterion(outputs, labels)

        # 自动调整梯度缩放因子并进行反向传播
        scaler.scale(loss).backward()
```

```
        # 反向传播后使用 scaler 恢复原始梯度值
        scaler.step(optimizer)
        scaler.update()

        # 输出损失信息
        if (i + 1) % 100 == 0:
            print(f'Epoch [{epoch + 1}/{num_epochs}], Step [{i + 1}/
                {total_steps}], Loss: {loss.item():.4f}')

print("Training finished!")
```

上述代码的实现流程如下。

（1）定义一个简单的神经网络模型 Net：该模型有两个线性层（全连接层），使用 ReLU 激活函数。

（2）创建模型、损失函数和优化器：

①创建模型实例 model。

②定义损失函数为交叉熵损失。

③使用 SGD 优化器。

（3）创建 GradScaler 对象：GradScaler 是 PyTorch 提供的工具，用于自动缩放梯度，以避免数值溢出和损失梯度的信息。

（4）加载数据集：使用 torchvision 下载 MNIST 数据集并进行数据变换，创建数据加载器 train_loader。

（5）开始训练过程：

①循环遍历每个 epoch。

②在每个 epoch 中，遍历数据加载器中的每个 batch。

③使用 autocast 上下文启用混合精度，将输入传递给模型并计算损失。

④使用 GradScaler 缩放损失并进行反向传播。

⑤使用优化器执行梯度更新，通过 scaler 恢复原始梯度值。

⑥输出训练过程中的损失信息。

（6）训练结束：当训练完成后，输出"Training finished!"。

总之，本实例展示了如何使用 PyTorch 中的混合精度训练技术，通过将部分计算操作转换为低精度浮点数来提高训练速度和内存效率。

10.7.5　量化优化技术

量化是指将神经网络中的浮点数参数和激活值转换为低位宽的整数或定点数，从而减小模型的存储需求和计算复杂度。通常，神经网络的权重和激活值会被量化到8位甚至更低的位宽，以减小模型的大小，加速推理过程，并降低功耗。然而，由于量化可能导致信息损失，因此需要平衡量化程度和模型性能之间的关系。具体来说，量化可以在多个方面对模型进行优化。

（1）参数量化：将神经网络的权重参数从浮点数转换为整数或定点数。这可以显著减小模型的存储空间，从而在资源受限的设备上更高效地部署模型。

（2）激活量化：将神经网络的激活值从浮点数转换为整数或定点数。这减小了内存带宽需求，从而提高了推理速度。

（3）混合精度量化：在神经网络中，有些层的参数可能更适合使用低位宽量化，而有些层的参数可能需要保持较高的精度。混合精度量化允许在不同层使用不同位宽的量化，以平衡模型精度和性能。

（4）量化感知训练：通过在训练期间使用量化模型进行训练，可以更好地调整模型以适应低位宽的表示。这有助于减轻量化对模型精度的影响。

（5）动态范围估计：在量化过程中，为了保持模型性能，需要估计每个层的动态范围。动态范围估计可以通过统计训练数据和权重来获得，以确保量化后的值能够正确表示模型的变化情况。

（6）后量化优化：在量化模型之后，可以进行一些优化步骤，如量化感知训练和微调，以恢复部分精度损失。

量化是优化大型神经网络的重要手段之一，但需要仔细平衡量化程度和模型性能。在实际应用中，通常需要根据任务、硬件和资源限制进行调整。

1. TensorFlow 量化优化

TensorFlow 提供了量化技术来优化神经网络模型，从而减小模型的存储需求、提高推理速度及降低计算成本。TensorFlow 支持几种不同类型的量化，包括权重量化、激活量化和混合精度量化。其中，在训练后应用量化是一种进一步优化模型的方法，其可以将模型中的权重和激活值表示为较低位数的数据，从而减少模型的存储需求和计算开销。下面是一个将训练后模型进行量化的实例。

实例10-16 使用TensorFlow对训练后模型进行量化处理（源码路径：daima/10/xunliang.py）

实例文件 xunliang.py 的具体实现代码如下：

```
import tensorflow_model_optimization as tfmot
import tensorflow as tf
import numpy as np
from tensorflow.keras.models import Sequential
from tensorflow.keras.layers import Dense
from tensorflow.keras.optimizers import Adam

# 生成模拟数据
x_train = np.random.rand(100, 10)
y_train = np.random.randint(2, size=100)

# 定义一个简单的全连接神经网络模型
```

```
model = Sequential([
    Dense(16, activation='relu', input_shape=(10,)),
    Dense(8, activation='relu'),
    Dense(1, activation='sigmoid')
])

# 编译模型
model.compile(optimizer=Adam(learning_rate=0.001), loss='binary_crossentropy',
  metrics=['accuracy'])

# 训练模型
model.fit(x_train, y_train, epochs=5, batch_size=32)

# 进行训练后量化
quantize_model = tfmot.quantization.keras.quantize_model

quantized_model = quantize_model(model)

# 评估量化后的模型性能
accuracy = quantized_model.evaluate(x_train, y_train)[1]
print(f'Accuracy after quantization: {accuracy:.4f}')
```

在上述代码中，首先创建一个简单的全连接神经网络模型，使用模拟数据进行训练。然后，使用TensorFlow Model Optimization库中的quantize_model函数对模型进行训练后量化。量化后的模型将权重和激活值表示为低位数的数据，以减少模型的存储和计算资源。最后，评估量化后的模型性能。注意，量化可能会对模型的性能产生一些影响，因此可能需要进行微调，以进一步提高模型的性能。

执行上述代码，输出结果如下：

```
Epoch 1/5
4/4 [==============================] - 0s 2ms/step - loss: 0.7100 - accuracy:
0.4800
Epoch 2/5
4/4 [==============================] - 0s 1ms/step - loss: 0.6956 - accuracy:
0.4800
Epoch 3/5
4/4 [==============================] - 0s 1ms/step - loss: 0.6819 - accuracy:
0.4900
Epoch 4/5
4/4 [==============================] - 0s 1ms/step - loss: 0.6688 - accuracy:
0.5000
Epoch 5/5
4/4 [==============================] - 0s 1ms/step - loss: 0.6558 - accuracy:
0.5200
```

```
4/4 [==============================] - 0s 875us/step - loss: 0.6784 -
accuracy: 0.5300
Accuracy after quantization: 0.5300
```

> **注意**：量化后的模型可能会有轻微的性能损失，但其在存储和计算效率方面会有所提升。在实际应用中，可以根据需要进一步调整量化的细节，以获得更好的性能。

2. PyTorch 量化优化

PyTorch也提供了通过量化技术对模型进行优化的功能。下面是一个使用PyTorch进行量化处理的实例。

实例10-17 　使用TensorFlow对训练后模型进行量化处理（源码路径：daima/10/liang.py）

实例文件liang.py的具体实现代码如下：

```python
import torch
import torchvision
from torchvision import transforms
from torch.quantization import QuantStub, DeQuantStub, fuse_modules,
  quantize_dynamic

# 加载预训练的 ResNet18 模型
model = torchvision.models.resnet18(pretrained=True)
model.eval()

# 转换为量化模型
model.qconfig = torch.quantization.default_qconfig
model = torch.quantization.prepare(model)

# 定义一个样本数据并进行推理
dummy_input = torch.randn(1, 3, 224, 224)
model(dummy_input)

# 执行量化过程
model = torch.quantization.convert(model)

# 评估量化后的模型
test_dataset = torchvision.datasets.CIFAR10(root='./data', train=False,
  download=True, transform=transforms.ToTensor())
test_loader = torch.utils.data.DataLoader(test_dataset, batch_size=64,
  shuffle=False)
criterion = torch.nn.CrossEntropyLoss()
num_correct = 0
total_samples = 0
```

```
with torch.no_grad():
    for images, labels in test_loader:
        outputs = model(images)
        _, predicted = outputs.max(1)
        num_correct += (predicted == labels).sum().item()
        total_samples += labels.size(0)

accuracy = num_correct / total_samples
print(f"Quantized model accuracy: {accuracy:.4f}")
```

在该实例中，首先加载预训练的ResNet18模型，并使用PyTorch的量化功能对其进行量化；然后，通过torch.quantization.prepare和torch.quantization.convert函数，可以将模型转换为量化版本；最后，使用量化后的模型对CIFAR-10数据集进行评估，以计算模型的准确性。

10.7.6 剪枝优化技术

剪枝是一种通过移除神经网络中不必要的连接、神经元或层来减小模型的大小和计算量的技术。剪枝可以分为结构化剪枝和非结构化剪枝两种类型。结构化剪枝是指移除整个过滤器、通道或层，而非结构化剪枝则是针对单个参数或神经元进行剪枝。剪枝可以通过不断迭代训练和剪枝来实现，通常剪枝后需要进行微调，以保持模型性能。

1. TensorFlow 剪枝优化

TensorFlow提供了实现剪枝处理的API，可以通过减少权重参数数量来精简模型，从而在不牺牲太多性能的情况下减小模型的存储需求和计算开销。

2. PyTorch 剪枝优化

PyTorch提供了一些剪枝API，用于实现模型的剪枝优化。下面是一些常用的PyTorch剪枝API及其具体说明：

（1）torch.nn.utils.prune.l1_unstructured(module, name, amount)：对模块中指定的权重进行L1正则化剪枝。其中，module是要剪枝的模块，name是要剪枝的参数名称，amount是剪枝的比例。

（2）torch.nn.utils.prune.random_unstructured(module, name, amount)：对模块中指定的权重进行随机剪枝。其中，module是要剪枝的模块，name是要剪枝的参数名称，amount是剪枝的比例。

（3）torch.nn.utils.prune.global_unstructured(parameters, pruning_method, amount)：对一组参数进行全局剪枝。其中，parameters是要剪枝的参数列表，pruning_method是剪枝方法，amount是剪枝的比例。

（4）torch.nn.utils.prune.remove(module, name)：从模块中移除剪枝参数，将剪枝的效果应用到权重上。

（5）torch.nn.utils.prune.custom_from_mask(module, name)：根据自定义的掩码进行剪枝。

上述API可以用于不同的剪枝策略和需求，通过选择合适的剪枝方法和参数，可以实现对模型权重的剪枝，从而减少模型的大小和计算量。

> **注意**：剪枝后的模型在推断阶段可以更加高效，但在训练阶段需要进行剪枝和调整。实际应用中，需要根据模型和数据集的特点选择适当的剪枝策略和调优。

第 11 章

AI 智能问答系统

（TensorFlow+TensorFlow. js+SQuAD 2.0+MobileBERT）

本章将介绍一个综合实例的实现过程，详细讲解 TensorFlow 技术在智能问答系统中的应用过程。本项目使用预先训练的模型，根据给定段落的内容回答问题。该模型可用于构建可以用自然语言回答用户问题的系统。

11.1 背景简介

问答系统的设计目标是用简洁、准确的答案回答用户用自然语言提出的问题。在人工智能和自然语言处理领域，问答系统都有着较长的历史。1950 年英国数学家图灵（Turing）在论文 *Computing Machinery and Intelligence* 中形象地指出了什么是人工智能，以及机器应该达到的智能标准，即通过自然语言问答的方式，判断机器是否具有智能。20 世纪 70 年代，随着自然语言理解技术的发展，出现了第一个用普通英语与计算机对话的人机接口 LUNAR。该系统是伍德（Woods）于 1972 年开发的，用来协助地质学家查找、比较和评价阿波罗一号飞船带回的月球岩石和土壤标本的化学分析数据。

11.1.1 互联网的影响

传统的问答系统虽然可以对用户提出的问题给出确定的答案，但是这些问答系统的数据源是基于一个固定的文档集合，尚且不能满足用户的各种各样的需求。利用互联网上的资源是有效的解决之道，互联网上具有丰富的信息，是问答系统数据源的理想资源，因此将问答系统与互联网结合起来就变得非常必要。这也就促使了基于互联网的问答系统的出现和发展。

随着 Internet 的快速发展，网络上流通的信息日益增加，其俨然已成为巨大的信息流通交换平台。要在如此大量的数据库中找寻有用的数据着实不易，因此人们通常会借助于搜索引擎的功能来达成。然而，以关键词为主的搜索引擎常会找出所有相关的信息，但是其中也包含许多无用的数据，导致用户浪费很多时间浏览不相关的网页。

随着互联网的发展，网络已成为人们获取信息的重要手段。目前，世界上最大的搜索引擎 Google 能够搜索的网页数量已经超过了百亿个。传统的搜索引擎存在很多不足的地方，其中主要有以下两个方面：

（1）以关键词的逻辑组合表达检索需求，返回的相关性信息太多。

（2）以关键词为基础的索引，停留在语言的表层，而没有触及语义，因此检索效果很难进一步提高。

以上两点使人们在互联网上的海量信息中快速准确地找到自己所需要的信息变得越来越困难。

11.1.2 问答系统的发展

问答系统的概念虽然提出的时间并不长，但已经形成发展出了一些比较成熟的系统。美国麻省理工学院人工智能实验室于 1993 年开发出来的 START 是全世界第一个基于 Internet 的问答系统。START 系统旨在为用户提供准确的信息，能够回答数以百万的英语问题，主要包括与地点相关的问题(城市、国家、湖泊、天气、地图、人口统计学、政治和经济等)、与电影相关的问题(片名、演员和导演等)、与人物相关的问题(出生日期、传记等)及与词典定义相关的问题等。该系统采用基于知识库和基于信息检索的混杂模式，还保留着原来两个知识库："START KB"和"Internet Public Library"。如果用户提出的问题属于这两个知识库的范畴，START系统就直接利用知识库中的知识返回比较准确的回答；反之，START系统将问题解析得到查询的关键词，通过搜索引擎得到相关信息，通过后续处理得到准确而简洁的回答返回给用户。例如，提出一个问题"Who was Bill Gates?"，START系统回答"Cofounder, Microsoft. Born William H. Gates on October 28, 1955, Seattle,Washington."；同时，系统还返回一个关于"Bill Gates"网页链接，如果用户希望了解更详细的信息，就可以浏览该网页。

美国华盛顿大学开发的MULDER系统是最早实现的基于Internet的全自动问答系统。该系统没有知识库，其完全利用Internet上的资源得到答案。对于一个问题，MULDER系统返回的不是唯一的答案，而是一组候选回答，并利用统计方法给每一个回答赋值一个权重，称为置信度。例如，对于一个问题"Who was the fast American in space?"，MULDER系统返回的候选答案中，"Alan Shepard"具有70%的置信度，"John Glenn"具有15%的置信度；同时，在每一个答案下面给出相关的网页链接和该网页内容的摘要。

AskJeeves是美国一个比较著名的商用问答系统，对于自然语言提出的问题，AskJeeves系统采用多种方式进行回答，直接返回一段文本，并返回一系列文档链接及其内容摘要，同时还采用多媒体文件形式提供相关信息。例如，对于问题"Who was Bill Gates?"，该系统在文本回答的基础上还将显示一张Bill Gate的照片。作为一个商用系统，AskJeeves的服务种类很多，其不仅可以查找Web网页，也可以采用图片、新闻、产品作为数据源，从而得到所需的信息。AskJeeves系统中的问题分析部分依赖手工完成，为了能够正确理解用户的查询，AskJeeves雇用了数百专职人员构造问题模板，并对这些问题模板中常见的问题进行了缓存。该系统的问题模板虽然能够细化和明确用户的需求，但由于需要人工产生和维护，因此工作量非常大。

国内复旦大学开发的原型系统（FDUQA）已经具有了初步效果，同时哈尔滨工业大学（金山客服）和中国科学院计算技术研究所也在从事该领域的研究。

从系统的设计与实现来看，自动问答系统一般包括3个主要组成部分：问题分析、信息检索和答案抽取。目前国际上问答系统的研究方兴未艾，许多大的科研院所和著名公司都积极参与到该领域的研究，其中比较著名的如MICROSOFT、IBM、MIT、University of Amsterdam、National University of Singapore、University of Zurich、University of Southern California、Columbia University等；国内在问答系统方面的研究相对国外较为不足，主要有中国科学院计算所、复旦大学、哈尔滨工业大学、沈阳航空工业学院、中国香港城市大学、中国台湾中研院等一些单位。

 ## 11.2 问答系统的发展趋势：AI 问答系统

AI智能问答指的是基于人工智能技术的问答系统，其可以通过自然语言处理、机器学习等技术快速、准确地回答用户提出的问题。AI智能问答能够从大量的数据中获取信息，再经过分析和处理，提供精准、高效的问答服务。AI智能问答在面对大量的信息和复杂的问题时表现出了很好的优势，其常见的数据来源包括互联网上和企业内部的知识库、维基百科、论坛等。通过建立问题分类和自动问题回答等功能，AI智能问答系统还能够工作在人工客服之外，成为企业的技术支持和客户服务的重要部分，提高效率和降低成本。

AI智能问答的实现需要基于大数据、自然语言处理、机器学习、人机交互等多个方面的技术。例如，自然语言处理可以解决不同的语言和词汇表达的差别，机器学习可以帮助问答系统学习问题的模式和特点。提供实时、准确的服务是智能问答的一个关键需求，因此问答系统必须经过深入的测试和优化来达到最佳的性能和用户体验。在本章的实例中，将使用人工智能技术开发一个AI版本的问答系统，展示深度学习技术在AI问答系统中的应用流程。

11.3 技术架构

本项目构建了一个可以用自然语言回答用户问题的系统，使用的是SQuAD 2.0数据集，使用BERT的压缩版本模型MobileBERT进行处理，使用TensorFlow.js实现机器学习开发。

11.3.1 TensorFlow.js

TensorFlow.js是一个开源的基于 WebGL 硬件加速技术的 JavaScript 库，用于训练和部署机器学习模型，其设计理念借鉴于目前广受欢迎的 TensorFlow 深度学习框架。Google推出的第一个基于 TensorFlow 的前端深度学习框架是 deeplearning.js，其使用 TypeScript 语言开发，2018 年 Google 将其重新命名为 TensorFlow.js，并在 TypeScript 内核的基础上增加了 JavaScript 的接口及 TensorFlow 模型导入等工程，组成了 TensorFlow.js 深度学习框架。

1. 安装 TensorFlow.js

在JavaScript项目中有两种安装TensorFlow.js的方法：①通过script标签引入；②通过NPM安装。

（1）通过script标签引入。使用如下代码，可以将TensorFlow.js添加到HTML文件中：

```
<script src="https://cdn.jsdelivr.net/npm/@tensorflow/tfjs@2.0.0/dist/tf.min.
  js"></script>
```

（2）通过NPM安装。可以使用 npm cli 工具或 yarn 安装 TensorFlow.js，具体命令如下：

```
yarn add @tensorflow/tfjs
```

或

```
npm install @tensorflow/tfjs
```

TensorFlow.js 可以在浏览器和Node.js中运行，并且在两个平台中都具有许多不同的可用配置。每个平台都有一组影响应用开发方式的独特注意事项。在浏览器中，TensorFlow.js 支持移动设备及桌面设备。每种设备都有一组特定的约束（如可用 WebGL API），系统会自动为用户确定和配置这些约束。

2. 环境

在执行TensorFlow.js程序时，将特定配置称为环境。环境由单个全局后端及一组控制TensorFlow.js细粒度功能的标记构成。

3. 后端

TensorFlow.js支持可实现张量存储和数学运算的多种不同后端，在任何给定时间内，均只有一个后端处于活动状态。在大多数情况下，TensorFlow.js会根据当前环境自动为用户选择最佳后端。但是，有时必须知道正在使用哪个后端及如何进行切换。

要确定使用的后端，需运行以下代码：

```
console.log(tf.getBackend());
```

如果要手动更改后端，需运行以下代码：

```
tf.setBackend('cpu');
console.log(tf.getBackend());
```

（1）WebGL后端。WebGL后端 'webgl' 是当前适用于浏览器的功能最强大的后端，此后端的速度比普通 CPU 后端快 100 倍。张量将存储为 WebGL 纹理，而数学运算将在WebGL着色器中实现。在使用WebGL后端时，需要了解如下实用信息：

①避免阻塞界面线程。当调用诸如 tf.matMul(a, b) 等运算时，生成的 tf.Tensor 会被同步返回，但是矩阵乘法计算实际上可能还未准备就绪，这意味着返回的 tf.Tensor 只是计算的句柄。当调用 x.data 或 x.array 方法时，这些值将在计算实际完成时解析。这样，就必须对同步对应项 x.dataSync 和 x.arraySync 方法使用异步 x.data 和 x.array 方法，以避免在计算完成时阻塞界面线程。

②内存管理。在使用WebGL后端时，需要显式内存管理，浏览器不会自动回收 WebGLTexture（最终存储张量数据的位置）的垃圾。要想销毁 tf.Tensor 的内存，可以使用dispose方法实现：

```
const a = tf.tensor([[1, 2], [3, 4]]);
a. dispose();
```

在现实应用中将多个运算链接在一起的情形十分常见，保持对用于处置这些运算的所有中间变量的引用会降低代码的可读性。为了解决该问题，TensorFlow.js 提供了 tf.tidy 方法，该方法可以清理执行函数后未被该函数返回的所有tf.Tensor，类似于执行函数时清理局部变量的方式。例如：

```
const a = tf.tensor([[1, 2], [3, 4]]);
const y = tf.tidy(() => {
  const result = a.square().log().neg();
```

```
  return result;
});
```

> 注意：在具有自动垃圾回收功能的非 WebGL 环境（如 Node.js 或 CPU 后端）中使用 dispose 或 tidy 方法没有弊端。实际上，与自然发生垃圾回收相比，释放张量内存的性能可能会更胜一筹。

③精度。在移动设备上，WebGL 可能仅支持 16 位浮点纹理。但是，大多数机器学习模型使用 32 位浮点权重和激活进行训练。这可能会导致为移动设备移植模型时出现精度问题，因为 16 位浮点数只能表示 [0.000000059605, 65504] 范围内的数字。这意味着应注意模型中的权重和激活不超出此范围。要想检查设备是否支持 32 位纹理，需要检查 tf.ENV.getBool('WEBGL_RENDER_FLOAT32_CAPABLE') 的值，如果为 false，则设备仅支持 16 位浮点纹理。可以使用 tf.ENV.getBool('WEBGL_RENDER_FLOAT32_ENABLED') 检查 TensorFlow.js 当前是否使用 32 位纹理。

④着色器编译和纹理上传。TensorFlow.js 通过运行 WebGL 着色器程序的方式在 GPU 上执行运算，当用户要求执行运算时，这些着色器会迟缓地进行汇编和编译。着色器的编译在 CPU 主线程上进行，可能十分缓慢。TensorFlow.js 将自动缓存已编译的着色器，从而大幅加快第二次调用具有相同形状输入和输出张量的同一运算的速度。在 TensorFlow.js 应用程序中，通常会多次执行相同的计算操作。由于这些计算操作已经在之前的执行中被加载和缓存，因此在之后的使用中，它们的执行速度会显著加快。

TensorFlow.js 会将 tf.Tensor 数据存储为 WebGLTextures。在创建 tf.Tensor 时不会立即将数据上传到 GPU，而是将数据保留在 CPU 上，直到在运算中使用到 tf.Tensor 为止。当第二次使用 tf.Tensor 时，因为数据已位于 GPU 上，所以不存在上传成本。在典型的机器学习模型中，这意味着在模型第一次预测期间会上传权重，而第二次通过模型则会快得多。

如果开发者在意通过模型或 TensorFlow.js 代码执行首次预测的性能，建议在使用实际数据之前先通过传递相同形状的输入张量来预热模型。例如：

```
const model = await tf.loadLayersModel(modelUrl);
// 在使用真实数据之前预热模型
const warmupResult = model.predict(tf.zeros(inputShape));
warmupResult.dataSync();
warmupResult.dispose();

// 这时第二个 predict 方法会快得多
const result = model.predict(userData);
```

（2）Node.js TensorFlow 后端。在 TensorFlow Node.js 后端 'node' 中，使用 TensorFlow C API 来加速运算，这将在可用情况下使用计算机的可用硬件加速（如 CUDA）。在该后端中，就像 WebGL 后端一样，运算会同步返回 tf.Tensor；但与 WebGL 后端不同的是，运算在返回张量之前就已完成，这意味着调用 tf.matMul(a, b) 将阻塞 UI 线程。因此，如果计划在生产应用中使用该后端，则应在工作线程中运行 TensorFlow.js，以免阻塞主线程。

（3）WASM 后端。TensorFlow.js 提供了 WebAssembly 后端（WASM），可以实现 CPU 加速功能，并且可以替代普通的 JavaScript CPU（CPU）和 WebGL 后端。其用法如下：

```
// 将后端设置为 WASM 并等待模块就绪
tf.setBackend('wasm');
tf.ready().then(() => {...});
```

如果服务器在不同的路径上或以不同的名称提供 ".wasm" 文件，则需要在初始化后端前使用 setWasmPath。

> 注意：TensorFlow.js 会为每个后端定义优先级并为给定环境自动选择支持程度最高的后端。要显式使用 WASM 后端，需要调用 tf.setBackend('wasm') 函数实现。

（4）CPU 后端。CPU 后端 'cpu' 是性能最低但最简单的后端，所有运算均在普通的 JavaScript 中实现，这使它们的可并行性较差，这些运算还会阻塞界面线程。CPU 后端对于测试或在 WebGL 不可用的设备上非常有用。

11.3.2　SQuAD 2.0

SQuAD 2.0 即斯坦福问答数据集，是一个阅读理解文章的数据集，由维基百科的文章和每篇文章的一组问答对组成。SQuAD 2.0 是自然语言处理界重量级的数据集之一，该数据集展现了斯坦福大学要做一个自然语言处理的 ImageNet 的野心。SQuAD 2.0 很有可能成为自然语言学术界未来至少一年内最流行的数据集。

与此同时，SQuAD 2.0 数据集也会为工业界做出贡献，意图构建一个类似 ImageNet 的测试集合，会实时在 leaderboard 上显示分数，这就让该数据集有如下优势。

（1）测试出真正的好算法：尤其对于工业界，该数据集是十分值得关注的，因为可以告诉大家现在各个算法在"阅读理解"或说"自动问答"这个任务上的排名。人们只看分数排名，就知道世界上哪个算法最好，不会再怀疑是作者做假还是实现得不对。

（2）提供阅读理解大规模数据集的机会：由于之前的阅读理解数据集规模太小或十分简单，因此并不能很好地体现不同算法优劣。

纵使 SQuAD 2.0 不会像 ImageNet 有那么大的影响力，但其绝对也会在接下来的几年内对自动问答领域产生深远的影响，并且是各大巨头在自动问答领域上的"兵家必争"之地（IBM 已经开始了）。

11.3.3　BERT

Google 在论文 *BERT: Pre-training of Deep Bidirectional Transformers for Language Understanding* 中提出了 BERT 模型，BERT 模型主要利用 Transformer 的 Encoder 结构，采用最原始的 Transformer。总的来说，BERT 具有以下特点：

（1）结构：采用 Transformer 的 Encoder 结构，但是模型结构比 Transformer 要深。Transformer

Encoder 包含 6 个 Encoder block，BERT-base 模型包含 12 个 Encoder block，BERT-large 包含 24 个 Encoder block。

（2）训练：主要分为两个阶段，即预训练阶段和 Fine-tuning 阶段。预训练阶段与 Word2Vec、ELMo 等类似，是在大型数据集上根据一些预训练任务训练得到的；Fine-tuning 阶段用于一些下游任务中进行微调，如文本分类、词性标注、问答系统等，BERT 无须调整结构就可以在不同的任务上进行微调。

（3）预训练任务 1：BERT 的第一个预训练任务是 Masked LM，在句子中随机遮盖一部分单词，同时利用上下文的信息预测遮盖的单词，这样可以更好地根据全文理解单词的意思。Masked LM 是 BERT 的重点，和 biLSTM 预测方法有所区别。

（4）预训练任务 2：BERT 的第二个预训练任务是 Next Sentence Prediction（NSP），即下一句预测任务，该任务主要是让模型能够更好地理解句子间的关系。

11.3.4　知识蒸馏

在深度学习的许多应用中，虽然大型神经网络模型（如 BERT）在性能上取得了显著成就，但其庞大的模型尺寸和计算需求限制了它们在边缘设备（如智能手机、嵌入式系统等）上的部署。为了解决这个问题，研究者们开发了各种模型压缩和加速技术。

本章实例使用的神经网络模型是 MobileBERT，它是 BERT 的一个高效压缩版本。与原始的 BERT 模型相比，MobileBERT 通过采用知识蒸馏技术实现了运行速度提升和模型尺寸减小。

具体来说，MobileBERT 的提升主要体现在以下两个方面。

（1）调高运行速度：MobileBERT 运行速度比原始 BERT 提高了 4 倍，这使它在计算资源受限的环境中更为实用。

（2）减小模型尺寸：MobileBERT 的模型尺寸缩小到原始 BERT 的 1/4，这有助于减少存储和传输模型所需的带宽和时间。

MobileBERT 通过知识蒸馏计术，利用一个已经训练好的大型 BERT 模型（教师网络）来指导一个更小、更轻量级的模型（学生网络，MobileBERT）的训练。在知识蒸馏过程中，学生网络不仅学习教师网络的最终预测结果（损失函数），还尝试模仿教师网络在每一层的中间表示。通过这种方式，学生网络能够学习到教师网络的知识，并在保持一定性能的同时，实现模型的压缩和加速。

知识蒸馏技术通过复制教师网络的行为，使学生网络能够在更小的搜索空间中找到与教师网络相似的解。这意味着学生网络的收敛空间与教师网络的收敛空间有所重叠，从而提高了学生网络的性能。尽管学生网络的收敛点可能与教师网络不完全相同，但由于教师网络已经在更大的解空间中进行了搜索，因此其提供的知识和指导可以帮助学生网络找到一个合理且有效的解。

对于优化语言任务，MobileBERT 的引入带来了显著的优势。它不仅能够提高处理速度，减少响应时间，使语言任务在边缘设备上实时运行成为可能，还能够在保持一定性能的同事，显著降低模型尺寸和计算需求。这使 MobileBERT 在移动应用、智能助手、嵌入式系统等场景中具有广泛的应用前景。

总之，通过知识蒸馏技术实现的MobileBERT模型为深度学习在边缘设备上的应用提供了新的可能性。它不仅能够提高处理速度，减少响应时间，还能够降低模型尺寸和计算需求，使深度学习技术更加普及和实用。

知识蒸馏模式下的"教师-学生网络"的基本工作流程如下。

（1）训练教师网络：使用完整数据集分别对高度复杂的教师网络进行训练。该步骤需要高计算性能，因此只能离线（在高性能GPU上）完成。

（2）构建对应关系：在设计学生网络时，需要建立学生网络的中间输出与教师网络的对应关系。这种对应关系可以直接将教师网络中某一层的输出信息传递给学生网络，或者在传递给学生网络之前进行一些数据增强。

（3）通过教师网络前向传播：教师网络前向传播数据以获得所有中间输出，并对其应用数据增强（如果有）。

（4）通过学生网络反向传播：利用教师网络的输出和学生网络中反向传播误差的对应关系，使学生网络学会复制教师网络的行为。

当自然语言处理模型的参数增加到数千亿个时，创建其更紧凑表示的重要性也随之增加。知识蒸馏成功地实现了这一点，在一个实例中，教师模型的性能的96%被保留在了一个仅为其1/7大小的模型中。然而，在设计教师模型时，知识的提炼常被后置考虑，这可能影响效率，把潜在的性能改进留给学生模型。

此外，在最初的提炼后对小型学生模型进行微调，并要求在微调时不降低它们的表现，能够完成学生模型的预期任务。因此，与只训练教师模型相比，通过知识蒸馏训练学生模型将需要更多的训练，这在推理时限制了学生模型的优点。

知识蒸馏MobileBERT的结构如图11-1所示。

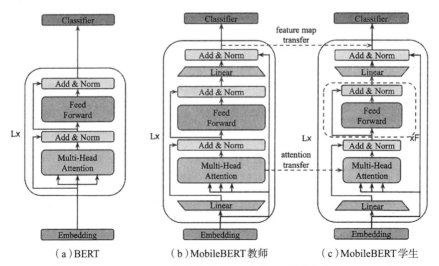

图11-1　MobileBERT的结构（用Linear标记的梯形称为bottlenecks）

1. 线性层

知识蒸馏要求比较教师和学生的表示，以便将它们之间的差异最小化。当两个矩阵或向量维数相同时，该要求很容易做到。因此，MobileBERT 在 transformer 块中引入了一个 bottleneck 层，这让学生和教师的输入在大小上是相等的，而其内部表示可以不同。这些 bottleneck 在图 11-1 中用 Linear 标记为梯形。在本例中，共享维度是 512，而教师和学生的内部表示大小分别是 1024 和 128，这使可以使用 BERT-large（参数量是 340MB）等效模型来训练一个参数量是 25MB 的学生。

此外，由于两个模型的每个 transformer 块的输入和输出尺寸是相同的，因此可以通过简单的复制将嵌入参数和分类器参数从教师传递给学生。

2. 多头注意力

MHA 的输入不是先前线性投影的输出，相反，其使用初始输入。这样做的效果是将信息处理方式分离为两个独立的流，一个流入 MHA 块，另一个作为跳跃连接（使用线性投影的输出并不会因为初始的线性变换而改变 MHA 块的行为）。

3. 堆叠 FFN

为了在学生模型中实现足够大的容量，作者引入了 stacked FFN，如图 11-1（c）中的虚线框所示。Stacked FFN 只是简单地将 Feed Forward + Add & Norm 块重复了 4 次，以得到 MHA 和 FFN 块之间的良好的参数比例。本工作中的消融研究表明，当该比值在 0.4～0.6 范围内时，性能最佳。

4. 操作优化

由于其目标之一是在资源有限的设备上实现快速推理，因此作者确定了该架构可以进一步改进的两个方面：

（1）把 smooth GeLU 的激活函数更换为 ReLU。

（2）将 normalization 操作转换为 element-wise 的线性变换。

5. 建议知识蒸馏目标

为了实现教师和学生之间的知识转移，作者在模型的 3 个阶段进行了知识蒸馏。

（1）特征图迁移：允许学生模仿教师在每个 transformer 层的输出。在图 11-1 中，其表示为模型输出之间的虚线箭头。

（2）注意力图迁移：这让教师在不同层次上关注学生，这也是我们希望学生学习的另一个重要属性。这是通过最小化每一层和头部的注意力分布（KL 散度）之间的差异而实现的。

（3）预训练蒸馏：可以在预训练阶段使用蒸馏技术，这种方法结合了 Masked 语言建模和下一句预测任务以更好地训练模型。

有了这些目标后，就有了不止一种方法来进行知识的提炼。在此提出如下 3 种备选方案。

（1）辅助知识迁移：分层的知识迁移目标与主要目标（Masked 语言建模和下一句预测）一起最小化，这可以被认为是最简单的方法。

（2）联合知识迁移：不要试图一次完成所有的目标，可以将知识提炼和预训练分为两个阶段。

首先对所有分层知识蒸馏损失进行训练直到收敛，然后根据预训练的目标进行进一步训练。

（3）进一步的知识转移：两步法还可以更进一步，如果所有层同时进行训练，早期层没有很好地最小化的错误将会传播并影响以后层的训练。因此，最好是一次训练一层，同时冻结或降低前一层的学习速度。

经过研究发现，通过渐进式知识转移训练这些不同的 MobileBERT 是最有效的，其效果始终显著优于其他两个。最终的实验证明：MobileBERT 在 transformer 模块中引入了 bottlenecks 后，可以更容易地将知识从大尺寸的教师模型中提取到小尺寸的学生模型中。这种技术允许减少学生的宽度，而不是深度，这是已知的，以产生一个更有能力的模型。该模型强调了如下事实：其可以创建一个学生模型，其本身可以在最初的蒸馏过程后进行微调。

11.4 具体实现

首先，本项目将使用 TensorFlow.js 设计一个网页，在网页中有一篇文章；然后，利用 SQuAD 2.0 数据集和神经模型 MobileBERT 学习文章中的知识，在表单中提问和文章内容有关的问题，系统会自动回答这个问题。

11.4.1 编写 HTML 文件

编写 HTML 文件 index.html，在上方文本框中显示介绍尼古拉·特斯拉的一篇文章信息，在下方文本框输入一个和文章内容相关的问题，单击"search"按钮后，会自动输出该问题的答案。文件 index.html 的具体实现代码如下：

```
<!doctype html>
<html>
<head>
  <meta http-equiv="Content-Type" content="text/html; charset=UTF-8">
  <script src="./index.js"></script>
</head>


<body>
  <div>
    <h3>Context (you can paste your own content in the text area)</h3>
    <textarea id='context' rows="30" cols="120">Nikola Tesla (/ˈtɛslə/;[2]
Serbo-Croatian: [nǐkola têsla]; Serbian Cyrillic: Никола Тесла;[a] 10
    July 1856 - 7 January 1943) was a Serbian-American[4][5][6] inventor,
electrical engineer, mechanical engineer,
    and futurist who is best known for his contributions to the design of
the modern alternating current (AC)
```

electricity supply system.[7]

Born and raised in the Austrian Empire, Tesla studied engineering and physics in the 1870s without receiving a

degree, and gained practical experience in the early 1880s working in telephony and at Continental Edison in the

new electric power industry. He emigrated in 1884 to the United States, where he would become a naturalized

citizen. He worked for a short time at the Edison Machine Works in New York City before he struck out on his own.

With the help of partners to finance and market his ideas, Tesla set up laboratories and companies in New York to

develop a range of electrical and mechanical devices. His alternating current (AC) induction motor and related

polyphase AC patents, licensed by Westinghouse Electric in 1888, earned him a considerable amount of money and

became the cornerstone of the polyphase system which that company would eventually market.

Attempting to develop inventions he could patent and market, Tesla conducted a range of experiments with

mechanical oscillators/generators, electrical discharge tubes, and early X-ray imaging. He also built a

wireless-controlled boat, one of the first ever exhibited. Tesla became well known as an inventor and would

demonstrate his achievements to celebrities and wealthy patrons at his lab, and was noted for his showmanship at

public lectures. Throughout the 1890s, Tesla pursued his ideas for wireless lighting and worldwide wireless

electric power distribution in his high-voltage, high-frequency power experiments in New York and Colorado

Springs. In 1893, he made pronouncements on the possibility of wireless communication with his devices. Tesla

tried to put these ideas to practical use in his unfinished Wardenclyffe Tower project, an intercontinental

wireless communication and power transmitter, but ran out of funding before he could complete it.[8]

After Wardenclyffe, Tesla experimented with a series of inventions in the 1910s and 1920s with varying degrees of

success. Having spent most of his money, Tesla lived in a series of New York hotels, leaving behind unpaid bills.

He died in New York City in January 1943.[9] Tesla's work fell into relative obscurity following his death, until

1960, when the General Conference on Weights and Measures named the SI unit of magnetic flux density the tesla in

```
      his honor.[10] There has been a resurgence in popular interest in Tesla
since the 1990s.[11]</textarea>
      <h3>Question</h3>
      <input type=text id="question"> <button id="search">Search</button>
      <h3>Answers</h3>
      <div id='answer'></div>
   </div>
</body>
</html>
```

11.4.2   脚本处理

当用户单击"search"按钮后，会调用脚本文件index.js，此文件的功能是获取用户在文本框中输入的问题，并调用神经网络模型回答该问题。文件index.js的具体实现代码如下：

```
import * as qna from '@tensorflow-models/qna';
import '@tensorflow/tfjs-core';
import '@tensorflow/tfjs-backend-cpu';
import '@tensorflow/tfjs-backend-webgl';


let modelPromise = {};
let search;
let input;
let contextDiv;
let answerDiv;


const process = async () => {
  const model = await modelPromise;
  const answers = await model.findAnswers(input.value, contextDiv.value);
  console.log(answers);
  answerDiv.innerHTML =
      answers.map(answer => answer.text + ' (score =' + answer.score + ')')
        .join('<br>');
};


window.onload = () => {
  modelPromise = qna.load();
  input = document.getElementById('question');
  search = document.getElementById('search');
  contextDiv = document.getElementById('context');
  answerDiv = document.getElementById('answer');
  search.onclick = process;

  input.addEventListener('keyup', async (event) => {
```

```
  if (event.key === 'Enter') {
    process();
  }
 });
};
```

在上述代码中，使用addEventListener监听用户输入的问题，并调用model.findAnswers函数回答该问题。

11.4.3　加载训练模型

在文件question_and_answer.ts中加载神经网络模型MobileBERT，具体实现流程如下。

（1）设置输入参数和最大扫描长度，代码如下：

```
const MODEL_URL = 'mobilebert/1';
const INPUT_SIZE = 384;
const MAX_ANSWER_LEN = 32;
const MAX_QUERY_LEN = 64;
const MAX_SEQ_LEN = 384;
const PREDICT_ANSWER_NUM = 5;
const OUTPUT_OFFSET = 1;
const NO_ANSWER_THRESHOLD = 4.3980759382247925;
```

在上述代码中，NO_ANSWER_THRESHOLD是确定问题是否与上下文无关的阈值，该值由训练SQuAD 2.0数据集的数据生成。

（2）创建加载模型MobileBert的接口ModelConfig，代码如下：

```
export interface ModelConfig {
  /**
   * 指定模型的自定义 URL 的可选字符串，这对无法访问托管在其他国家和地区的模型很有用
   */
  modelUrl: string;
  /**
   * 是不是来自 tfhub 的 URL
   */
  fromTFHub?: boolean;
}
```

11.4.4　查询处理

编写函数process，实现检索处理，获取用户在表单中输入的问题，并检索文章中的所有内容。为了确保问题的完整性，如果用户没有在问题最后输入问号，系统会自动添加一个问号。其代码

如下：

```
private process(
    query: string, context: string, maxQueryLen: number, maxSeqLen: number,
    docStride = 128): Feature[] {
  // 始终在查询末尾添加问号
  query = query.replace(/\?/g, '');
  query = query.trim();
  query = query + '?';

  const queryTokens = this.tokenizer.tokenize(query);
  if (queryTokens.length > maxQueryLen) {
    throw new Error(
        `The length of question token exceeds the limit (${maxQueryLen}).`);
  }

  const origTokens = this.tokenizer.processInput(context.trim());
  const tokenToOrigIndex: number[] = [];
  const allDocTokens: number[] = [];
  for (let i = 0; i < origTokens.length; i++) {
    const token = origTokens[i].text;
    const subTokens = this.tokenizer.tokenize(token);
    for (let j = 0; j < subTokens.length; j++) {
      const subToken = subTokens[j];
      tokenToOrigIndex.push(i);
      allDocTokens.push(subToken);
    }
  }
  //3个选项: [CLS] [SEP] [SEP]
  const maxContextLen = maxSeqLen - queryTokens.length - 3;

  // 处理文档时，采用滑动窗口的方法可以解决长度超过最大序列长度限制的问题
  // 使用 "docStride" 来滑动窗口的移动数据块，以确保文档的长度不超过最大长度
  const docSpans: Array<{start: number, length: number}> = [];
  let startOffset = 0;
  while (startOffset < allDocTokens.length) {
    let length = allDocTokens.length - startOffset;
    if (length > maxContextLen) {
      length = maxContextLen;
    }
    docSpans.push({start: startOffset, length});
    if (startOffset + length === allDocTokens.length) {
      break;
    }
    startOffset += Math.min(length, docStride);
  }
```

```
const features = docSpans.map(docSpan => {
  const tokens = [];
  const segmentIds = [];
  const tokenToOrigMap: {[index: number]: number} = {};
  tokens.push(CLS_INDEX);
  segmentIds.push(0);
  for (let i = 0; i < queryTokens.length; i++) {
    const queryToken = queryTokens[i];
    tokens.push(queryToken);
    segmentIds.push(0);
  }
  tokens.push(SEP_INDEX);
  segmentIds.push(0);
  for (let i = 0; i < docSpan.length; i++) {
    const splitTokenIndex = i + docSpan.start;
    const docToken = allDocTokens[splitTokenIndex];
    tokens.push(docToken);
    segmentIds.push(1);
    tokenToOrigMap[tokens.length] = tokenToOrigIndex[splitTokenIndex];
  }
  tokens.push(SEP_INDEX);
  segmentIds.push(1);
  const inputIds = tokens;
  const inputMask = inputIds.map(id => 1);
  while ((inputIds.length < maxSeqLen)) {
    inputIds.push(0);
    inputMask.push(0);
    segmentIds.push(0);
  }
  return {inputIds, inputMask, segmentIds, origTokens, tokenToOrigMap};
});
return features;
}
```

11.4.5 文章处理

（1）编写函数cleanText，其功能是删除文章文本中的无效字符和空白，代码如下：

```
private cleanText(text: string, charOriginalIndex: number[]): string {
  const stringBuilder: string[] = [];
  let originalCharIndex = 0, newCharIndex = 0;
  for (const ch of text) {
    // 跳过不能使用的字符
    if (isInvalid(ch)) {
```

```
      originalCharIndex += ch.length;
      continue;
    }
    if (isWhitespace(ch)) {
      if (stringBuilder.length > 0 &&
          stringBuilder[stringBuilder.length - 1] !== ' ') {
        stringBuilder.push(' ');
        charOriginalIndex[newCharIndex] = originalCharIndex;
        originalCharIndex += ch.length;
      } else {
        originalCharIndex += ch.length;
        continue;
      }
    } else {
      stringBuilder.push(ch);
      charOriginalIndex[newCharIndex] = originalCharIndex;
      originalCharIndex += ch.length;
    }
    newCharIndex++;
  }
  return stringBuilder.join('');
}
```

（2）编写函数runSplitOnPunc，其功能是拆分文本中的标点符号，代码如下：

```
private runSplitOnPunc(
    text: string, count: number,
    charOriginalIndex: number[]): Token[] {
  const tokens: Token[] = [];
  let startNewWord = true;
  for (const ch of text) {
    if (isPunctuation(ch)) {
      tokens.push({text: ch, index: charOriginalIndex[count]});
      count += ch.length;
      startNewWord = true;
    } else {
      if (startNewWord) {
        tokens.push({text: '', index: charOriginalIndex[count]});
        startNewWord = false;
      }
      tokens[tokens.length - 1].text += ch;
      count += ch.length;
    }
  }
  return tokens;
}
```

（3）编写函数tokenize，其功能是为指定的词汇库生成标记。本函数使用Google提供的全词屏蔽模型实现，这种新技术也称为全词掩码。在这种情况下，总是一次屏蔽与一个单词对应的所有标记。其对应Python实现读者可参阅Google提供的开源代码tokenization.py。其代码如下：

```
tokenize(text: string): number[] {
  let outputTokens: number[] = [];

  const words = this.processInput(text);
  words.forEach(word => {
    if (word.text !== CLS_TOKEN && word.text !== SEP_TOKEN) {
      word.text = `${SEPERATOR}${word.text.normalize(NFKC_TOKEN)}`;
    }
  });

  for (let i = 0; i < words.length; i++) {
    const chars = [];
    for (const symbol of words[i].text) {
      chars.push(symbol);
    }

    let isUnknown = false;
    let start = 0;
    const subTokens: number[] = [];

    const charsLength = chars.length;

    while (start < charsLength) {
      let end = charsLength;
      let currIndex;

      while (start < end) {
        const substr = chars.slice(start, end).join('');

        const match = this.trie.find(substr);
        if (match != null && match.end != null) {
          currIndex = match.getWord()[2];
          break;
        }

        end = end - 1;
      }

      if (currIndex == null) {
        isUnknown = true;
        break;
```

```
    }

    subTokens.push(currIndex);
    start = end;
  }

  if (isUnknown) {
    outputTokens.push(UNK_INDEX);
  } else {
    outputTokens = outputTokens.concat(subTokens);
  }
}

return outputTokens;
}
}
```

11.4.6　加载处理

编写函数 load，加载数据和网页信息。首先使用 loadGraphModel 函数加载模型文件，然后使用 execute 函数执行对应用户输入的操作。其代码如下：

```
async load() {
  this.model = await tfconv.loadGraphModel(
      this.modelConfig.modelUrl, {fromTFHub: this.modelConfig.fromTFHub});
  // 预热后端
  const batchSize = 1;
  const inputIds = tf.ones([batchSize, INPUT_SIZE], 'int32');
  const segmentIds = tf.ones([1, INPUT_SIZE], 'int32');
  const inputMask = tf.ones([1, INPUT_SIZE], 'int32');
  this.model.execute({
    input_ids: inputIds,
    segment_ids: segmentIds,
    input_mask: inputMask,
    global_step: tf.scalar(1, 'int32')
  });

  this.tokenizer = await loadTokenizer();
}
```

11.4.7　寻找答案

编写函数 model.findAnswers，其功能是根据用户在表单中输入的问题寻找对应的答案。此函数包含如下 3 个参数。

（1）question：要找答案的问题。

（2）context：从这里面查找答案。

（3）返回值是一个数组，每个选项是一种可能的答案。

model.findAnswers 函数的具体实现代码如下：

```
async findAnswers(question: string, context: string): Promise<Answer[]> {
  if (question == null || context == null) {
    throw new Error(
        'The input to findAnswers call is null, ' +
        'please pass a string as input.');
  }

  const features =
      this.process(question, context, MAX_QUERY_LEN, MAX_SEQ_LEN);
  const inputIdArray = features.map(f => f.inputIds);
  const segmentIdArray = features.map(f => f.segmentIds);
  const inputMaskArray = features.map(f => f.inputMask);
  const globalStep = tf.scalar(1, 'int32');
  const batchSize = features.length;
  const result = tf.tidy(() => {
    const inputIds =
        tf.tensor2d(inputIdArray, [batchSize, INPUT_SIZE], 'int32');
    const segmentIds =
        tf.tensor2d(segmentIdArray, [batchSize, INPUT_SIZE], 'int32');
    const inputMask =
        tf.tensor2d(inputMaskArray, [batchSize, INPUT_SIZE], 'int32');
    return this.model.execute(
            {
                input_ids: inputIds,
                segment_ids: segmentIds,
                input_mask: inputMask,
                global_step: globalStep
            },
            ['start_logits', 'end_logits']) as [tf.Tensor2D, tf.Tensor2D];
  });
  const logits = await Promise.all([result[0].array(), result[1].array()]);
  // 处理所有中间张量
  globalStep.dispose();
  result[0].dispose();
  result[1].dispose();

  const answers = [];
  for (let i = 0; i < batchSize; i++) {
```

```
    answers.push(this.getBestAnswers(
        logits[0][i], logits[1][i], features[i].origTokens,
        features[i].tokenToOrigMap, context, i));
  }

  return answers.reduce((flatten, array) => flatten.concat(array), [])
      .sort((logitA, logitB) => logitB.score - logitA.score)
      .slice(0, PREDICT_ANSWER_NUM);
}
```

11.4.8　提取最佳答案

（1）通过如下代码，从logits数组和输入中查找最佳的N个答案和logits。其中，参数startLogits表示开始索引答案，参数endLogits表示结束索引答案，参数origTokens表示通道的原始标记，参数tokenToOrigMap表示令牌到索引的映射。

```
    QuestionAndAnswerImpl.prototype.getBestAnswers = function (startLogits,
endLogits, origTokens, tokenToOrigMap, context, docIndex) {
        var _a;
        if (docIndex === void 0) { docIndex = 0; }
        // 模型使用封闭区间 [ 开始，结束 ] 作为索引
        var startIndexes = this.getBestIndex(startLogits);
        var endIndexes = this.getBestIndex(endLogits);
        var origResults = [];
        startIndexes.forEach(function (start) {
            endIndexes.forEach(function (end) {
                if (tokenToOrigMap[start] && tokenToOrigMap[end] && end >=
                    start) {
                    var length_2 = end - start + 1;
                    if (length_2 < MAX_ANSWER_LEN) {
                        origResults.push({ start: start, end: end,
                                        score: startLogits[start] +
                                        endLogits[end] });
                    }
                }
            });
        });
        origResults.sort(function (a, b) { return b.score - a.score; });
        var answers = [];
        for (var i = 0; i < origResults.length; i++) {
            if (i >= PREDICT_ANSWER_NUM ||
                origResults[i].score < NO_ANSWER_THRESHOLD) {
                break;
```

```
                }
            var convertedText = '';
            var startIndex = 0;
            var endIndex = 0;
            if (origResults[i].start > 0) {
                _a = this.convertBack(origTokens, tokenToOrigMap,
origResults[i].start, origResults[i].end, context), convertedText = _a[0],
startIndex = _a[1], endIndex = _a[2];
                }
            else {
                convertedText = '';
            }
            answers.push({
                text: convertedText,
                score: origResults[i].score,
                startIndex: startIndex,
                endIndex: endIndex
            });
        }
    return answers;
};
```

（2）编写函数 getBestIndex，其功能是通过神经网络模型检索文章后，会找到多个答案，根据比率高低选出其中的 5 个最佳答案。其代码如下：

```
getBestIndex(logits: number[]): number[] {
  const tmpList = [];
  for (let i = 0; i < MAX_SEQ_LEN; i++) {
    tmpList.push([i, i, logits[i]]);
  }
  tmpList.sort((a, b) => b[2] - a[2]);

  const indexes = [];
  for (let i = 0; i < PREDICT_ANSWER_NUM; i++) {
    indexes.push(tmpList[i][0]);
  }
  return indexes;
}
```

11.4.9　将答案转换回原始文本

使用 convertBack 函数将问题的答案转换回原始文本形式，代码如下：

```
convertBack(
```

```
    origTokens: Token[], tokenToOrigMap: {[key: string]: number},
    start: number, end: number, context: string): [string, number, number] {
  // 移位索引是 logits + offset.
  const shiftedStart = start + OUTPUT_OFFSET;
  const shiftedEnd = end + OUTPUT_OFFSET;
  const startIndex = tokenToOrigMap[shiftedStart];
  const endIndex = tokenToOrigMap[shiftedEnd];
  const startCharIndex = origTokens[startIndex].index;
  const endCharIndex = endIndex < origTokens.length - 1 ?
      origTokens[endIndex + 1].index - 1 :
      origTokens[endIndex].index + origTokens[endIndex].text.length;
  return [
    context.slice(startCharIndex, endCharIndex + 1).trim(), startCharIndex,
    endCharIndex
  ];
  }
}
```

11.5 调试运行

到此，整个实例介绍完毕，接下来开始运行调试本项目。本项目基于 Yarn 和 NPM 进行架构调试，其中 Yarn 对代码来说是一个包管理器，可以让用户使用并分享全世界开发者的（如 JavaScript）代码。运行调试本项目的基本流程如下。

（1）安装 Node.js，打开 Node.js 命令行界面，输入如下命令，来到项目的 "qna" 目录：

```
cd qna
```

（2）输入如下命令，在 "qna" 目录中安装 NPM：

```
npm install
```

（3）输入如下命令，来到子目录 "demo"：

```
cd qna/demo
```

（4）输入如下命令，安装本项目需要的依赖项：

```
yarn
```

（5）输入如下命令，编译依赖项：

```
yarn build-deps
```

（6）输入如下命令，启动测试服务器，并监视文件的更改变化情况：

```
yarn watch
```

到目前为止，所有的编译运行工作全部完成，在作者计算机中的整个编译过程如下：

```
E:\123\lv\TensorFlow\daima\tfjs-models-master\qna>cd demo

E:\123\lv\TensorFlow\daima\tfjs-models-master\qna\demo>yarn
yarn install v1.22.10
[1/5] Validating package.json...
[2/5] Resolving packages...
warning Resolution field "is-svg@4.3.1" is incompatible with requested version
"is-svg@^3.0.0"
success Already up-to-date.
Done in 5.09s.
E:\123\lv\TensorFlow\daima\tfjs-models-master\qna\demo>yarn build-deps
yarn run v1.22.10
$ yarn build-qna
$ cd .. && yarn && yarn build-npm
warning package-lock.json found. Your project contains lock files generated
by tools other than Yarn. It is advised not to mix package managers in order
to avoid resolution i
nconsistencies caused by unsynchronized lock files. To clear this warning,
remove package-lock.json.
[1/4] Resolving packages...
success Already up-to-date.
$ yarn build && rollup -c
$ rimraf dist && tsc

src/index.ts → dist/qna.js...
created dist/qna.js in 1m 18.9s

src/index.ts → dist/qna.min.js...
created dist/qna.min.js in 1m 1.3s

src/index.ts → dist/qna.esm.js...
created dist/qna.esm.js in 45.8s
Done in 251.88s.

E:\123\lv\TensorFlow\daima\tfjs-models-master\qna\demo>yarn watch
yarn run v1.22.10
$ cross-env NODE_ENV=development parcel index.html --no-hmr --open
√  Built in 1.81s.
```

上述命令运行成功后，会自动打开一个网页 http://localhost:1234，显示本项目的执行效果。在表单中输入一个问题，该问题的答案可以在表单上方的文章中找到。例如，输入 "Where was Tesla born"，单击"Search"按钮，会自动输出该问题的答案，如图11-2所示。

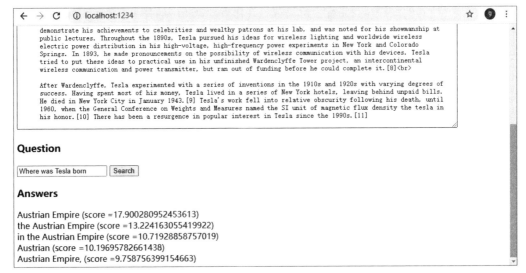

图 11-2　执行效果

第 12 章

AI 人脸识别系统

（PyTorch+OpenCV+Scikit-Image+MobileNet+ArcFace）

近年来，随着人工智能技术的飞速发展，机器学习和深度学习技术已经日益普及，且在很多领域中落地并应用，一时间成为程序员们的学习热点。本章将详细介绍使用深度学习技术开发一个人脸识别系统的知识，以及使用 PyTorch 实现一个大型人工智能项目的过程。

12.1　系统简介

人脸识别系统以人脸识别技术为核心，是一项新兴的生物识别技术，且是当今国际科技领域攻关的高精尖技术。人脸识别广泛采用区域特征分析算法，融合计算机图像处理技术与生物统计学原理于一体，利用计算机图像处理技术从视频中提取人像特征点，利用生物统计学的原理进行分析建立数学模型，具有广阔的发展前景。2006年，美国已经要求和其有出入免签证协议的国家在10月26日之前必须使用结合了人脸识别的电子护照系统，到2006年底已经有50多个国家实现了这样的系统。2012年4月，我国铁路部门宣布车站安检区域将安装用于身份识别的高科技安检系统，其中包括人脸识别系统。该系统具备对人脸进行明暗侦测、自动调整动态曝光补偿的功能，同时还能进行人脸追踪侦测，并自动调整影像尺寸。

12.1.1　背景简介

进入21世纪以后，随着计算机和网络技术的日渐发达，信息安全的隐患日益突出。自从9·11事件爆发以后，各国越来越重视社会的公共安全。经过实践证明，信息识别与检测已经展示出前所未有的重要性，其应用领域之广，几乎可以包含社会的各个领域。现今生活中主要采用号码、磁卡、口令等识别方法，这些都存在着易丢失、易伪造、易遗忘等诸多问题。随着技术的不断发展，传统的身份识别方法已经受到越来越多的挑战，可靠性大为降低，势必出现新的信息识别和检测技术。人们逐渐把目光转向了生物体征，这些都是人类遗传的DNA所决定的，并且每个人都拥有自己独一无二的生物体征。

生物识别技术大致可以分为两大类，一类是物体体征，如指纹、虹膜、人脸、体味等；另一类是行为体征，如书写、步频、惯性动作等，这些都可以通过现在的计算机图像处理技术进行识别。与其他人类的生理特征相比，人脸存在易采集、非接触、静态等优点，比较容易被大众所接受。

据调查，当人与人接触时，90%的人是通过观察一个人的脸部特征来了解对方，获取对方的基本信息，这就是"第一印象"。虽然外部条件如年龄、表情、光照等发生巨大变化，会导致一个人的面部特征发生重大变化，但是人类仍然可以识别这个人。这一现象说明人的脸部存有大量特征信息，通过提取人脸部的特征信息，就可以判断一个人。

人脸识别过程主要分为如下3个部分：

（1）采集人脸图像样本。很多科研机构都建立了自己的人脸图像库，最著名的有美国国防部发起建立的FERET人脸库和英国剑桥大学建立的ORL人脸库。

（2）进行特征提取，并将提取的特征数据导入特征数据库。

（3）当鉴定某个人的身份信息时，用特定的匹配算法将数据库中的特征数据与该待识别人的人脸特征进行匹配，从而实现身份鉴定。

据相关市场调查，人脸识别技术在产业中占据一定份额，其主动、直接、简便、友好等特点必将促进其持续增长。所以，人脸识别技术的市场前景十分广阔。

12.1.2　人脸识别的发展历史和现状

人脸识别的应用领域十分广泛，如在绘画、法医学、心理学、医学、人类学、金融、安保等领域都有非常重要的应用。人脸识别最早的研究可以追溯到19世纪法国人Galton的工作。我国的研究则起步于20世纪80年代，虽然起步较晚，但是取得了很多研究成果。人脸识别大致可以分为如下3个发展阶段：

（1）第一阶段：一般性模式下的脸部特征研究，所采用的主要技术方案是基于人脸几何结构特征，Bertillon用一个简单的语句将人脸与数据库中的特征数据联系。人工神经网络一度被研究人员用于人脸识别问题中。这一阶段是人脸识别的初级阶段，重要成果不多，人工依赖性较强，基本没有实际应用。

（2）第二阶段：人脸识别的成果井喷期，诞生了很多具有代表性的人脸识别算法。例如，美国军方组织了著名的FERET人脸识别算法测试，并且同时期出现了商业化的人脸识别系统，如最为著名的Visionics的FaceIt系统。麻省理工学院媒体实验室的Turk和Pentland提出的"Eigenface"方法无疑是这一时期内最为优秀的方法，其被证明是使原始图像与重构图像之间的均方误差极小化的最佳压缩方式。

（3）第三阶段：真正的机器自动识别阶段，这一阶段主要克服光照、姿态、表情变化时对人脸识别的准确性的影响。随着人脸识别的深入研究，很多研究者进行了专门的攻关并且取得了一定的进展。

Pentland等人提出的基于视角的特征脸方法为每个视角构建了一个特征空间，取得了比标准特征脸方法更好的性能。Huang等人在基于视角的特征脸方法的基础上，采用神经网络集成的方法，实现了多视角人脸识别。

由Blanz等人提出的三维可变型模型方法是一类应用广泛的方法，该方法对三维空间中的成像过程进行模拟，通过一个三维可变型的人脸模型对图像进行拟合，从图像中估计出人脸的三维形状和纹理信息。这种方法能够克服不同姿态和光照的影响，结果表明其具有较好的识别性能，在10人的2000张图像上的实验识别率为88%。

 # 12.2　系统需求分析

在本章接下来的内容中，将详细讲解使用深度学习技术实现一个大型人脸识别项目的过程。本节首先讲解本项目的需求分析，为读者步入后面的编码工作打下基础。

12.2.1　系统功能分析

本项目是一个人工智能版的人脸识别系统，使用深度学习技术实现。本项目的具体功能模块如下：

（1）采集样本照片。可以调用本地计算机摄像头采集的照片作为样本，也可以将拍好的照片放到本地文件夹内。采集的样本照片越多，人脸识别的成功率越高。

（2）图片处理。处理采集到的原始样本照片，将采集到的原始图像转化为标准数据文件，以便被后面的深度学习模块所用。

（3）深度学习。使用处理后的图片创建深度学习模型，实现学习训练，将训练结果保存到本地。

（4）人脸识别。根据训练所得的模型实现人脸识别功能，既可以识别摄像头中的图片，也可以识别 Flask Web 中上传的照片。

12.2.2　技术分析

本章的人脸识别系统是一个综合性的项目，主要用到了如下框架。

（1）PyTorch：开源的 Python 机器学习库，基于 Torch，用于自然语言处理等应用程序。

（2）OpenCV-Python：著名的图像处理框架 OpenCV 的 Python 接口。OpenCV 是一个基于 BSD 许可（开源）发行的跨平台计算机视觉库，可以运行在 Linux、Windows、Android 和 Mac OS 操作系统上。OpenCV 轻量级而且高效——由一系列 C 函数和少量 C++ 类构成，同时提供了 Python、Ruby、MATLAB 等语言的接口，实现了图像处理和计算机视觉方面的很多通用算法。OpenCV 用 C++ 语言编写，其主要接口也是 C++ 语言，但是依然保留了大量的 C 语言接口。

可以使用如下命令安装 OpenCV-Python：

```
pip install opencv-python
```

在安装 OpenCV-Python 时需要安装对应的依赖库，如常用的 NumPy 等。如果安装 OpenCV-Python 失败，则可以下载对应的 ".whl" 文件，并通过如下命令进行安装：

```
pip install ".whl" 文件
```

（3）Scikit-Image：缩写为 skimage，是基于 Python 脚本语言开发的数字图片处理包。在实际应用中，PIL 和 Pillow 只提供最基础的数字图像处理，功能有限；OpenCV-Python 实际上是 OpenCV（一个 C++ 库）提供的 Python 接口，更新速度非常慢；而 Scikit-Image 是基于 SciPy 的一款图像处理包，其将图片作为 NumPy 数组进行处理。可以使用如下命令安装 Scikit-Image：

```
pip install skimage
```

（4）MobileNet：一种轻量级的卷积神经网络，主要目标是在保持模型准确性的同时，尽可能地减少模型的大小和计算复杂度。MobileNet 的设计思想是使用深度可分离卷积层代替传统的卷积层，以减少计算量和模型大小。

（5）ArcFace：在 CVPR 2019 的论文 *Arcface: Additive angular margin loss for deep face recognition* 中提出，ArcFace 是针对人脸识别的一种损失函数。ArcFace 在 SphereFace 的基础上改进了对特征向量归一化和加性角度间隔，在提高了类间可分性的同时加强了类内紧度和类间差异。

12.2.3　实现流程分析

实现本项目的具体流程如图12-1所示。

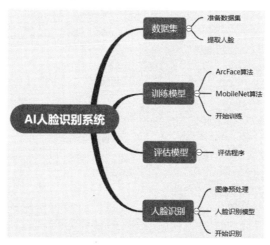

图12-1　本项目实现流程

12.3　数据集

在进行人脸识别之前，需要先准备好数据集。该项目训练数据使用emore数据集，一共有85742个人，共5822653张图片，使用lfw-align-128数据集作为测试数据。

12.3.1　准备数据集

本项目的素材文件中提供了标注文件，存放在工程的"dataset"目录下，解压后即可使用。另外，还需要下载如下两个数据集，下载完成后也需要解压到"dataset"目录下。

（1）emore数据集。

（2）lfw-align-128数据集。

12.3.2　提取人脸

编写文件create_dataset.py，其功能是将提取到人脸图片到"dataset/images"目录，并把整个数据集打包为二进制文件。之所以将其打包为二进制文件，是因为这样可以大幅度提高训练时读取数据的速度。create_dataset.py文件的主要实现代码如下：

```
# 从 train.rec 提取图片到 images 目录
```

```
def load_mx_rec(dataset_path, rec_path):
    save_path = dataset_path / 'images'
    if not save_path.exists():
        save_path.mkdir()
    imgrec = mx.recordio.MXIndexedRecordIO(str(rec_path / 'train.idx'),
                                           str(rec_path / 'train.rec'), 'r')
    img_info = imgrec.read_idx(0)
    header, _ = mx.recordio.unpack(img_info)
    max_idx = int(header.label[0])
    for idx in tqdm(range(1, max_idx)):
        img_info = imgrec.read_idx(idx)
        header, img = mx.recordio.unpack_img(img_info)
        label = int(header.label)
        label_path = save_path / str(label)
        if not label_path.exists():
            label_path.mkdir()
        path = str(label_path / '{}.jpg'.format(idx))
        cv2.imwrite(path, img)


class DataSetWriter(object):
    def __init__(self, prefix):
        # 创建对应的数据文件
        self.data_file = open(prefix + '.data', 'wb')
        self.header_file = open(prefix + '.header', 'wb')
        self.label_file = open(prefix + '.label', 'wb')
        self.offset = 0
        self.header = ''

    def add_img(self, key, img):
        # 写入图像数据
        self.data_file.write(struct.pack('I', len(key)))
        self.data_file.write(key.encode('ascii'))
        self.data_file.write(struct.pack('I', len(img)))
        self.data_file.write(img)
        self.offset += 4 + len(key) + 4
        self.header = key + '\t' + str(self.offset) + '\t' + str(len(img)) + '\n'
        self.header_file.write(self.header.encode('ascii'))
        self.offset += len(img)

    def add_label(self, label):
        # 写入标签数据
        self.label_file.write(label.encode('ascii') + '\n'.encode('ascii'))

# 人脸识别训练数据的格式转换
def convert_data(root_path, output_prefix):
```

```
# 读取全部的数据类别获取数据
person_id = 0
data = []
persons_dir = os.listdir(root_path)
for person_dir in persons_dir:
    images = os.listdir(os.path.join(root_path, person_dir))
    for image in images:
        image_path = os.path.join(root_path, person_dir, image)
        data.append([image_path, person_id])
    person_id += 1
print("训练数据大小：%d，总类别为：%d" % (len(data), person_id))

# 开始写入数据
writer = DataSetWriter(output_prefix)
for image_path, person_id in tqdm(data):
    try:
        key = str(uuid.uuid1())
        img = cv2.imread(image_path)
        _, img = cv2.imencode('.bmp', img)
        # 写入对应的数据
        writer.add_img(key, img.tostring())
        label_str = str(person_id)
        writer.add_label('\t'.join([key, label_str]))
    except:
        continue

if __name__ == '__main__':
    load_mx_rec(Path('dataset'), Path('dataset/faces_emore'))
    convert_data('dataset/images', 'dataset/train_data')
```

12.4　训练模型

机器学习是一种能够赋予机器学习的能力，以使其完成直接编程无法完成的功能的方法。但从实践的意义上来说，机器学习是一种通过利用数据训练出模型，使用模型预测的方法。本节将详细讲解本项目训练模型的过程。

12.4.1　ArcFace 算法

在训练模型的过程中，本项目借鉴了ArcFace算法，这是目前最为常用的一种人脸识别算法。编写文件arcmargin.py，构建ArcFace神经网络，主要实现代码如下：

```
class ArcNet(nn.Module):
    def __init__(self,
                 feature_dim,
                 class_dim,
                 margin=0.2,
                 scale=30.0,
                 easy_margin=False):
        super().__init__()
        self.feature_dim = feature_dim
        self.class_dim = class_dim
        self.margin = margin
        self.scale = scale
        self.easy_margin = easy_margin
        self.weight = Parameter(torch.FloatTensor(feature_dim, class_dim))
        nn.init.xavier_uniform_(self.weight)

    def forward(self, input, label):
        input_norm = torch.sqrt(torch.sum(torch.square(input), dim=1,
                                          keepdim=True))
        input = torch.divide(input, input_norm)

        weight_norm = torch.sqrt(torch.sum(torch.square(self.weight), dim=0,
                                           keepdim=True))
        weight = torch.divide(self.weight, weight_norm)

        cos = torch.matmul(input, weight)
        sin = torch.sqrt(1.0 - torch.square(cos) + 1e-6)
        cos_m = math.cos(self.margin)
        sin_m = math.sin(self.margin)
        phi = cos * cos_m - sin * sin_m

        th = math.cos(self.margin) * (-1)
        mm = math.sin(self.margin) * self.margin
        if self.easy_margin:
            phi = self._paddle_where_more_than(cos, 0, phi, cos)
        else:
            phi = self._paddle_where_more_than(cos, th, phi, cos - mm)
        one_hot = torch.nn.functional.one_hot(label, self.class_dim)
        one_hot = torch.squeeze(one_hot, dim=1)
        output = torch.multiply(one_hot, phi) + torch.multiply((1.0 - one_
                                                                hot), cos)

        output = output * self.scale
        return output

    def _paddle_where_more_than(self, target, limit, x, y):
        mask = (target > limit).float()
```

```
output = torch.multiply(mask, x) + torch.multiply((1.0 - mask), y)
return output
```

在上述代码中，forward 方法接收一个 input 参数，这个参数是要传递给 forward 方法的输入数据。然后，在 forward 方法中调用这些层对输入数据进行处理。

12.4.2　MobileNet 算法

MobileNets 基于流线型架构，使用深度可分离卷积来构建轻量级深度神经网络，用于移动和嵌入式视觉应用。编写文件 mobilefacenet.py，构建 mobilefacenet.py 神经网络，主要实现代码如下：

```
class ConvBlock(Module):
    def __init__(self, in_c, out_c, kernel=(1, 1), stride=(1, 1), padding=(0,
0), groups=1):
        super(ConvBlock, self).__init__()
        self.conv = Conv2d(in_c, out_channels=out_c, kernel_size=kernel,
                           groups=groups, stride=stride, padding=padding,
                           bias=False)
        self.bn = BatchNorm2d(out_c)
        self.prelu = PReLU(out_c)

    def forward(self, x):
        x = self.conv(x)
        x = self.bn(x)
        x = self.prelu(x)
        return x


class LinearBlock(Module):
    def __init__(self, in_c, out_c, kernel=(1, 1), stride=(1, 1),
                 padding=(0, 0), groups=1):
        super(LinearBlock, self).__init__()
        self.conv = Conv2d(in_c, out_channels=out_c, kernel_size=kernel,
                           groups=groups, stride=stride, padding=padding,
                           bias=False)
        self.bn = BatchNorm2d(out_c)

    def forward(self, x):
        x = self.conv(x)
        x = self.bn(x)
        return x


class DepthWise(Module):
    def __init__(self, in_c, out_c, kernel=(3, 3), stride=(2, 2),
```

```
                    padding=(1, 1), groups=1):
        super(DepthWise, self).__init__()
        self.conv = ConvBlock(in_c, out_c=groups, kernel=(1, 1),
                              padding=(0, 0), stride=(1, 1))
        self.conv_dw = ConvBlock(groups, groups, groups=groups, kernel=kernel,
                                 padding=padding, stride=stride)
        self.project = LinearBlock(groups, out_c, kernel=(1, 1),
                                   padding=(0, 0), stride=(1, 1))

    def forward(self, x):
        x = self.conv(x)
        x = self.conv_dw(x)
        x = self.project(x)
        return x


class DepthWiseResidual(Module):
    def __init__(self, in_c, out_c, kernel=(3, 3), stride=(2, 2),
                 padding=(1, 1), groups=1):
        super(DepthWiseResidual, self).__init__()
        self.conv = ConvBlock(in_c, out_c=groups, kernel=(1, 1),
                              padding=(0, 0), stride=(1, 1))
        self.conv_dw = ConvBlock(groups, groups, groups=groups, kernel=kernel,
                                 padding=padding, stride=stride)
        self.project = LinearBlock(groups, out_c, kernel=(1, 1),
                                   padding=(0, 0), stride=(1, 1))

    def forward(self, x):
        short_cut = x
        x = self.conv(x)
        x = self.conv_dw(x)
        x = self.project(x)
        output = short_cut + x
        return output


class Residual(Module):
    def __init__(self, c, num_block, groups, kernel=(3, 3), stride=(1, 1),
                 padding=(1, 1)):
        super(Residual, self).__init__()
        modules = []
        for _ in range(num_block):
            modules.append(
                DepthWiseResidual(c, c, kernel=kernel, padding=padding,
stride=stride, groups=groups))
```

```
        self.model = Sequential(*modules)


    def forward(self, x):
        return self.model(x)



class MobileFaceNet(Module):
    def __init__(self):
        super(MobileFaceNet, self).__init__()
        self.conv1 = ConvBlock(3, 64, kernel=(3, 3), stride=(2, 2),
                          padding=(1, 1))
        self.conv2_dw = ConvBlock(64, 64, kernel=(3, 3), stride=(1, 1),
                             padding=(1, 1), groups=64)
        self.conv_23 = DepthWise(64, 64, kernel=(3, 3), stride=(2, 2),
                            padding=(1, 1), groups=128)
        self.conv_3 = Residual(64, num_block=4, groups=128, kernel=(3, 3),
                          stride=(1, 1), padding=(1, 1))
        self.conv_34 = DepthWise(64, 128, kernel=(3, 3), stride=(2, 2),
                            padding=(1, 1), groups=256)
        self.conv_4 = Residual(128, num_block=6, groups=256, kernel=(3, 3),
                          stride=(1, 1), padding=(1, 1))
        self.conv_45 = DepthWise(128, 128, kernel=(3, 3), stride=(2, 2),
                            padding=(1, 1), groups=512)
        self.conv_5 = Residual(128, num_block=2, groups=256, kernel=(3, 3),
                          stride=(1, 1), padding=(1, 1))
        self.conv_6_sep = ConvBlock(128, 512, kernel=(1, 1), stride=(1, 1),
                               padding=(0, 0))
        self.conv_6_dw = LinearBlock(512, 512, groups=512, kernel=(7, 7),
                                stride=(1, 1), padding=(0, 0))
        self.flatten = Flatten()
        self.linear = Linear(512, 512, bias=False)
        self.bn = BatchNorm1d(512)


    def forward(self, x):
        x = self.conv1(x)
        x = self.conv2_dw(x)
        x = self.conv_23(x)
        x = self.conv_3(x)
        x = self.conv_34(x)
        x = self.conv_4(x)
        x = self.conv_45(x)
        x = self.conv_5(x)
        x = self.conv_6_sep(x)
        x = self.conv_6_dw(x)
        x = self.flatten(x)
```

```
        x = self.linear(x)
        x = self.bn(x)
        return x
```

12.4.3　开始训练

编写文件train.py，开始训练模型。在训练时用到了文件arcmargin.py和mobilefacenet.py中的方法，并且在本文件中使用ArgumentParser方法设置了训练参数，如批量大小、轮数、训练数据的根目录等。在执行python train.py命令时，会根据预先设置的参数进行训练。train.py文件的主要实现代码如下：

```
parser = argparse.ArgumentParser(description=__doc__)
add_arg = functools.partial(add_arguments, argparser=parser)
add_arg('gpus',            str,   '0',                    '训练使用的 GPU 序号 ')
add_arg('batch_size',      int,   64,                     '训练的批量大小 ')
add_arg('num_workers',     int,   0,                      '读取数据的线程数量 ')
add_arg('num_epoch',       int,   50,                     '训练的轮数 ')
add_arg('learning_rate',   float, 1e-3,                   '初始学习率的大小 ')
add_arg('train_root_path', str,   'dataset/train_data',   '训练数据的根目录 ')
add_arg('test_list_path',  str,   'dataset/lfw_test.txt', '测试数据的数据列表
                                                            路径 ')
add_arg('save_model',      str,   'save_model/',          '模型保存的路径 ')
add_arg('resume',          str,   None,                   '恢复训练，当为 None 则
                                                            不使用恢复模型 ')

args = parser.parse_args()


@torch.no_grad()
def test(args, model):
    # 获取测试数据
    img_paths = get_lfw_list(args.test_list_path)
    features = get_features(model, img_paths, batch_size=args.batch_size)
    fe_dict = get_feature_dict(img_paths, features)
    accuracy, _ = test_performance(fe_dict, args.test_list_path)
    return accuracy


def save_model(args, model, metric_fc, optimizer, epoch_id):
    model_params_path = os.path.join(args.save_model, 'epoch_%d' % epoch_id)
    if not os.path.exists(model_params_path):
        os.makedirs(model_params_path)
    # 保存模型参数和优化方法参数
    torch.save(model.state_dict(), os.path.join(model_params_path, 'model_
              params.pth'))
```

```python
torch.save(metric_fc.state_dict(), os.path.join(model_params_path,
        'metric_fc_params.pth'))
torch.save(optimizer.state_dict(), os.path.join(model_params_path,
        'optimizer.pth'))
# 删除旧的模型
old_model_path = os.path.join(args.save_model, 'epoch_%d' % (epoch_id - 3))
if os.path.exists(old_model_path):
    shutil.rmtree(old_model_path)
# 保存整个模型和参数
all_model_path = os.path.join(args.save_model, 'mobilefacenet.pth')
if not os.path.exists(os.path.dirname(all_model_path)):
    os.makedirs(os.path.dirname(all_model_path))
torch.jit.save(torch.jit.script(model), all_model_path)


def train():
    device_ids = [int(i) for i in args.gpus.split(',')]
    # 获取训练数据
    train_dataset = Dataset(args.train_root_path, is_train=True,
                            image_size=112)
    train_loader = DataLoader(dataset=train_dataset,
                              batch_size=args.batch_size * len(device_ids),
                              shuffle=True,
                              num_workers=args.num_workers)
    print("[%s] 总数据类别为: %d" % (datetime.now(), train_dataset.num_classes))

    device = torch.device("cuda")
    # 获取模型
    model = MobileFaceNet()
    metric_fc = ArcNet(512, train_dataset.num_classes)
    if len(device_ids) > 1:
        model = DataParallel(model, device_ids=device_ids,
                             output_device=device_ids[0])
        metric_fc = DataParallel(metric_fc, device_ids=device_ids,
                                 output_device=device_ids[0])

    model.to(device)
    metric_fc.to(device)
    if len(args.gpus.split(',')) > 1:
        summary(model.module, (3, 112, 112))
    else:
        summary(model, (3, 112, 112))

    # 初始化 epoch 数
    last_epoch = 0
    # 获取优化方法
```

```
optimizer = torch.optim.SGD([{'params': model.parameters()}, {'params':
                    metric_fc.parameters()}],
                    lr=args.learning_rate, momentum=0.9,
                    weight_decay=1e-5)
# 获取学习率衰减函数
scheduler = StepLR(optimizer, step_size=1, gamma=0.8)

# 获取损失函数
criterion = torch.nn.CrossEntropyLoss()

# 加载模型参数和优化方法参数
if args.resume:
    optimizer_state = torch.load(os.path.join(args.resume, 'optimizer.pth'))
    optimizer.load_state_dict(optimizer_state)
    # 获取预训练的 epoch 数
    last_epoch = int(re.findall("\d+", args.resume)[-1]) + 1
    if len(device_ids) > 1:
        model.module.load_state_dict(torch.load(os.path.join(args.resume,
'model_params.pth')))
        metric_fc.module.load_state_dict(torch.load(os.path.join(args.
resume, 'metric_fc_params.pth')))
    else:
        model.load_state_dict(torch.load(os.path.join(args.resume, 'model_
params.pth')))
        metric_fc.load_state_dict(torch.load(os.path.join(args.resume,
'metric_fc_params.pth')))
    print('成功加载模型参数和优化方法参数')

# 开始训练
sum_batch = len(train_loader) * (args.num_epoch - last_epoch)
for epoch_id in range(last_epoch, args.num_epoch):
    start = time.time()
    for batch_id, data in enumerate(train_loader):
        data_input, label = data
        data_input = data_input.to(device)
        label = label.to(device).long()
        feature = model(data_input)
        output = metric_fc(feature, label)
        loss = criterion(output, label)
        optimizer.zero_grad()
        loss.backward()
        optimizer.step()

        if batch_id % 100 == 0:
            output = output.data.cpu().numpy()
            output = np.argmax(output, axis=1)
```

```
                label = label.data.cpu().numpy()
                acc = np.mean((output == label).astype(int))
                eta_sec = ((time.time() - start) * 1000) * (sum_batch - (epoch_
id - last_epoch) * len(train_loader) - batch_id)
                eta_str = str(timedelta(seconds=int(eta_sec / 1000)))
                print('[%s] Train epoch %d, batch: %d/%d, loss: %f, accuracy:
%f, lr: %f, eta: %s' % (
                    datetime.now(), epoch_id, batch_id, len(train_loader),
loss.item(), acc.item(), scheduler.get_lr()[0], eta_str))
            start = time.time()
        scheduler.step()
        # 开始评估
        model.eval()
        print('='*70)
        accuracy = test(args, model)
        model.train()
        print('[{}] Test epoch {} Accuracy {:.5}'.format(datetime.now(),
epoch_id, accuracy))
        print('='*70)

        # 保存模型
        if len(args.gpus.split(',')) > 1:
            save_model(args, model.module, metric_fc.module, optimizer,
epoch_id)
        else:
            save_model(args, model, metric_fc, optimizer, epoch_id)


if __name__ == '__main__':
    os.environ["CUDA_VISIBLE_DEVICES"] = args.gpus
    print_arguments(args)
    train()
```

执行"python train.py"命令运行程序，训练过程的输出如下：

```
[2023-08-03 15:18:28.813591] Train epoch 9, batch: 6100/90979, loss: 1.215695,
accuracy: 0.859375, lr: 0.000107, eta: 5 days, 5:28:26
[2023-08-03 15:18:37.044353] Train epoch 9, batch: 6200/90979, loss: 0.908210,
accuracy: 0.859375, lr: 0.000107, eta: 5 days, 6:35:02
[2023-08-03 15:18:45.229030] Train epoch 9, batch: 6300/90979, loss: 0.964092,
accuracy: 0.875000, lr: 0.000107, eta: 5 days, 9:17:21
[2023-08-03 15:18:53.449567] Train epoch 9, batch: 6400/90979, loss: 1.208947,
accuracy: 0.828125, lr: 0.000107, eta: 5 days, 12:41:06
[2023-08-03 15:19:01.682437] Train epoch 9, batch: 6500/90979, loss: 1.081449,
accuracy: 0.875000, lr: 0.000107, eta: 5 days, 10:29:44
[2023-08-03 15:19:012.695995] Train epoch 9, batch: 6600/90979, loss: 1.277803,
accuracy: 0.828125, lr: 0.000107, eta: 5 days, 12:29:05
```

```
[2023-08-03 15:19:18.086872] Train epoch 9, batch: 6700/90979, loss: 1.308692,
accuracy: 0.828125, lr: 0.000107, eta: 5 days, 7:23:03
[2023-08-03 15:19:26.306897] Train epoch 9, batch: 6800/90979, loss: 1.474561,
accuracy: 0.781250, lr: 0.000107, eta: 5 days, 8:20:23
[2023-08-03 15:19:34.528685] Train epoch 9, batch: 6900/90979, loss: 1.295028,
accuracy: 0.812500, lr: 0.000107, eta: 5 days, 5:54:56
[2023-08-03 15:19:42.736712] Train epoch 9, batch: 7000/90979, loss: 1.474828,
accuracy: 0.812500, lr: 0.000107, eta: 5 days, 8:32:33
```

 ## 12.5　评估模型

经过前面的操作，模型已经训练完成，接下来使用测试数据来评估该模型。本节将详细讲解评估本项目模型的知识。

12.5.1　评估的重要性

模型评估方法在日常工作中经常用到，评估模型的预测误差情况是评估重点之一。模型不仅需要在训练数据上表现良好，更重要的是要在新数据上有很好的预测能力，即具有良好的泛化能力。因此，常通过测试集上的指标来评估模型的泛化性能。损失函数常被用作评估模型预测误差的指标，如回归预测中常用的均方损失。然而，损失函数并不总能全面直观地反映模型性能，尤其是在分类任务中。对于分类任务，除了损失函数外，常用的评估还包括准确率、精确率、召回率和F1分数等。这些指标可以更直观地展现模型在不同类别上的分类表现。本项目参考了ArcFace中的损失函数，并结合了其他评估指标来全面评估模型性能。

12.5.2　评估程序

编写程序文件eval.py，实现评估工作。本项目使用ArgumentParser方法设置了3个评估参数：训练的批量大小、测试数据的数据列表路径和模型保存的路径，在运行时可以根据需求设置参数。eval.py文件的主要实现代码如下：

```
parser = argparse.ArgumentParser(description=__doc__)
add_arg = functools.partial(add_arguments, argparser=parser)
add_arg('batch_size',        int,    64,                               '训练
的批量大小')
add_arg('test_list_path',    str,    'dataset/lfw_test.txt',           '测试
数据的数据列表路径')
add_arg('model_path',        str,    'save_model/mobilefacenet.pth',   '模型
保存的路径')
```

```
args = parser.parse_args()

def eval(args, model):
    # 获取测试数据
    img_paths = get_lfw_list(args.test_list_path)
    # 开始预测
    features = get_features(model, img_paths, batch_size=args.batch_size)
    fe_dict = get_feature_dict(img_paths, features)
    accuracy, threshold = test_performance(fe_dict, args.test_list_path)
    return accuracy, threshold

def main():
    # 获取模型
    model = torch.load(args.model_path)
    model.to(torch.device("cuda"))

    model.eval()
    accuracy, threshold = eval(args, model)
    print('准确率为: %f, 最优阈值为: %f' % (accuracy, threshold))

if __name__ == '__main__':
    print_arguments(args)
    main()
```

12.6 人脸识别

本节完成该项目的最后一步工作，即使用模型进行预测，实现人脸检测功能。在执行预测之前，先在"face_db"目录下存放要识别的人脸图片，每张图片只包含一个人脸，并以该人脸的名字进行命名；之后调用模型进行人脸识别时都会与这些图片对比，找出匹配成功的人脸。本项目中使用的人脸检测模型是MTCNN，该模型的特点是速度快、模型小。

12.6.1 图像预处理

在识别人脸时需要预处理数据，转化图像的尺度并实现像素归一处理。在识别人脸的过程中，需要检测图像中的人脸位置，这通常用方框（box）标注。编写文件utils.py，实现上述图像预处理功能，主要实现代码如下：

```
# 预处理数据，转化图像尺度并实现像素归一处理
def processed_image(img, scale):
    height, width, channels = img.shape
```

```
    new_height = int(height * scale)
    new_width = int(width * scale)
    new_dim = (new_width, new_height)
    img_resized = cv2.resize(img, new_dim, interpolation=cv2.INTER_LINEAR)
    # 把图片转换成 NumPy 值
    image = np.array(img_resized).astype(np.float32)
    # 转换成 CHW
    image = image.transpose((2, 0, 1))
    # 归一化
    image = (image - 127.5) / 128
    return image


def convert_to_square(box):
    """ 将 box 转换成更大的正方形
    参数:
        box: 预测的 box, [n,5]
    返回值:
        调整后的正方形 box, [n,5]
    """
    square_box = box.copy()
    h = box[:, 3] - box[:, 1] + 1
    w = box[:, 2] - box[:, 0] + 1
    # 找寻正方形最大边长
    max_side = np.maximum(w, h)

    square_box[:, 0] = box[:, 0] + w * 0.5 - max_side * 0.5
    square_box[:, 1] = box[:, 1] + h * 0.5 - max_side * 0.5
    square_box[:, 2] = square_box[:, 0] + max_side - 1
    square_box[:, 3] = square_box[:, 1] + max_side - 1
    return square_box


def pad(bboxes, w, h):
    """ 将超出图像的 box 进行处理
    参数:
        bboxes: 人脸框
        w,h: 图像长宽
    返回值:
        dy, dx : 调整后的 box 的左上角坐标相对于原 box 左上角的坐标
        edy, edx : 调整后的 box 右下角坐标相对于原 box 左上角的坐标
        y, x : 调整后的 box 在原图上左上角的坐标
        ex, ex : 调整后的 box 在原图上右下角的坐标
        tmph, tmpw: 原始 box 的长宽
    """
    #box 的长宽
    tmpw, tmph = bboxes[:, 2] - bboxes[:, 0] + 1, bboxes[:, 3] - bboxes[:, 1]
+ 1
```

```python
        num_box = bboxes.shape[0]

        dx, dy = np.zeros((num_box,)), np.zeros((num_box,))
        edx, edy = tmpw.copy() - 1, tmph.copy() - 1
        #box 左上右下的坐标
        x, y, ex, ey = bboxes[:, 0], bboxes[:, 1], bboxes[:, 2], bboxes[:, 3]
        # 找到超出右下边界的 box，并将 ex、ey 归为图像的 w、h
        #edx,edy 为调整后的 box 右下角相对原 box 左上角的相对坐标
        tmp_index = np.where(ex > w - 1)
        edx[tmp_index] = tmpw[tmp_index] + w - 2 - ex[tmp_index]
        ex[tmp_index] = w - 1

        tmp_index = np.where(ey > h - 1)
        edy[tmp_index] = tmph[tmp_index] + h - 2 - ey[tmp_index]
        ey[tmp_index] = h - 1
        # 找到超出左上角的 box，并将 x、y 归为 0
        #dx、dy 为调整后的 box 的左上角坐标相对于原 box 左上角的坐标
        tmp_index = np.where(x < 0)
        dx[tmp_index] = 0 - x[tmp_index]
        x[tmp_index] = 0
        tmp_index = np.where(y < 0)
        dy[tmp_index] = 0 - y[tmp_index]
        y[tmp_index] = 0
        return_list = [dy, edy, dx, edx, y, ey, x, ex, tmpw, tmph]
        return_list = [item.astype(np.int32) for item in return_list]
        return return_list


def calibrate_box(bbox, reg):
    """ 校准 box
    参数：
        bbox:pnet 生成的 box
        reg:rnet 生成的 box 偏移值
    返回值：
        调整后的 box 是针对原图的绝对坐标
    """
    bbox_c = bbox.copy()
    w = bbox[:, 2] - bbox[:, 0] + 1
    w = np.expand_dims(w, 1)
    h = bbox[:, 3] - bbox[:, 1] + 1
    h = np.expand_dims(h, 1)
    reg_m = np.hstack([w, h, w, h])
    aug = reg_m * reg
    bbox_c[:, 0:4] = bbox_c[:, 0:4] + aug
    return bbox_c


def py_nms(dets, thresh, mode="Union"):
```

```
"""
贪婪策略选择人脸框
keep boxes overlap <= thresh
rule out overlap > thresh
:param dets: [[x1, y1, x2, y2 score]]
:param thresh: retain overlap <= thresh
:return: indexes to keep
"""
x1 = dets[:, 0]
y1 = dets[:, 1]
x2 = dets[:, 2]
y2 = dets[:, 3]
scores = dets[:, 4]

areas = (x2 - x1 + 1) * (y2 - y1 + 1)
# 将概率值从大到小排列
order = scores.argsort()[::-1]

keep = []
while order.size > 0:
    i = order[0]
    keep.append(i)
    xx1 = np.maximum(x1[i], x1[order[1:]])
    yy1 = np.maximum(y1[i], y1[order[1:]])
    xx2 = np.minimum(x2[i], x2[order[1:]])
    yy2 = np.minimum(y2[i], y2[order[1:]])
    w = np.maximum(0.0, xx2 - xx1 + 1)
    h = np.maximum(0.0, yy2 - yy1 + 1)
    inter = w * h
    if mode == "Union":
        ovr = inter / (areas[i] + areas[order[1:]] - inter)
    elif mode == "Minimum":
        ovr = inter / np.minimum(areas[i], areas[order[1:]])
    # 保留小于阈值的下标，因为 order[0] 被拿出来做比较，所以 inds+1 是原来对应的下标
    inds = np.where(ovr <= thresh)[0]
    order = order[inds + 1]

    return keep

def generate_bbox(cls_map, reg, scale, threshold):
    """
    得到对应原图的 box 坐标、分类分数、box 偏移量
    """
    #pnet 大致将图像 size 缩小为原来的 1/2
    stride = 2
```

```
cellsize = 12
# 将置信度高的留下
t_index = np.where(cls_map > threshold)
# 没有人脸
if t_index[0].size == 0:
    return np.array([])
# 偏移量
dx1, dy1, dx2, dy2 = [reg[i, t_index[0], t_index[1]] for i in range(4)]
reg = np.array([dx1, dy1, dx2, dy2])
score = cls_map[t_index[0], t_index[1]]
# 对应原图的 box 坐标、分类分数、box 偏移量
boundingbox = np.vstack([np.round((stride * t_index[1]) / scale),
                         np.round((stride * t_index[0]) / scale),
                         np.round((stride * t_index[1] + cellsize) /
                                   scale),
                         np.round((stride * t_index[0] + cellsize) /
                                   scale),
                         score,
                         reg])
#shape[n,9]
return boundingbox.T
```

12.6.2 人脸识别模型

编写程序文件 face_detect.py，其功能是基于 MTCNN 模型实现人脸识别功能，实现流程如下。

（1）创建类 MTCNN，分别获取 P 模型、R 模型和 O 模型，对应代码如下：

```
class MTCNN:
    def __init__(self, model_path):
        self.device = torch.device("cuda")
        # 获取 P 模型
        self.pnet = torch.jit.load(os.path.join(model_path, 'PNet.pth'))
        self.pnet.to(self.device)
        self.softmax_p = torch.nn.Softmax(dim=0)
        self.pnet.eval()

        # 获取 R 模型
        self.rnet = torch.jit.load(os.path.join(model_path, 'RNet.pth'))
        self.rnet.to(self.device)
        self.softmax_r = torch.nn.Softmax(dim=-1)
        self.rnet.eval()

        # 获取 O 模型
        self.onet = torch.jit.load(os.path.join(model_path, 'ONet.pth'))
```

```
    self.onet.to(self.device)
    self.softmax_o = torch.nn.Softmax(dim=-1)
    self.onet.eval()
```

（2）创建方法predict_pnet，其功能是使用PNet模型进行预测，代码如下：

```
def predict_pnet(self,infer_data):
    # 添加待预测的图片
    infer_data = torch.tensor(infer_data, dtype=torch.float32,
                              device=self.device)
    infer_data = torch.unsqueeze(infer_data, dim=0)
    # 执行预测
    cls_prob, bbox_pred, _ = self.pnet(infer_data)
    cls_prob = torch.squeeze(cls_prob)
    cls_prob = self.softmax_p(cls_prob)
    bbox_pred = torch.squeeze(bbox_pred)
    return cls_prob.detach().cpu().numpy(), bbox_pred.detach().cpu().numpy()
```

（3）创建方法predict_rnet，其功能是使用RNet模型进行预测，代码如下：

```
def predict_rnet(self,infer_data):
    # 添加待预测的图片
    infer_data = torch.tensor(infer_data, dtype=torch.float32,
                              device=self.device)
    # 执行预测
    cls_prob, bbox_pred, _ = self.rnet(infer_data)
    cls_prob = self.softmax_r(cls_prob)
    return cls_prob.detach().cpu().numpy(), bbox_pred.detach().cpu().numpy()
```

（4）创建方法predict_onet，其功能是使用ONet模型进行预测，代码如下：

```
def predict_onet(self,infer_data):
    # 添加待预测的图片
    infer_data = torch.tensor(infer_data, dtype=torch.float32,
                              device=self.device)
    # 执行预测
    cls_prob, bbox_pred, landmark_pred = self.onet(infer_data)
    cls_prob = self.softmax_o(cls_prob)
    return cls_prob.detach().cpu().numpy(), bbox_pred.detach().cpu().numpy(),
        landmark_pred.detach().cpu().numpy()
```

（5）创建方法detect_pnet，其功能是获取PNet网络的输出结果，代码如下：

```
def detect_pnet(self,im, min_face_size, scale_factor, thresh):
    """ 通过pnet 筛选box 和landmark
    参数:
        im: 输入图像 [h,2,3]
    """
```

```
net_size = 12
# 人脸和输入图像的比率
current_scale = float(net_size) / min_face_size
im_resized = processed_image(im, current_scale)
_, current_height, current_width = im_resized.shape
all_boxes = list()
# 图像金字塔
while min(current_height, current_width) > net_size:
    # 类别和box
    cls_cls_map, reg = self.predict_pnet(im_resized)
    boxes = generate_bbox(cls_cls_map[1, :, :], reg, current_scale,
            thresh)
    current_scale *= scale_factor    # 继续缩小图像做金字塔
    im_resized = processed_image(im, current_scale)
    _, current_height, current_width = im_resized.shape
    # 使用非极大值抑制保留重叠度较低的边界框
    if boxes.size == 0:
        continue
    keep = py_nms(boxes[:, :5], 0.5, mode='Union')
    boxes = boxes[keep]
    all_boxes.append(boxes)
if len(all_boxes) == 0:
    return None
all_boxes = np.vstack(all_boxes)
# 将金字塔之后的box也进行非极大值抑制
keep = py_nms(all_boxes[:, 0:5], 0.7, mode='Union')
all_boxes = all_boxes[keep]
#box的长宽
bbw = all_boxes[:, 2] - all_boxes[:, 0] + 1
bbh = all_boxes[:, 3] - all_boxes[:, 1] + 1
# 对应原图的box坐标和分数
boxes_c = np.vstack([all_boxes[:, 0] + all_boxes[:, 5] * bbw,
                     all_boxes[:, 1] + all_boxes[:, 6] * bbh,
                     all_boxes[:, 2] + all_boxes[:, 7] * bbw,
                     all_boxes[:, 3] + all_boxes[:, 8] * bbh,
                     all_boxes[:, 4]])
boxes_c = boxes_c.T

return boxes_c
```

（6）创建方法detect_rnet，其功能是获取RNet网络的输出结果，代码如下：

```
def detect_rnet(self,im, dets, thresh):
    """通过rent选择box
        参数：
```

```
        im: 输入图像
        dets:pnet 选择的 box，是相对原图的绝对坐标
    返回值:
        box 绝对坐标
"""
h, w, c = im.shape
# 将 pnet 的 box 变成包含它的正方形，可以避免信息损失
dets = convert_to_square(dets)
dets[:, 0:4] = np.round(dets[:, 0:4])
# 调整超出图像的 box
[dy, edy, dx, edx, y, ey, x, ex, tmpw, tmph] = pad(dets, w, h)
delete_size = np.ones_like(tmpw) * 20
ones = np.ones_like(tmpw)
zeros = np.zeros_like(tmpw)
num_boxes = np.sum(np.where((np.minimum(tmpw, tmph) >= delete_size),
                ones, zeros))
cropped_ims = np.zeros((num_boxes, 3, 24, 24), dtype=np.float32)
for i in range(int(num_boxes)):
    # 将 pnet 生成的 box 相对于原图进行裁剪，超出部分用 0 补
    if tmph[i] < 20 or tmpw[i] < 20:
        continue
    tmp = np.zeros((tmph[i], tmpw[i], 3), dtype=np.uint8)
    try:
        tmp[dy[i]:edy[i] + 1, dx[i]:edx[i] + 1, :] = im[y[i]:ey[i] + 1,
            x[i]:ex[i] + 1, :]
        img = cv2.resize(tmp, (24, 24), interpolation=cv2.INTER_LINEAR)
        img = img.transpose((2, 0, 1))
        img = (img - 127.5) / 128
        cropped_ims[i, :, :, :] = img
    except:
        continue
cls_scores, reg = self.predict_rnet(cropped_ims)
cls_scores = cls_scores[:, 1]
keep_inds = np.where(cls_scores > thresh)[0]
if len(keep_inds) > 0:
    boxes = dets[keep_inds]
    boxes[:, 4] = cls_scores[keep_inds]
    reg = reg[keep_inds]
else:
    return None

keep = py_nms(boxes, 0.4, mode='Union')
boxes = boxes[keep]
# 对 pnet 截取的图像坐标进行校准，生成 rnet 的人脸框相对于原图的绝对坐标
boxes_c = calibrate_box(boxes, reg[keep])
return boxes_c
```

（7）创建方法detect_onet，其功能是获取ONet模型的预测结果，代码如下：

```
def detect_onet(self,im, dets, thresh):
    """ 将 onet 的选框继续筛选基本和 rnet 差不多但多返回了 landmark"""
    h, w, c = im.shape
    dets = convert_to_square(dets)
    dets[:, 0:4] = np.round(dets[:, 0:4])
    [dy, edy, dx, edx, y, ey, x, ex, tmpw, tmph] = pad(dets, w, h)
    num_boxes = dets.shape[0]
    cropped_ims = np.zeros((num_boxes, 3, 48, 48), dtype=np.float32)
    for i in range(num_boxes):
        tmp = np.zeros((tmph[i], tmpw[i], 3), dtype=np.uint8)
        tmp[dy[i]:edy[i] + 1, dx[i]:edx[i] + 1, :] = im[y[i]:ey[i] + 1,
            x[i]:ex[i] + 1, :]
        img = cv2.resize(tmp, (48, 48), interpolation=cv2.INTER_LINEAR)
        img = img.transpose((2, 0, 1))
        img = (img - 127.5) / 128
        cropped_ims[i, :, :, :] = img
    cls_scores, reg, landmark = self.predict_onet(cropped_ims)

    cls_scores = cls_scores[:, 1]
    keep_inds = np.where(cls_scores > thresh)[0]
    if len(keep_inds) > 0:
        boxes = dets[keep_inds]
        boxes[:, 4] = cls_scores[keep_inds]
        reg = reg[keep_inds]
        landmark = landmark[keep_inds]
    else:
        return None, None

    w = boxes[:, 2] - boxes[:, 0] + 1

    h = boxes[:, 3] - boxes[:, 1] + 1
    landmark[:, 0::2] = (np.tile(w, (5, 1)) * landmark[:, 0::2].T +
            np.tile(boxes[:, 0], (5, 1)) - 1).T
    landmark[:, 1::2] = (np.tile(h, (5, 1)) * landmark[:, 1::2].T +
            np.tile(boxes[:, 1], (5, 1)) - 1).T
    boxes_c = calibrate_box(boxes, reg)

    keep = py_nms(boxes_c, 0.6, mode='Minimum')
    boxes_c = boxes_c[keep]
    landmark = landmark[keep]
    return boxes_c, landmark
```

（8）创建方法infer_image_path，其功能是读取要识别的图像并调用对应的模型进行预测，代码
如下：

```
def infer_image_path(self, image_path):
    im = cv2.imread(image_path)
    # 调用第一个模型预测
    boxes_c = self.detect_pnet(im, 20, 0.79, 0.9)
    if boxes_c is None:
        return None, None
    # 调用第二个模型预测
    boxes_c = self.detect_rnet(im, boxes_c, 0.6)
    if boxes_c is None:
        return None, None
    # 调用第三个模型预测
    boxes_c, landmark = self.detect_onet(im, boxes_c, 0.7)
    if boxes_c is None:
        return None, None

    return boxes_c, landmark
```

（9）创建方法estimate_norm，其功能是实现人脸对齐处理，代码如下：

```
@staticmethod
def estimate_norm(lmk):
    assert lmk.shape == (5, 2)
    tform = trans.SimilarityTransform()
    src = np.array([[38.2946, 51.6963],
                    [73.5318, 51.5014],
                    [56.0252, 71.7366],
                    [41.5493, 92.3655],
                    [70.7299, 92.2041]], dtype=np.float32)
    tform.estimate(lmk, src)
    M = tform.params[0:2, :]
    return M

def norm_crop(self, img, landmark, image_size=112):
    M = self.estimate_norm(landmark)
    warped = cv2.warpAffine(img, M, (image_size, image_size),
                            borderValue=0.0)
    return warped
```

（10）创建方法infer_image，其功能是调用模型对图像进行识别处理，代码如下：

```
def infer_image(self, im):
    if isinstance(im, str):
        im = cv2.imread(im)
    # 调用第一个模型预测
    boxes_c = self.detect_pnet(im, 20, 0.79, 0.9)
    if boxes_c is None:
        return None, None
```

```
# 调用第二个模型预测
boxes_c = self.detect_rnet(im, boxes_c, 0.6)
if boxes_c is None:
    return None, None
# 调用第三个模型预测
boxes_c, landmarks = self.detect_onet(im, boxes_c, 0.7)
if boxes_c is None:
    return None, None
imgs = []
for landmark in landmarks:
    landmark = [[float(landmark[i]), float(landmark[i + 1])] for i in
                range(0, len(landmark), 2)]
    landmark = np.array(landmark, dtype='float32')
    img = self.norm_crop(im, landmark)
    imgs.append(img)

return imgs, boxes_c
```

12.6.3　开始识别

（1）编写文件infer.py，其功能是调用模型对指定的图像进行识别处理，主要实现代码如下：

```
parser = argparse.ArgumentParser(description=__doc__)
add_arg = functools.partial(add_arguments, argparser=parser)
add_arg('image_path',                str,      'dataset/test.jpg',
'预测图片路径')
add_arg('face_db_path',              str,      'face_db',
'人脸库路径')
add_arg('threshold',                 float,    0.6,
'判断相识度的阈值')
add_arg('mobilefacenet_model_path', str,      'save_model/mobilefacenet.pth',
'MobileFaceNet 预测模型的路径')
add_arg('mtcnn_model_path',          str,      'save_model/mtcnn',
'MTCNN 预测模型的路径')
args = parser.parse_args()
print_arguments(args)


class Predictor:
    def __init__(self, mtcnn_model_path, mobilefacenet_model_path,
                 face_db_path, threshold=0.7):
        self.threshold = threshold
        self.mtcnn = MTCNN(model_path=mtcnn_model_path)
        self.device = torch.device("cuda")
```

```
        # 加载模型
        self.model = torch.jit.load(mobilefacenet_model_path)
        self.model.to(self.device)
        self.model.eval()

        self.faces_db = self.load_face_db(face_db_path)

    def load_face_db(self, face_db_path):
        faces_db = {}
        for path in os.listdir(face_db_path):
            name = os.path.basename(path).split('.')[0]
            image_path = os.path.join(face_db_path, path)
            img = cv2.imdecode(np.fromfile(image_path, dtype=np.uint8), -1)
            imgs, _ = self.mtcnn.infer_image(img)
            if imgs is None or len(imgs) > 1:
                print('人脸库中的 %s 图片包含不是 1 张人脸，自动跳过该图片 ' %
                        image_path)
                continue
            imgs = self.process(imgs)
            feature = self.infer(imgs[0])
            faces_db[name] = feature[0][0]
        return faces_db

    @staticmethod
    def process(imgs):
        imgs1 = []
        for img in imgs:
            img = img.transpose((2, 0, 1))
            img = (img - 127.5) / 127.5
            imgs1.append(img)
        return imgs1

    # 预测图片
    def infer(self, imgs):
        assert len(imgs.shape) == 3 or len(imgs.shape) == 4
        if len(imgs.shape) == 3:
            imgs = imgs[np.newaxis, :]
        features = []
        for i in range(imgs.shape[0]):
            img = imgs[i][np.newaxis, :]
            img = torch.tensor(img, dtype=torch.float32, device=self.device)
            # 执行预测
            feature = self.model(img)
            feature = feature.detach().cpu().numpy()
            features.append(feature)
        return features
```

```python
def recognition(self, image_path):
    img = cv2.imdecode(np.fromfile(image_path, dtype=np.uint8), -1)
    s = time.time()
    imgs, boxes = self.mtcnn.infer_image(img)
    print('人脸检测时间: %dms' % int((time.time() - s) * 1000))
    if imgs is None:
        return None, None
    imgs = self.process(imgs)
    imgs = np.array(imgs, dtype='float32')
    s = time.time()
    features = self.infer(imgs)
    print('人脸识别时间: %dms' % int((time.time() - s) * 1000))
    names = []
    probs = []
    for i in range(len(features)):
        feature = features[i][0]
        results_dict = {}
        for name in self.faces_db.keys():
            feature1 = self.faces_db[name]
            prob = np.dot(feature, feature1) / (np.linalg.norm(feature) *
                    np.linalg.norm(feature1))
            results_dict[name] = prob
        results = sorted(results_dict.items(), key=lambda d: d[1],
                reverse=True)
        print('人脸对比结果: ', results)
        result = results[0]
        prob = float(result[1])
        probs.append(prob)
        if prob > self.threshold:
            name = result[0]
            names.append(name)
        else:
            names.append('unknow')
    return boxes, names

def add_text(self, img, text, left, top, color=(0, 0, 0), size=20):
    if isinstance(img, np.ndarray):
        img = Image.fromarray(cv2.cvtColor(img, cv2.COLOR_BGR2RGB))
    draw = ImageDraw.Draw(img)
    font = ImageFont.truetype('simfang.ttf', size)
    draw.text((left, top), text, color, font=font)
    return cv2.cvtColor(np.array(img), cv2.COLOR_RGB2BGR)

# 绘制人脸框和关键点
def draw_face(self, image_path, boxes_c, names):
```

```python
        img = cv2.imdecode(np.fromfile(image_path, dtype=np.uint8), -1)
        if boxes_c is not None:
            for i in range(boxes_c.shape[0]):
                bbox = boxes_c[i, :4]
                name = names[i]
                corpbbox = [int(bbox[0]), int(bbox[1]), int(bbox[2]),
                            int(bbox[3])]
                # 绘制人脸框
                cv2.rectangle(img, (corpbbox[0], corpbbox[1]),
                              (corpbbox[2], corpbbox[3]), (255, 0, 0), 1)
                # 判别为人脸的名字
                img = self.add_text(img, name, corpbbox[0], corpbbox[1] -15,
                                    color=(0, 0, 255), size=12)
            cv2.imshow("result", img)
            cv2.waitKey(0)


if __name__ == '__main__':
    predictor = Predictor(args.mtcnn_model_path,
                          args.mobilefacenet_model_path,
                          args.face_db_path,
                          threshold=args.threshold)
    start = time.time()
    boxes, names = predictor.recognition(args.image_path)
    print('预测的人脸位置: ', boxes.astype(np.int_).tolist())
    print('识别的人脸名称: ', names)
    print('总识别时间: %dms' % int((time.time() - start) * 1000))
    predictor.draw_face(args.image_path, boxes, names)
```

例如，通过如下命令可以识别图片test.jpg：

```
python infer.py --image_path=temp/test.jpg
```

执行上述代码，输出结果如下：

```
人脸检测时间: 38ms
人脸识别时间: 11ms
人脸对比结果: [(' 人物 A', 0.7030987), (' 人物 B', 0.36442137)]
人脸对比结果: [(' 人物 B', 0.63616204), (' 人物 A', 0.3101096)]
预测的人脸位置: [[272, 67, 328, 118, 1], [156, 80, 215, 134, 1]]
识别的人脸名称: [' 人物 A', ' 人物 B']
总识别时间: 82ms
```

（2）编写文件infer_camera.py，识别计算机摄像头中的人脸，主要实现代码如下：

```
parser = argparse.ArgumentParser(description=__doc__)
add_arg = functools.partial(add_arguments, argparser=parser)
```

354

```
add_arg('camera_id',                    int,      0,
'使用的相机 ID')
add_arg('face_db_path',                 str,      'face_db',
'人脸库路径')
add_arg('threshold',                    float,    0.6,
'判断相识度的阈值')
add_arg('mobilefacenet_model_path', str,          'save_model/mobilefacenet.pth',
'MobileFaceNet 预测模型的路径')
add_arg('mtcnn_model_path',             str,      'save_model/mtcnn',
'MTCNN 预测模型的路径')
args = parser.parse_args()
print_arguments(args)


class Predictor:
    def __init__(self, mtcnn_model_path, mobilefacenet_model_path, face_db_
path, threshold=0.7):
        self.threshold = threshold
        self.mtcnn = MTCNN(model_path=mtcnn_model_path)
        self.device = torch.device("cuda")

        # 加载模型
        self.model = torch.jit.load(mobilefacenet_model_path)
        self.model.to(self.device)
        self.model.eval()

        self.faces_db = self.load_face_db(face_db_path)

    def load_face_db(self, face_db_path):
        faces_db = {}
        for path in os.listdir(face_db_path):
            name = os.path.basename(path).split('.')[0]
            image_path = os.path.join(face_db_path, path)
            img = cv2.imdecode(np.fromfile(image_path, dtype=np.uint8), -1)
            imgs, _ = self.mtcnn.infer_image(img)
            if imgs is None or len(imgs) > 1:
                print('人脸库中的 %s 图片包含不是 1 张人脸，自动跳过该图片' % image_path)
                continue
            imgs = self.process(imgs)
            feature = self.infer(imgs[0])
            faces_db[name] = feature[0][0]
        return faces_db

    @staticmethod
```

```python
def process(imgs):
    imgs1 = []
    for img in imgs:
        img = img.transpose((2, 0, 1))
        img = (img - 127.5) / 127.5
        imgs1.append(img)
    return imgs1


# 预测图片
def infer(self, imgs):
    assert len(imgs.shape) == 3 or len(imgs.shape) == 4
    if len(imgs.shape) == 3:
        imgs = imgs[np.newaxis, :]
    features = []
    for i in range(imgs.shape[0]):
        img = imgs[i][np.newaxis, :]
        img = torch.tensor(img, dtype=torch.float32, device=self.device)
        # 执行预测
        feature = self.model(img)
        feature = feature.detach().cpu().numpy()
        features.append(feature)
    return features


def recognition(self, img):
    imgs, boxes = self.mtcnn.infer_image(img)
    if imgs is None:
        return None, None
    imgs = self.process(imgs)
    imgs = np.array(imgs, dtype='float32')
    features = self.infer(imgs)
    names = []
    probs = []
    for i in range(len(features)):
        feature = features[i][0]
        results_dict = {}
        for name in self.faces_db.keys():
            feature1 = self.faces_db[name]
            prob = np.dot(feature, feature1) / (np.linalg.norm(feature) *
                    np.linalg.norm(feature1))
            results_dict[name] = prob
        results = sorted(results_dict.items(), key=lambda d: d[1],
                reverse=True)
        print('人脸对比结果: ', results)
        result = results[0]
```

```
            prob = float(result[1])
            probs.append(prob)
            if prob > self.threshold:
                name = result[0]
                names.append(name)
            else:
                names.append('unknow')
    return boxes, names

def add_text(self, img, text, left, top, color=(0, 0, 0), size=20):
    if isinstance(img, np.ndarray):
        img = Image.fromarray(cv2.cvtColor(img, cv2.COLOR_BGR2RGB))
    draw = ImageDraw.Draw(img)
    font = ImageFont.truetype('simfang.ttf', size)
    draw.text((left, top), text, color, font=font)
    return cv2.cvtColor(np.array(img), cv2.COLOR_RGB2BGR)


# 绘制人脸框和关键点
def draw_face(self, img, boxes_c, names):
    if boxes_c is not None:
        for i in range(boxes_c.shape[0]):
            bbox = boxes_c[i, :4]
            name = names[i]
            corpbbox = [int(bbox[0]), int(bbox[1]), int(bbox[2]),
                        int(bbox[3])]
            # 绘制人脸框
            cv2.rectangle(img, (corpbbox[0], corpbbox[1]),
                          (corpbbox[2], corpbbox[3]), (255, 0, 0), 1)
            # 判别为人脸的名字
            img = self.add_text(img, name, corpbbox[0], corpbbox[1] -15,
                                 color=(0, 0, 255), size=12)
    cv2.imshow("result", img)
    cv2.waitKey(1)


if __name__ == '__main__':
    predictor = Predictor(args.mtcnn_model_path, args.mobilefacenet_model_
                          path, args.face_db_path, threshold=args.threshold)
    cap = cv2.VideoCapture(args.camera_id)
    while True:
        ret, img = cap.read()
        if ret:
            start = time.time()
            boxes, names = predictor.recognition(img)
```

```
        if boxes is not None:
            predictor.draw_face(img, boxes, names)
            print('预测的人脸位置: ', boxes.astype('int32').tolist())
            print('识别的人脸名称: ', names)
            print('总识别时间: %dms' % int((time.time() - start) * 1000))
        else:
            cv2.imshow("result", img)
            cv2.waitKey(1)
```

通过如下命令，可以识别摄像头中的第一帧图像：

```
python infer_camera.py --camera_id=0
```